U0177250

中国水文化遗产图录

文学艺术遗产

王英华　主编

中国水利水电出版社
www.waterpub.com.cn
·北京·

内容提要

本书是“中国水文化遗产图录”丛书的分册之一，在系统梳理有关资料与研究成果的基础上，以图文并茂的方式，介绍了与水或治水有关的神话、传说、水神、诗歌、散文、游记、楹联、传统音乐、戏曲、绘画、书法和器物等，所选遗产具有代表性，内容结构合理，重点突出，语言通俗。

本书适合水文化遗产爱好者阅读，还可作为中等以上院校人文素质教育教材使用，也可供水利史、水文化、遗产保护专业师生以及相关专业的科研工作者使用和参考。

图书在版编目（CIP）数据

文学艺术遗产 / 王英华主编. -- 北京 : 中国水利水电出版社, 2022.12
（中国水文化遗产图录）
ISBN 978-7-5226-1058-0

Ⅰ. ①文… Ⅱ. ①王… Ⅲ. ①水－文化遗产－研究－中国 Ⅳ. ①K928.4

中国版本图书馆CIP数据核字(2022)第200469号

书籍设计：李菲　钱诚

书　名	中国水文化遗产图录　文学艺术遗产 ZHONGGUO SHUIWENHUA YICHAN TULU　WENXUE YISHU YICHAN
作　者	王英华　主编
出版发行	中国水利水电出版社 (北京市海淀区玉渊潭南路1号D座　100038) 网址: www.waterpub.com.cn E-mail: sales@mwr.gov.cn 电话: (010) 68545888（营销中心）
经　售	北京科水图书销售有限公司 电话: (010) 68545874、63202643 全国各地新华书店和相关出版物销售网点
排　版	北京金五环出版服务有限公司
印　刷	北京天工印刷有限公司
规　格	210mm×285mm　16开本　22.75 印张　612 千字
版　次	2022年12月第1版　2022年12月第1次印刷
定　价	248.00元

中国特有的地理位置、自然环境和农业立国的发展道路决定了水利是中华民族生存和发展的必然选择。早在100多万年前人类起源之际，先人们即基于对水的初步认识，逐水而居，“择丘陵而处之”；4000多年前的大禹治水则掀开中华民族历史的第一页，此后历代各朝都将兴水利、除水害作为治国安邦的头等大事。可以说，水利与中华文明同时起源，并贯穿其发展始终；加上中国疆域辽阔、自然条件千差万别、水资源时空分布不均、区域和民族文化璀璨多样，这使得中国在漫长的识水、用水、护水、赏水和除水害、兴水利的过程中留下数量众多、分布广泛、类型丰富的水文化遗产。这些水文化遗产具有显著的时代性、区域性和民族性，以不同的载体形式、全面系统地体现并见证了中国先人对水资源的认识和开发利用的历程及成就，体现并见证了各历史时期和不同地区的水利与经济、社会、生态、环境、传统文化等方面的关系，以及各历史时期水利在民族融合、边疆稳定、政局稳定和国家统一等方面的重要作用，体现并见证了水资源开发利用在中华民族起源与发展、中华文明发祥与发展中的重要作用与巨大贡献。可以说，它们是中国文化遗产中不可或缺、不可替代的重要组成部分，有的甚至在世界文化遗产中也独树一帜，具有显著的特色。基于此，近年来，随着社会各界对水文化遗产保护、传承与利用的日益重视，水文化遗产逐渐走进人们的视野。

一、水文化遗产的特点与价值

水文化遗产，顾名思义，就是人们承袭下来的与水或治水实践有关的一切有价值的物质遗存，以及某一族群在这一过程中形成的能够世代相传、反映其特殊生活生产方式的传统文化表现形式及其实物和场所，它们是物质形态和非物质形态水文化遗产的总和。水文化遗产具有以下特点。

（一）水文化遗产是复杂的巨系统

水文化遗产是在识水、用水和护水，尤其是除水害、兴水利的水利事业发展过程中逐渐形成的，也是这一过程的有力见证，这使得水文化遗产具有以下三个方面的特点：

其一，中国自然条件千差万别，水资源时空分布不均，加之区域社会经济发展需求各异，这使得水文化遗产具有数量众多、分布广泛和类型丰富等特点，且具有显著的地域性或民族性。

其二，中国是文明古国，也是农业大国，拥有悠久而持续不断的历史，历朝各代都把除水害、兴水利作为治国理政的头等大事，这使得中国水利事业始终在持续发展，水利工程技术在持续演进，从而使水文化遗产不断形成与发展，并具有显著的时代性。

其三，中国水利建设是个巨系统，它不单单涉及水利工程技术问题，还与流域或区域的经济、社会、环境、生态、景观等领域密切相关，与国家统一与稳定、边疆巩固、民族融合等因素密切相关，同时在中华民族与文明的起源、发展与壮大方面发挥着重要作用。这一特点决定了水文化遗产是个开放的系统，除了在水利建设过程中不断形成的水利工程遗产外，还包括水利与其他领域和行业相互作用融合而形成的非工程类水文化遗产，从而逐渐形成几乎涵盖各个领域、包括各种类型的遗产体系。

总而言之，中国水利事业发展的这三个特点决定了水文化遗产具有类型极其丰富的特点，不仅包括灌溉工程、防洪工程、运河工程、城市供排水工程、景观水利工程、水土保持工程、水电工程等水利工程类遗产，以及与水或治水有关的古遗址、古建筑、治水人物墓葬、石刻、壁画、近代现代重要史迹和代表性建筑等非工程类不可移动的物质文化遗产；包括不同历史时期形成的与水或治水有关的文献、美术品和工艺品、实物等可移动的物质文化遗产；还包括与水或治水有关的口头传统和表述、表演艺术、传统河工技术与工艺、知识和实践、社会风俗礼仪与节庆等非物质文化遗产。

（二）水文化遗产是动态演化的系统，是“活着的”“在用的”遗产

水文化遗产尤其是“在用的”水利工程遗产，其形成与发展主要取决于特定时期和地区的自然地理和水文水资源条件、生产力和科学技术发展水平，服务于当地经济社会发展的需求，这使得它既具有一定的稳定性，又具有动态演化的特点。在持续的运行过程中，随着上述条件或需求的变化，以及新情况、新问题的出现，许多工程都进行过维修、扩建或改建，有的甚至功能也发生了变化。因此，该类遗产往往由不同历史时期的建设痕迹相互叠加而成，并延续至今。如拥有千年历史的灌溉工程遗产郑国渠，其取水口位置随着自然条件的变化而多次改移，秦代郑国首开渠口，西汉白公再开，宋代开丰利渠口，元代开王御史渠口，明代开广济渠口，清代再开龙洞渠口，最后至民国时期改移至泾惠渠取水口。这是由于随着泾水河床的不断下切，郑国渠取水口位置逐渐向上游移动，引水渠道也随之越来越长，最后伸进山谷之中，不得不在坚硬的岩石上凿渠，从而形成不同的取水口遗产点。有些“在用的”水利工程遗产，随着所在区域经济社会发展需求的变化，其功能也逐渐发生相应的转变。如灵渠开凿之初主要用于航运，目前则主要用于灌溉。

在漫长的水利事业发展历程中，水文化遗产的体系日渐完备，规模日益庞大，类型日益丰富。其中，有些水利工程遗产拥有数百年甚至上千年的历史，至今仍在发挥防洪、灌溉、航运、供排水、水土保持等功能，如黄河大堤、郑国渠、宁夏古灌区、大运河、哈尼梯田等。这一事实表明，它们是尊重自然规律的产物，是人水共生的工程，是“活着的”“在用的”遗产，不仅承载着先人治水的历史信息，而且将为当前和今后水利事业的可持续和高质量发展提供基础支撑。这是水利工程遗产不同于一般意义上文化遗产的重要特点之一。

（三）水文化遗产具有较高的生态与景观价值

水文化遗产尤其是水利工程遗产不像一般意义上的文化遗产如古建筑、壁画等那样设计精美、工艺精湛，因而长期以来较少作为文化遗产走进公众的视野。然而，近年来，随着社会各界对它们的进一步了解，其作为文化遗产的价值逐渐被认知。

首先，水文化遗产与一般意义上的文化遗产一样，具有历史、科学、艺术价值；其次，它们中的“在用”水利工程遗产还具有较高的生态和景观价值。在科学保护的基础上，对它们加以合理和适度的利用，将为当前和今后河湖生态保护与恢复、“幸福河”的建设等提供文化资源的支撑。这主要体现在以下两个方面：

一方面，依托水体形成的水文化遗产，尤其是那些拥有数百上千年历史的在用类水利工程遗产，不仅可以发挥防洪排涝、灌溉、航运、输水等水利功能，而且可以在确保上述功能的基础上，充分利用其尊重河流自然规律、人水和谐共生的设计理念和工程布局、结构特点，服务于所在地区生态和环境的改善、“流动的”水景观的营造，进而提升其人居环境和游憩场所的品质。这是它有别于其他文化遗产的重要价值之一。

另一方面，作为文化遗产的重要组成部分，水文化遗产是不可替代的，且具有显著的区域特点和行业特

点。在当前水景观蓬勃发展却又高度趋同的背景下，以水文化遗产为载体或基于其文化遗产特性而建设水景观，不仅可有效避免景观风格与设计元素趋同的尴尬局面，而且可赋予该景观以灵魂和生命力；依托价值重大的水利工程遗产营建的水景观还可以脱颖而出，独树一帜，甚至撼人心灵。

二、水文化遗产体系的构成与分类

作为与水或治水有关的庞大文化遗产体系，水文化遗产可根据其与水或治水的关联度分为以下三大部分：一是因河湖水系本体以及直接作用于其上的人类活动而形成的遗产，这主要包括两大类，一类是因河湖水系本体而形成的古河道、古湖泊等；另一类是直接作用于河湖水系的各类遗产，其中又以治水过程中直接建在河湖水系上的水利工程遗产最具代表性。二是虽非直接作用于河湖水系但是在治水过程中形成的文化遗产，即除了水利工程遗产以外的其他因治水而形成的文化遗产。三是因河湖水系本体而间接形成的文化遗产，即前两部分遗产以外的其他文化遗产。在这三部分遗产中，前两部分是河湖水系特性及其历史变迁的有力见证，也是治水对政治、经济、社会、生态、环境、景观、传统文化等领域影响的有力见证，因而是水文化遗产的核心和特征构成。在这两部分遗产中，又以第一部分中的水利工程遗产最能展现河湖水系的特性及其变迁、治理历史，因而是水文化遗产的核心和特征构成。

鉴于此，基于国际和国内遗产的分类体系，考虑到水利工程遗产是水文化遗产特征构成的特点，拟将水利工程遗产单独列为一类。据此，水文化遗产首先分为工程类水文化遗产和非工程类水文化遗产两大类。其中，非工程类水文化遗产可根据中国文化遗产的分类体系，分为物质形态的水文化遗产和非物质形态的水文化遗产两类。物质形态的水文化遗产又细分为不可移动的水文化遗产和可移动的水文化遗产。

（一）工程类水文化遗产

工程类水文化遗产指为除水害、兴水利而修建的各类水利工程及相关设施。按功能可分为灌溉工程、防洪工程、运河工程、城乡供排水工程、水土保持工程、景观水利工程和水力发电工程等遗产。另外，工程遗产所依托的河湖水系也可作为工程遗产纳入其中，即河道遗产。这些工程类水文化遗产从不同的角度支撑着不同时期的水资源开发利用和水灾害防治，是水利事业发展历程及其工程技术成就的实证，也是水利与区域经济、社会、环境、生态相关关系的有力见证，是水利对中华民族、中华文明形成发展具有重大贡献的最直接见证。它主要包括以下几类：

（1）灌溉工程遗产。指为确保农田旱涝保收、稳产高产而修建的灌溉排水工程及相关设施。作为农业古国和农业大国，中国的灌溉工程起源久远、类型多样、内容丰富，它们不仅是农业稳产高产、区域经济发展的基础支撑，而且在民族融合和边疆稳定等方面发挥着重要作用，也为中国统一的多民族国家的形成与发展提供了坚实的经济基础。如战国末年郑国渠和都江堰的建设，不仅使关中地区成为中国第一个基本经济区，使成都平原成为“天府之国”，而且使秦国的国力大为增强，充足的粮饷保证了前线军队供应，秦国最终得以灭六国、统一天下，建立起中国历史上第一个统一的、多民族的、中央集权制国家——秦朝。在此后的2000多年里，尽管多次出现分裂割据的局面，但大一统始终是中国历史发展的主流。秦朝建立后，国祚虽短，但它设立郡县制，统一文字、货币和度量衡，统一车轨和堤距等举措，对后世大一统国家的治理产生了深远的影响。秦末，发达的灌溉工程体系和富庶的关中地区同样给予刘邦巨大帮助，刘邦最终战胜项羽，再次建立大一统的国家，并使其进入中国古代社会发展的第一个高峰。

自秦汉时期开始，历代各朝都在西部边疆地区实施屯垦戍边政策，如在黄河流域的青海、宁夏和内蒙古河套地区开渠灌田，这不仅促进了边疆地区经济的发展，而且巩固了边疆的稳定、推动了多民族的融合。这一过程中，黄河文化融合了不同区域和民族的文化，形成以它为主干的多元统一的文化体系，并在对外交流中不断汲取其他文化，扩大自身影响力，从而形成开放包容的民族性格。

由于地形和气候多种多样、水资源分布各具特点，不同流域和地区的灌溉工程规模不同、型式各异。以黄河为例，其上游拥有众多大型古灌区，如河湟灌区、宁夏古灌区、河套古灌区等；中游拥有大型引水灌渠如郑国渠、洛惠渠、红旗渠等，拥有泉灌工程如晋祠泉、霍泉等；下游则拥有引洛引黄等灌渠。

（2）防洪工程遗产。指为防治洪水或利用洪水资源而修建的工程及相关设施。治河防洪是中国古代水利事业中最为突出的内容，集中体现了中华民族与洪水搏斗的波澜壮阔、惊心动魄的历程，以及这一历程中中华民族自强不息精神的塑造。

公元前21世纪，发生特大洪水，给人们带来深重的灾难，大禹率领各部族展开大规模的治水活动。大禹因治水成功而受到人们的拥戴，成为部落联盟首领，并废除禅让制，传位于其子启，启建立起中国历史上第一个王朝——夏朝，中国最早的国家诞生。在大禹治水后的数千年间，大江大河尤其是黄河频繁地决口、改道，每一次大的改道往往会给下游地区带来深重的甚至是毁灭性的灾难；长江的洪水灾害也频繁发生。于是中华民族的先人们与洪水展开了一次又一次的殊死搏斗。可以说，从传说时代的大禹治水，到先秦时期的江河堤防的初步修建，到西汉时期汉武帝瓠子堵口，明代潘季驯的“束水攻沙”“蓄清刷黄”，清代康熙帝将“河务、漕运”书于宫中柱上等，中华民族在与江河洪水的搏斗中发展壮大，其间充满了艰辛困苦，付出了巨大牺牲，同时涌现出众多伟大的创造，并孕育出艰苦奋斗、自强不息、无私奉献、百折不挠、勇于担当、敢于战斗、富于创新等精神。这是中华民族的宝贵精神，值得一代代传承与弘扬。

与洪水抗争的漫长历程中，历代各朝逐渐产生形成丰富多彩的治河思想，建成规模宏大、配套完善的江河和城市防洪工程，不断创造出领先时代的工程技术等。在江河防洪工程中，堤防是最主要的手段，自其产生以来，历代兴筑不已，规模越来越大，几乎遍及中国的各大江河水系，形成如黄河大堤、长江大堤、永定河大堤、淮河大堤、珠江大堤、辽河大堤和海塘等堤防工程，并创造了丰富的建设经验，形成完整的堤防制度。

（3）运河工程遗产。指为发展水上运输而开挖的人工河道，以及为维持运河正常运行而修建的水利工程与相关设施。早在2500年前，中国已有发达的水运交通，此后陆续开凿了沟通长江与淮河水系的邗沟、沟通黄河与淮河水系的鸿沟、沟通长江与珠江水系的灵渠，以及纵贯南北的大运河等人工运河。这些人工运河尤其是中国大运河不仅在政治、经济、文化交流及宗教传播等方面发挥着重要作用，而且沟通了中国的政治中心和经济中心，是中国大一统思想与观念的印证；此外，它们还是连接海上丝绸之路与陆上丝绸之路的纽带，在今天的“一带一路”倡议中仍然发挥着重要作用。

在漫长的运河开凿历程中，中国创造出世界上里程最长、规模最大的人工运河；不仅开凿了纵横交错的平原水运网，而且创造出世界运河史上的奇迹——翻山运河；不仅具有在清水条件下通航的丰富经验，而且创造出在多沙水源的运渠中通航的奇迹。

（4）城乡供排水工程遗产。指为供给城乡生活、生产用水和排除区域积水、污水而修建的工程及相关设施。城市的建设规模、空间布局、建筑风格和发展水平往往取决于所在地区的水系分布，独特的水系分布往往赋予城市独特的空间分布特点。如秦都咸阳地跨渭河两岸，渭河上建跨河大桥，整座城市呈现“渭水贯都以象天汉，横桥南渡以法牵牛”的空间布局；宋代开封城有汴河、蔡河、五丈河、金水河等四河环绕或穿城而过，呈现“四水贯都”的空间布局，并成为当时最为繁盛的水运枢纽；山东济南泉源众多，形态各异，出而汇为河流湖泊，因称“泉城”。早期的聚落遗址、都城遗址中都发现有领先当时水平的排水系统。如二里头遗址发现木结构排水暗沟、偃师商城遗址中发现石砌排水暗沟、阿房宫遗址有三孔圆形陶土排水管道；汉长安城则有目前中国最早的砖砌排水暗沟，它在排水管道建筑结构方面具有重大突破。

（5）水土保持工程遗产。指为防治水土流失，保护、改善和合理利用山区、丘陵区水土资源而修建的工程及相关设施。水土保持工程遗产是人们艰难探索水土流失防治历程的有力见证，它主要体现在两个方面：一是工程措施，主要包括水利工程和农田工程，前者主要包括山间蓄水陂塘、拦沙滞沙低坝、引洪淤灌工程等；后者主要包括梯田和区田等。另一类是生物措施，主要是植树造林。

（6）景观水利工程遗产。指为营建各类水景观而修建的水利工程及相关设施。通过恰当的工程措施，与自然山水相融合，将山水之乐融于城市，这是中国古代城镇规划、设计与营建的主要特点。对自然山水的认识和利用，往往影响着一个城镇的特点和气质神韵。古代著名的城镇尤其是古都所在地，大多依托山脉河流规划、设计其城市布局，并辅以一定的水利工程，建设城市水景观，用来构成气势恢宏、风景优美的皇家园林、离宫别苑。如汉唐长安城依托渭、泾、沣、涝、潏、滈、浐、灞八条河流，在城市内外都建有皇家苑囿，形成“八水绕长安”的景观，其中以城南的上林苑最为知名；元明清时期的北京，依托北京西郊的泉源，逐渐建成闻名世界的皇家园林，尤其是三山五园。

（7）水力发电工程遗产。指为将水能转换成电能而修建的工程及相关设施。该类遗产出现的较晚，直至近代才逐渐形成发展。如云南石龙坝水电站、西藏夺底沟水电站等。

（8）河道遗产。指河湖水系形成与变迁过程中留下的古河道、古湖泊、古河口和决口遗址等遗迹，如三江并流、明清黄河故道、罗布泊遗址、铜瓦厢决口等。

（二）非工程类水文化遗产

1.物质形态的水文化遗产

物质形态的水文化遗产指那些看得见、摸得着，具有具体形态的水文化遗产，又可分为不可移动的水文化遗产和可移动的水文化遗产。

（1）不可移动的水文化遗产。不可移动的水文化遗产可分为以下六类:

其一，古遗址。指古代人们在治水活动中留有文化遗存的处所，如新石器时代早期城市的排水系统遗址、山东济宁明清时期的河道总督部院衙署遗址等。

其二，治水名人墓葬。指为纪念治水名人而修建的坟墓，如山西浑源县纪念清道光年间的河东河道总督栗毓美的坟墓、陕西纪念近代治水专家李仪祉的陵园等。

其三，古建筑。指与水或治水实践有关的古建筑。该类遗产中，有的因水利管理而形成，有的是水崇拜的产物，而水崇拜则是水利管理向社会的延伸。因此，它们是水利管理的有力见证，以下三类较具代表性：一是水利管理机构遗产，即古代各级水行政主管部门衙署，以及水利工程建设和运行期间修建的建筑物及相关设施，如江苏淮安江南河道总督部院衙署（今清晏园）、河南武陟嘉应观、河北保定清河道署等。二是水利纪念建筑遗产，即用来纪念、瞻仰和凭吊治水名人名事的特殊建筑或构筑物，如淮安陈潘二公祠、黄河水利博物馆旧址等。三是水崇拜建筑遗产，即古代为求风调雨顺和河清海晏修建的庙观塔寺楼阁等建筑或构筑物，如河南济源济渎庙等。

其四，石刻。指镌刻有与水或治水实践有关文字、图案的碑碣、雕像或摩崖石刻等。该类遗产主要包括以下四类：一是历代刻有治水、管水、颂功或经典治水文章等内容的石碑。二是各种镇水神兽，如湖北荆江大堤铁牛、山西永济蒲州渡唐代铁牛、大运河沿线的趴蝮等。三是治水人物的雕像，如山东嘉祥县武氏祠中的大禹汉画像石等。四是摩崖石刻，如重庆白鹤梁枯水题刻群、长江和黄河沿线的洪水题刻等。

其五，壁画。指人们在墙壁上绘制的有关河流水系或治水实践的图画。如甘肃敦煌莫高窟中，绘有大量展现河西走廊古代水井等水利工程、风雨雷电等自然神的壁画。

其六，近现代重要史迹和代表性建筑。主要指与治水历史事件或治水人物有关的以及具有纪念和教育意义、史料价值的近现代重要史迹、代表性建筑。该类遗产主要包括以下三类：一是红色水文化遗产，如江西瑞金红井、陕西延安幸福渠、河南开封国共黄河归故谈判遗址等。二是近代水利工程遗产，如关中八惠、河南郑州黄河花园口决堤遗址等。三是近代非工程类水文化遗产，如江苏无锡汪胡桢故居、陕西李仪祉陵园、天津华北水利委员会旧址等近代水利建筑。

（2）可移动的水文化遗产。可移动水文化遗产是相对于固定的不可移动的水文化遗产而言的，它们既可伴随原生地而存在，也可从原生地搬运到他处，但其价值不会因此而丧失，该类遗产可分为三类。

其一，水利文献。指记录河湖水系变迁与治理历史的各类资料，主要包括图书、档案、名人手迹、票据、宣传品、碑帖拓本和音像制品等。其中，以图书和档案最具代表性，也最有特色。图书是指1949年前刻印出版的，以传播为目的，贮存江河水利信息的实物。它们是水利文献的主要构成形式，包括各种写本、印本、稿本和钞本等。档案是在治水过程中积累而成的各种形式的、具有保存价值的原始记录，其中以河湖水系、水利工程和水旱灾害档案最具特色。这些档案构成了包括大江大河干支流水系的变迁及其水文水资源状况，水利工程的规划设计、施工、管理和运行情况，流域或区域水旱灾害等内容的时序长达2000多年的数据序列，其载体主要包括历代诏谕、文告、题本、奏折、舆图、文据、书札等。这些档案不仅是珍贵的遗产，而且是有关“在用”水利工程遗产进行维修和管理不可或缺的资料支撑，也是未来有关河段或地区进行规划编制、治理方略制定的历史依据。

其二，涉水艺术品与工艺美术品。指各历史时期以水或治水为主题创作的艺术品和工艺美术品。艺术品大多具有审美性，且具有唯一性或不可复制性等特点，如绘画、书法和雕刻等。宋代画家张择端所绘《清明上河图》，直观展示了宋代都城汴梁城内汴河的河流水文特性、护岸工程、船只过桥及两岸的繁华景象等内容；明代画家陈洪绶所绘《黄流巨津》则以一个黄河渡口为切入点，形象地描绘了黄河水的雄浑气势；北京故宫博物院现藏大禹治水玉山，栩栩如生地表现出大禹凿龙门等施工场景。工艺美术品以实用性为主，兼顾审美性，且不再强调唯一性，如含有黄河水元素的陶器、瓷器、玉器、铜器等器物。陕西半坡遗址中出土的小口尖底瓶，既是陶质器物，也是半坡人创制的最早的尖底汲水容器。

其三，涉水实物。指反映各历史时期、各民族治黄实践过程中有关社会制度、生产生活方式的代表性实物。它主要包括六类：一是传统提水机具和水力机械，又可分为以下三种：利用各种机械原理设计的可以省力的提水机具，如辘轳、桔槔、翻车等；利用水能提水的机具，如水转翻车、筒车等；将水能转化为机械能用来进行农产品加工和手工作业的水力机械，如水碾、水磨、水碓等。二是治水过程中所用的各种器具，如木夯、石夯、石硪、水志桩，以及羊皮筏子等。三是治水过程中所用的传统河工构件，如埽工、柳石枕等。四是近代水利科研仪器、设施设备等，如水尺、水准仪、流速仪等。五是著名治水人物及重大水利工程建设过程中所用的生活用品。六是不可移动水利文化遗产损毁后的剩余残存物等。

2.非物质形态的水文化遗产

非物质形态的水文化遗产是指某一族群在识水、治水、护水、赏水等过程中形成的能够世代相传、反映其特殊生活生产方式的传统文化表现形式及其相关的实物和场所。

（1）口头传统和表述。指产生并流传于民间社会，最能反映其情感和审美情趣的与治水、护水等内容有关的文学作品。它主要分为散文体和韵文体民间文学，前者主要包括神话、传说、故事、寓言等，如夸父逐日和精卫填海神话、江河湖海之神的设置、大禹治水传说等；后者主要包括诗词、歌谣、谚语等。

（2）表演艺术。指通过表演完成的与水旱灾害、治水等内容有关的艺术形式，主要包括说唱、戏剧、歌舞、音乐和杂技等。如京剧《西门豹》《泗州》等，民间音乐如黄河号子、夯硪号子、船工号子等。

（3）传统河工技术与工艺。指产生并流传于各流域或各地区，反映并高度体现其治河水平的河工技术与工艺。它们大多具有因地制宜的特点，有的沿用至今，如黄河流域的双重堤防系统、埽工、柳石枕、黄河水车；岷江的竹笼、杩槎等。

（4）知识和实践。指在治水实践和日常生活中积累起来的与水或治水有关的各类知识的总和，如古代对黄河泥沙运行规律的认识，古代对水循环的认识，古代报汛制度等知识和实践。

（5）社会风俗、礼仪、节庆。指在治水实践和日常生活中形成并世代传承的民俗生活、岁时活动、节日庆典、传统仪式及其他习俗，如四川都江堰放水节、云南傣族泼水节等。

三、本丛书的结构安排

本丛书拟系统介绍从全国范围内遴选出的各类水文化遗产的历史沿革、遗产概况、综合价值和保护现状等，以向读者展现其悠久的历史、富有创新的工程技术和深厚的文化底蕴，在系统了解各类现存水文化遗产的基础上，了解中国水利发展历程及其科技成就和历史地位，了解水利与社会、经济、环境、生态和景观的关系，感受水利对区域文化的强大衍生作用，了解水利对中华民族和文明形成、发展和壮大的重要作用，从而提高其对水文化遗产价值的认知，并自觉参与到水文化遗产的保护工作中，使这些不可再生的遗产资源得以有效保护和持续利用。

本丛书共分为6册，为方便叙述，按以下内容进行分类撰写：

《水利工程遗产（上）》主要介绍灌溉工程遗产与防洪工程遗产。

《水利工程遗产（中）》主要介绍以大运河为主的运河工程遗产。

《水利工程遗产（下）》主要介绍水力发电工程遗产、供水工程遗产、水土保持工程遗产、水利景观工程遗产、水利机械和水利技术等。

《文学艺术遗产》主要介绍与水或治水有关的神话、传说、水神、诗歌、散文、游记、楹联、传统音乐、戏曲、绘画、书法和器物等。

《管理纪事遗产》主要介绍水利管理与纪念建筑、水利碑刻、法规制度和特色水利文献等。

《风俗礼仪遗产》主要介绍水神祭祀建筑、人物祭祀建筑、历代镇水建筑、镇水神兽和水事活动等。

本丛书从选题策划、项目申请，再到编撰组织、图片收集、专家审核等历经5年之久，其中经历多次大改、反复调整。在这漫长的编写过程中，得到了中国水利水电科学研究院、华北水利水电大学、中国水利水电出版社等单位在编撰组织、图书出版方面的大力支持，多位专家在水文化遗产分类与丛书框架结构方面提供了宝贵建议，在此一并表示真挚的感谢。

同时还要感谢水利部精神文明建设指导委员会办公室、陕西省水利厅机关党委、江苏省水利厅河道管理局在丛书资料图片收集工作中给予的大力帮助；感谢多位摄影师不辞辛劳地完成专题拍摄，也感谢那些引用其图片、虽注明出处但未能取得联系的摄影师。

期望本丛书的出版，能够为中国水文化遗产保护与传承、进而助力中华优秀传统文化的研究与发扬做出独特贡献，同时也期待广大读者朋友多提宝贵意见，共同提升丛书质量，推动水文化广泛传播。

丛书编写组

2022年10月

前言

地球上的水形成后，生命随之起源。可以说，地球上的一切生命活动都起源于水，也离不开水。它不仅孕育了包括人类在内的一切生命，还孕育了人类文明，支撑着区域经济、社会和文化的发展和生态、环境的改善。

首先，人类生命、作物生长和动物生存都离不开水。早期人类大多选择河流台地作为聚落所在，以靠近水源、方便生活和生产，同时避免洪水泛滥带来的灾难。进入农耕文明后，原始农业基本依靠风调雨顺，雨多或雨少都会导致粮食生产面临不同程度的损失。作为农业大国，为确保粮食稳产高产而开展的治水活动对区域经济社会的发展作用重大，有时甚至影响政局的稳定和国家的统一。与此同时，水还是古代手工业生产和产品的主要原料和媒介，是交通运输的主要载体，并在城乡水景观的营建中发挥着重要作用。因此，历代各朝统治者都把兴利除害和开发利用水资源视为治国的头等大事。水成为最贴近人们生产生活、也是人们最为熟知的自然现象和自然资源。

其次，水是一种独特的文化资源。大江激荡，长河滔滔，奔腾向前，昼夜不息，不仅创造了壮美瑰丽的自然和人文景观，而且孕育了悠久灿烂的中华文明，激荡着自强不息的民族精神。此外，湖水浩瀚辽阔、溪流涓涓、河水潺潺、泉水叮咚、瀑布飞泻，甚至急流险滩、惊涛骇浪等都有其独特的魅力。这些不仅是令人震撼或赏心悦目的自然景观，而且是诗人、作家、画家等群体创作的灵感来源和抒发胸臆、寄托情怀的载体，从而成为文学和艺术创作的永恒主题。

再次，大规模治水的场景往往激荡人心。在古代，无论是大型水利工程的施工工地，还是防洪抢险的现场，参与人员动辄数万、数十万甚至上百万，数量之众多、规模之宏大、场景之撼人，都使之逐渐走进文学艺术创作者的视野，并成为其创作的源泉。

综上所述，在漫长的识水、用水、治水、护水和赏水等历程中，衍生出类型丰富、内容深厚璀璨、形式各异的文学艺术并流传至今，由此成为水文化遗产的重要组成部分。

本书力图从数量庞大的文学艺术作品中遴选出具有代表性的与水或治水相关的遗产，并从水利史的角度，对其创作背景、主要内容及其影响进行阐释，从而挖掘其蕴含的历史、艺术、社会和生态等价值，展现古人亲近自然、回归自然、追求与自然合一的审美情趣和精神品质，展现古人倡导和践行的人水共生理念，从而为这些遗产的保护和利用提供历史依据，为治水事业和水文化的传承与发展提供历史借鉴。因此，本书采用按照文化遗产的类型分章，然后按各种类型的遗产设节的体例，所选遗产尽量具有代表性。

本书共分为12章。第1章至第3章，主要介绍了因水或治水而衍生的神话、传说、水神和诗歌等民间文学，围绕其形成背景与原因、与水或治水相关的故事情节及其所反映的时代认知水平进行阐述，它们属于非物质形态的水文化遗产中的口头传统和表述；第4章至第7章，主要介绍了因水或治水而创作的散文、游记、楹联等文学作品，对其创作背景、与水或治水相关的内容等进行了分析，它们属于可移动的物质形态水文化遗产中的水利文献和实物；第8、第9章两章，分别介绍了以水为创作元素的音乐，以及着重反映水灾害或治水故事的戏曲等，它们属于非物质形态的水文化遗产；第10、第11章两章，主要介绍了以水或治水为主题的绘画和书法，重点阐述了其创作背景、展现的中国壮美瑰丽的山川景致及其寄托的情怀与理想，它们属于可移动的物质形态水文化遗产中的艺术品；第12章，主要介绍了以水以及能够带来水的自然现象如云和雷、能够行云布雨的龙等为纹饰的器物服饰等，它们属于可移动的物质形态水文化遗产中的工艺美术品。

本书由王英华、邵自平、蒋锐撰写。

中国水利水电出版社对本书的出版给予了大力支持，水文化出版事业部李亮主任在本书的选题策划、项目申报、图片拍摄、内容撰写等方面予以全面帮助、在书稿进度方面给予了很大耐心和信任，李亮主任和编辑傅洁瑶等为本书做了大量认真细致的编辑审稿工作，在此一并表示衷心感谢。

因编者水平有限，书中收编遗产难免挂一漏万，有不足或错误之处还请广大读者批评指正。

编者

2022年10月

目录

會安橋

1 神话

许多民族的历史和文明往往从神话开始。当一个民族开始对世界起源和自己来源等问题感到疑惑并试图做出解答时，这个民族的文明便由此产生。

神话是早期人类对自然万物、部族战争和生产生活等感到疑惑的问题的认知与理解，往往以故事的形式表达，故事塑造的形象大多是具有超常能力的神祇和英雄，故事情节往往充满了大胆而奇特的想象。这些故事在现代人看来似乎荒诞不经，但对于社会生产力和科技水平低下的早期人类而言，由于他们无法对宇宙、人类、自然万物的起源等问题做出科学的解释，只好借助想象加以解决。正如马克思在《〈政治经济学批判〉导言》中所说："任何神话都是用想象和借助想象以征服自然力、支配自然力，把自然力加以形象化。因而，随着这些自然力的实际被支配，神话也就消失了。"神话是"通过人们的幻想，用一种不自觉的艺术方式加工过的自然和社会形式本身"。可以说，借助大胆而奇特的想象是神话故事的特点和亮点。这种想象体现了早期人们强烈的探求欲望及其文化特征。即便在科学技术高度发达的今天，仍有广阔的未知领域需要去探寻研究，所以大胆的想象仍具有重要的现实意义。

在中国，有关水的神话产生得最早且弥久不衰，代代相传，不断丰富。这是因为人的生命和生活生产都离不开水，水对人类生存与发展的影响超过其他一切自然现象。上古时期，为靠近水源以方便生活和生产，同时为避免洪水泛滥带来的灾难，人们大多逐水而迁、邻水择高而居。进入农耕时代，原始农业几乎完全建立在风调雨顺的基础上，无论雨多还是雨少，都会使粮食生产面临不同程度的损失。夏代后，中国进入封建社会，作为农业大国，为确保农业丰收而开展的水治理对区域经济社会的发展作用重人，有时甚至影响政局的稳定和国家的统一，因此，历代各朝统治者都把兴利除害和开发利用水资源视为治国的头等大事，由此衍生出丰富多彩的治水神话并流传至今，成为中国神话体系中的重要组成部分。

1.1 创世神话

创世神话是神话体系中最为基础的部分，是早期人类对宇宙万物和人类自身起源问题的理解与阐释。

1942年在湖南长沙子弹库发现的《楚帛书》是中国最早见诸记载、内容最为系统的创世神话。它的发现打破了西方学者一度认为中国上古没有创世神话的推断。

《楚帛书》摹本

根据《楚帛书》甲篇的记载，中国的创世神话主要包括以下六个阶段：

一是天地未开，混沌中先有水。据《楚帛书·甲篇》记载，天地未开之前一团混沌，呈“梦梦墨墨”的状态，难以清晰辨别。然后“□每(晦)水□，风雨是於”。也就是说，大混沌中开始有了水，有了风雨。据此可知，《楚帛书》认为万物的起源与水相关。《管子·水地》也有类似结论：“水者，何也？万物之本源也。”此后，伏羲、女娲降生于大混沌中，面对一团混沌，二神首先结为夫妻，拉开创世历程的序幕。

二是创设天地，江河湖海形成。据《楚帛书·甲篇》记载，为创设天地，伏羲和女娲化生为禹和契，他们首先平治水土，测定天地间的距离，即“司堵襄”“咎（晷）天步廷”；然后“上下朕传（腾转）”，创造出天地，并平治“山陵丕疏”的乱象；接着规划布局山陵和江海，并使二者之间阴阳通气，最终完成天地的初创及初步整治。其中，禹、契“司堵襄”与平治水土有关。《史记·殷本纪》也有类似记载，“契长而佐禹治水有功”；大禹平治水土的故事则在传世文献中多有记载。

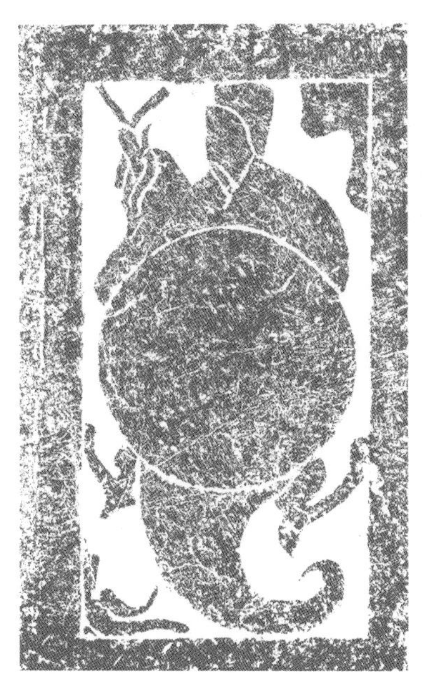
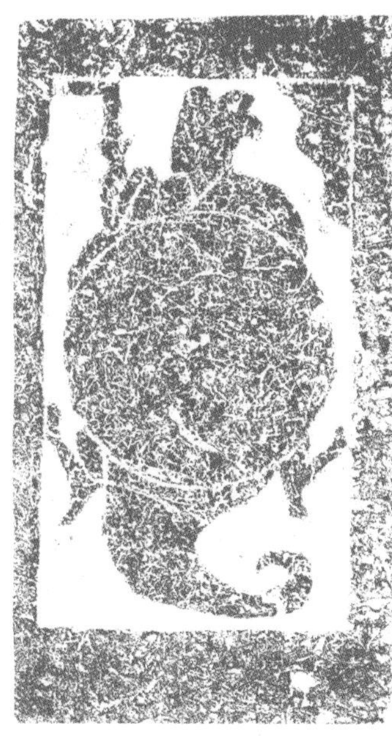

山东省费县汉画像石中的伏羲、女娲图（《中国画像石全集》3）

该图中，伏羲、女娲皆为人首蛇身，有后爪，怀抱日和月，右手各持规和矩。

四川省成都市汉画像石中的伏羲、女娲图（《巴蜀汉代画像集》）

该图中，伏羲、女娲一手托举日、月，另一手各持规、矩。伏羲所托圆轮中有三足乌，象征日；女娲所托圆轮中有桂树和蟾蜍，象征月。

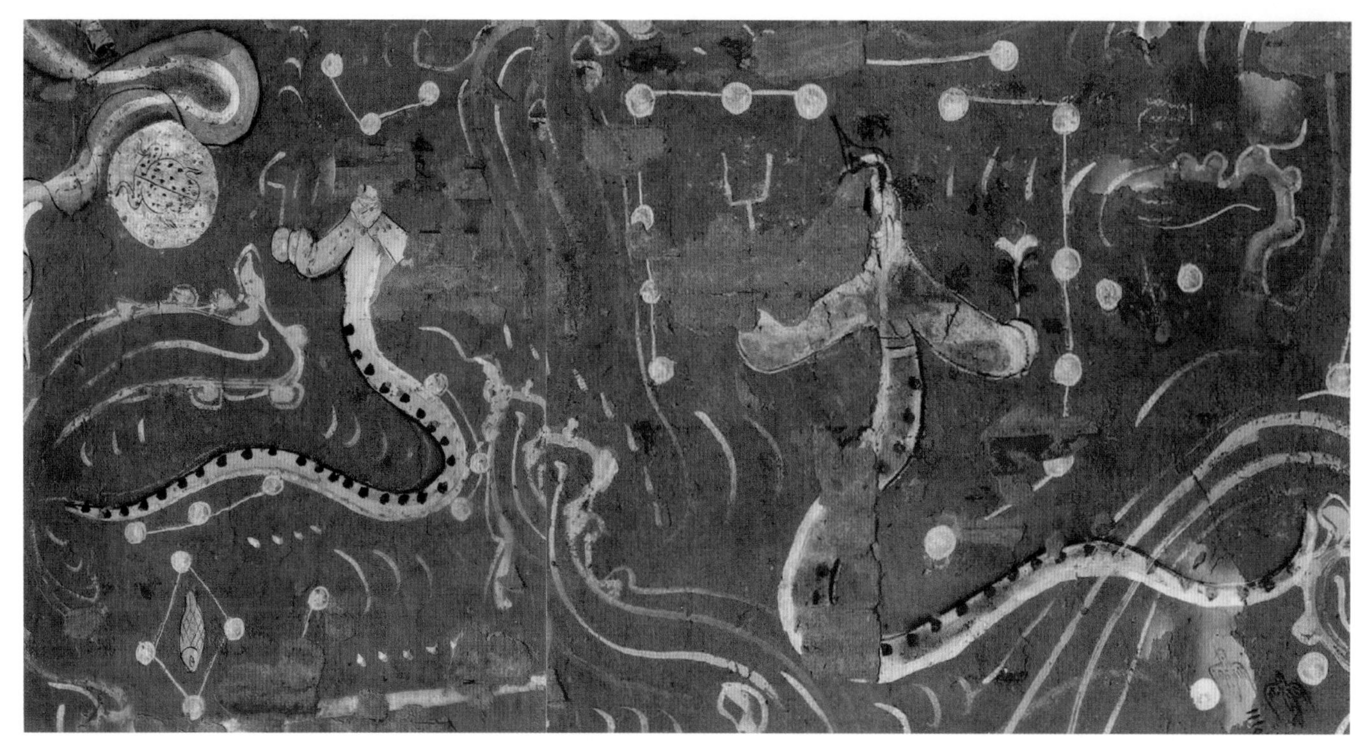

陕西省靖边县东汉壁画墓中的伏羲、女娲图（《陕西靖边县杨桥畔渠树壕东汉壁画墓发掘简报》）

该图位于墓室顶部星象图中部邻近北宫的位置，右侧为伏羲，一手持规，一手持花形物，有两组共十二颗星左右环绕；左侧为女娲，一手持矩，另一手漫漶，身左圆轮中有蟾蜍，为月，头、身、尾处各有星象环绕。

三是创设时令，四季形成。天地空间格局形成后，开始创设时令。根据《楚帛书·甲篇》的记载，该项工作由伏羲和女娲所生四子完成。其中，长子负责创设“春”，二子负责创设“夏”，三子负责创设“秋”，四子负责创设“冬”。四子轮次，一个轮回即为一年，即一年由四季组成。至此，完成了混沌中开天辟地的宇宙初创，可称原创世阶段。

四是创设日月，平息灾害。原创世千百年后，进入再创世阶段。四时运转，星辰遍布，随之开始创设日月。据《山海经》记载，日、月分别由帝俊之妻羲和、常羲所生。其中，羲和所生之子曾为大地和人类带来巨大灾难。相传羲和生十日，有一天十日并出，导致草木枯杀，禾稼烤焦，民无所食，造成极端的干旱灾害。于是羿射杀九日而仅留其一，干旱方逐渐解除。又据《楚帛书·甲篇》记载，此后，炎帝命祝融带领四时神，“奠三天”，即安排好日、月、星三辰的布局；“奠四极”，即稳住大地的四极，恢复天地秩序；并向群神发布命令，“毋敢蔑天灵”，即警告群神不可蔑视自然规律；然后由帝俊制定日、月的运转规则。至此，日月降生带来的巨大灾难最终平息。

河南省洛阳市出土壁画中的东汉时期羲和擎日图（《中国出土壁画全集》5）

河南省洛阳市出土壁画中的东汉时期常羲擎月图（《中国出土壁画全集》5）

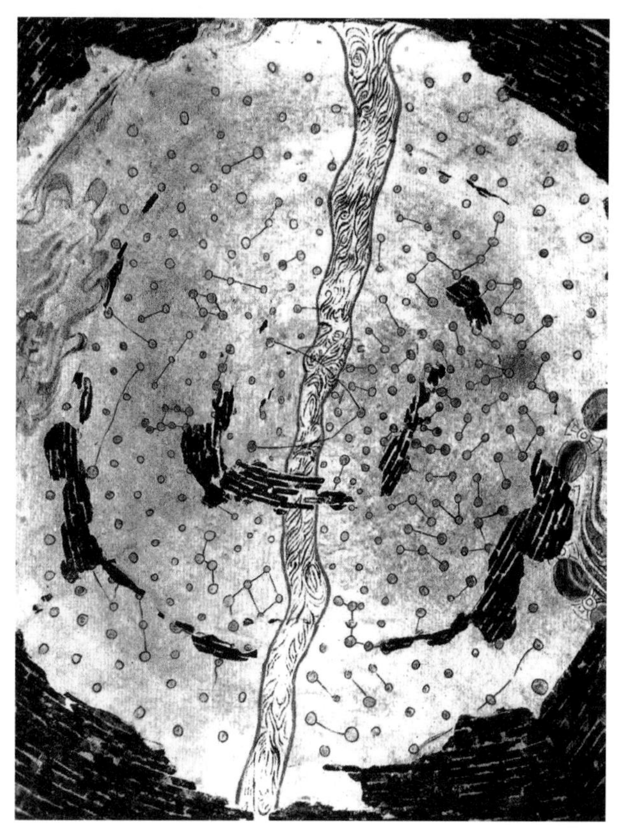

河南省洛阳市出土壁画中的北魏时期天象图（《中国出土壁画全集》5）
该图中间绘有一道弯曲的银河，纵贯南北，以朱线勾出银河两道边缘，内绘淡蓝色波纹。银河东西两侧绘有星辰300余颗，有些星辰间绘有连线，表示星宿。这是中国年代较早、幅面较大且星宿较多的天象图。

五是分别白昼，推步历法。据《楚帛书 · 甲篇》记载，共工主持制定历法，十日或十干（即天干，自甲至癸）为一旬；调整四时，采用“闰月”；将一昼夜分为霄、朝、昼、夕。由于历法制定妥当，四时运转正常，有效地避免了“百神风雨，辰祎乱作”灾害现象的发生。伴随着日月、四时、昼夜的正常运转，万物生存所需的自然条件基本形成。

六是创造世间万物。天地创设完毕，世间万物随之衍生而来。据马王堆汉墓出土的帛书《十大经 · 姓争》记载，“天地已成，黔首乃生”。万物创生有条有理，井然有序。由混沌而为阴阳，由阴阳分为四时，即所谓的“太极生两仪，两仪生四象”，然后“刚柔相成，万物乃生”。至此，造物工程完成。

综上所述，《楚帛书 · 甲篇》中的创世过程可分为两个阶段：一是以伏羲、女娲为首的原创世；二是以炎帝为首的再创世。在原创世阶段，主要是伏羲、女娲及四时神于混沌中开天辟地，平治水土，布局山陵与江海；在再创世阶段，主要是炎帝带领祝融、共工及时解除天地大灾难，重整天地秩序，生成万物所需的自然条件。

1.2 伏羲画八卦

伏羲八卦是中国先人对自然界客观规律的最早认知与解释。

伏羲与女娲同被尊为创世神和中华民族始祖，首开中华文明之长河。在“三皇五帝”世系中，伏羲被尊为“三皇之首”。伏羲，风姓，又名宓羲、庖牺、牺皇、皇羲、太昊等，历代多称其为“太昊伏羲氏”，他生活的时代距今约七八千年。对于伏羲的功绩，唐代史学家司马贞总结认为，他“仰则观象于天，俯观法于地，旁观鸟兽之文与地之宜，近取诸身，远取诸物，始画八卦，以通神明之德，以类万物之情。造书契以代结绳之政；于是始制嫁娶，以俪皮为礼；结网罟以教佃渔，故曰宓羲（牺）氏；养牺牲以庖厨，故曰庖牺；有龙瑞，以龙记官，号曰龙师；作三十五弦之瑟”。由此可见，伏羲在创造天地、化生万物、认识自然、教民生产、规范社会行为等方面都做出过开创性贡献。其中，伏羲画八卦是他一生功绩中最为靓丽的一笔。他以宇宙万物为模型，探讨天地人的自然之道，所画八卦中蕴含着“天人谐和”的理念和辩证的思想，成为中华文化的原点。

《历代帝王真像》中的伏羲像（清乾隆五十三年绢本）

陕西省米脂县出土的汉画像石中的伏羲图
（《中国汉画造型艺术图典》）

伏羲画像（[清]《帝王圣贤名臣像》）

1.2.1 始创八卦

伏羲画卦（2019年特种邮票，《中国古代神话（二）》）

伏羲八卦又称先天八卦，传说伏羲通过观物取象修身，感悟出天人合一的自然之道和宇宙奥秘，从而演化出八卦。伏羲八卦反映了上古时期的人们对宇宙的认知与思考，通过简单的阴阳符号的组合，有序地描述了宇宙的平衡观、矛盾观和互动中的阴阳消长现象等内容。

传说伏羲生活的时代，人们对刮风下雨、电闪雷鸣、日月出没、生老病死等自然现象无法加以科学的解释，常常感到困惑甚至惶恐。于是，伏羲在今甘肃天水卦台山仔细观察研究天地万物的发展变化规律。一天，正当伏羲在卦台山观天察地时，忽见渭河对岸的龙马峰轰然中开，从中跃出一匹龙马，龙背马身，生有双翼，身长龙鳞，踏着渭河鳞波而来，背上呈现出一幅黑白点相间的奇妙图

《帝王道统万年图》中的伏羲与龙马（[明]　仇英）

该图中，伏羲正在卦台山一块大石上冥思苦想，一匹龙马正在渭水河中腾跃。

伏羲像（现藏于北京故宫博物院）

该图中，伏羲散发披肩，身披鹿皮。左下角有八卦图，右下角有神龟，展现的是“神龟载书”助伏羲创立八卦的神话。

形，即所谓的“河图”。又相传，伏羲氏在黄河的支流洛水上偶得龟背列书，发现其中含有阴阳两性的内容，黑白图点呈八方布置，即所谓的“洛书”。伏羲据此感悟并画成八卦。

根据《易·系辞》的描述，伏羲先天八卦的主导思想是“易有太极，是生两仪，两仪生四象，四象生八卦”，这一思想揭示了宇宙的形成过程。

又据《易·说卦传》的描述，伏羲先天八卦的理论依据是“天地定位，山泽通气，雷风相薄，水火不相射，八卦相错，数往者顺，知来者逆，是故易逆数也”。也就是说，八卦按其所代表的事物性质两两相对，分成四对，每对都是性质相反的两个事物。其中，将乾坤两卦相对，称“天地定位”；震巽两卦相对，称“雷风相薄”；艮兑两卦相对，称“山泽通气”；坎离两卦相对，称“水火不相射”。四对事物交错起来，就构成先天八卦方位图，即乾南坤北，离东坎西，兑居东南，震居东北，巽居西南，艮居西北。先天八卦既讲“对待”（对立），又讲“流行”（运动变化），每一对中都含有顺逆、奇偶、阴阳，即阴中含阳，阳中含阴，阴阳错综交变。这就是先天八卦方位图中矛盾对立统一的辩证思想，八卦本着阴阳消长、顺逆交错、相反相成的宇宙生成的自然之理，来预测推断世间一切事物。

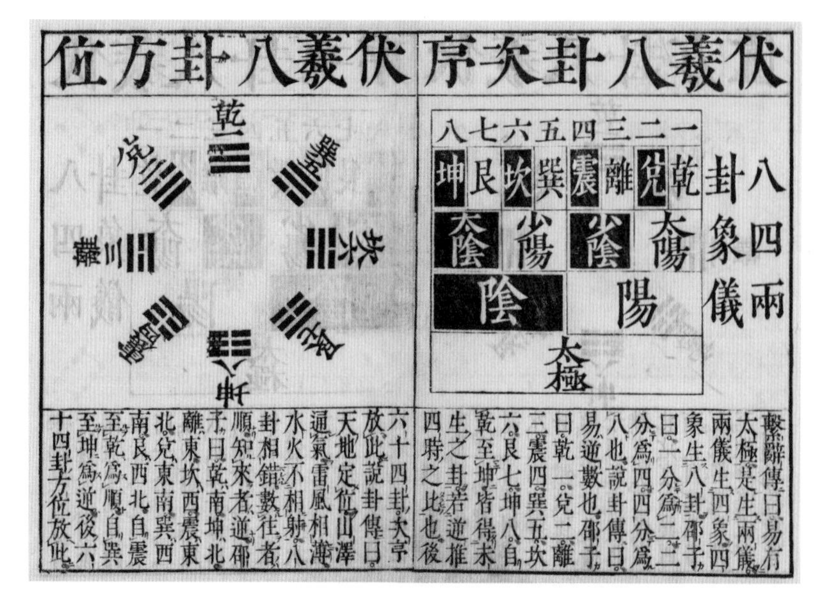

伏羲方位和八卦次序图（[宋]朱熹《易经集注》）

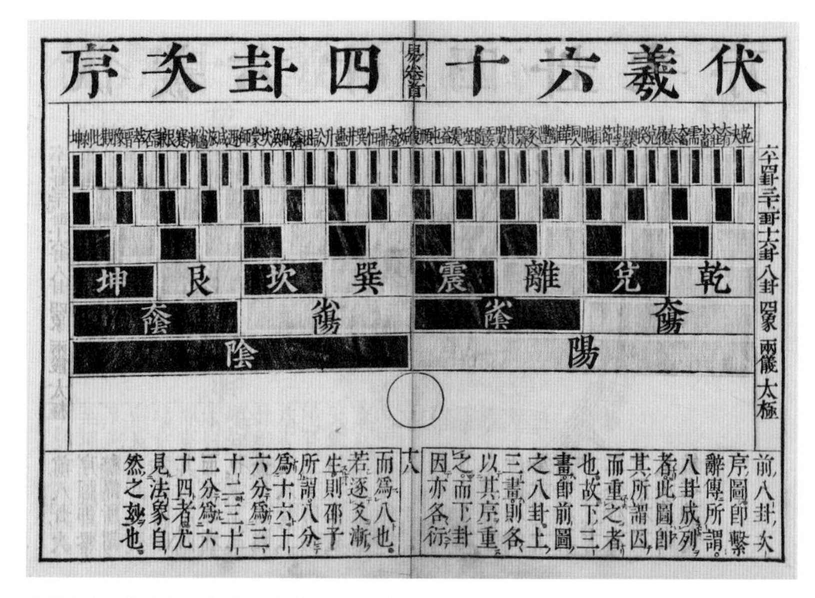

伏羲六十四卦次序图（[宋]朱熹《易经集注》）

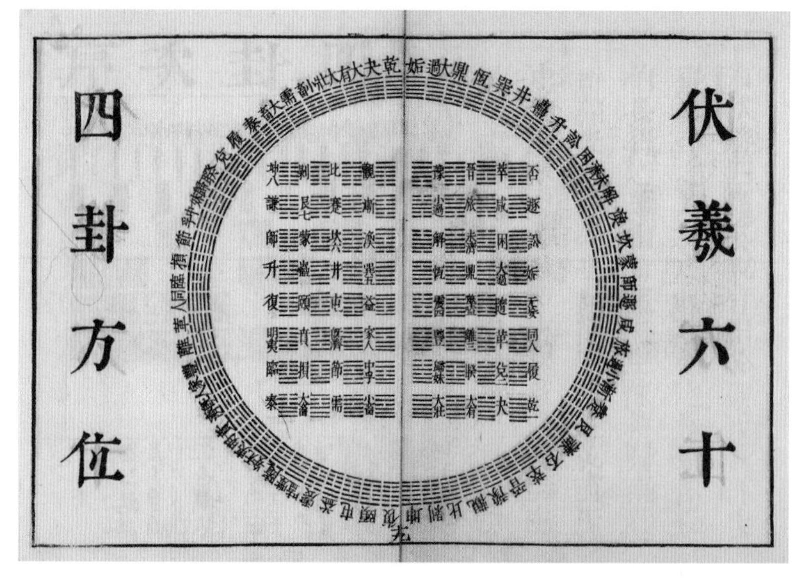

伏羲六十四卦方位图（[宋]朱熹《易经集注》）

1.2.2 其他功绩

除了演画八卦、探讨天地万物的发展变化规律外，伏羲还在创世过程中发挥过主导作用，在教化民众方面也做过重大贡献：①教民结绳为网，捕鱼打猎；②教民驯养野兽，以充庖厨，以为牺牲，此即家畜之由来；③倡导各部落间结亲，实行男聘女嫁，以成对的鹿皮为聘礼，即《世本·作篇》所说的“伏羲制以俪皮嫁娶之礼”，自此结束了长期以来子女只知其母不知其父的原始群婚状态；④发明陶埙、琴瑟等乐器，创作乐曲歌谣，将音乐带进人们的生活。

甘肃省嘉峪关市出土壁画中的三国时期狩猎图（《中国出土壁画全集》9）

陕西省旬邑县出土壁画中的东汉时期牧牛图（《中国出土壁画全集》6）

敦煌莫高窟壁画中的晚唐婚嫁图（《敦煌石窟全集》25）

1.2.3　身份形象

关于伏羲的身份，代表性记载如下：

据《汉书人表考》记载："华胥生男子为伏羲，女子为女娲。"

据皇甫谧《帝王世纪》记载："太昊帝庖牺氏，风姓也。燧人之世，有巨人迹出于雷泽，华胥以足履之，有娠，生伏羲于成纪，蛇身人首，有圣德。"

又据王嘉《拾遗记》记载："春皇者，庖牺之别号。所都之国，有华胥之洲。神母游其上，有青虹绕神母，久而方灭，即觉有娠，历十二年而生庖牺。"

据上述记载可知，伏羲之母为华胥氏，一次外出时，见雷泽中有一特大脚印，便好奇地用足加以丈量，遂感应受孕，怀胎12年后，生伏羲。伏羲与女娲本为兄妹，后为创世而结为夫妻。

伏羲、女娲的形象，常见于汉唐时期的墓葬壁画、帛画和砖画。现存有关画像广泛分布于山东、河南、安徽、四川、江苏、吉林、陕西、甘肃、新疆等地。画像中的伏羲、女娲形象具有如下三个特点。

（1）伏羲、女娲的形象大多为人面蛇身，尾部相互交缠，四川郫县地区则接吻交尾。这种形象的采用使其展现出连通天地、著阴秉阳的神性特点，蕴含着天人交感、化育万物的自然之道。

对于蛇身的具体刻画，不同的地区各不相同。如山东地区的伏羲、女娲大多无足，且蛇尾粗大；河南地区则大多有足；四川地区更接近于蜥蜴。伏羲、女娲的相貌和服饰也具有明显的时代和地域特征。

山东省嘉祥县汉画像石中的伏羲、女娲图（《中国汉画造型艺术图典》）

该图中，伏羲、女娲无足，且蛇尾粗大。

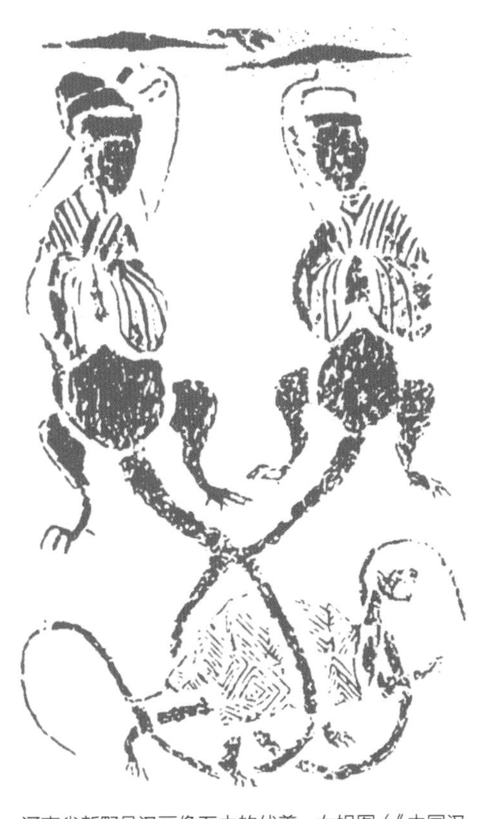

河南省新野县汉画像石中的伏羲、女娲图（《中国汉画造型艺术图典》）

该图中，伏羲、女娲有足。

新疆吐鲁番和阿斯塔那北区出土的伏羲、女娲图（现分别藏于国家博物馆和新疆维吾尔自治区博物馆）

该图中，伏羲、女娲深目高鼻，卷发络腮，胡服对襟，眉飞色舞，相貌和服饰具有典型的新疆少数民族特点。

吉林省高句丽古墓壁画中的伏羲、女娲图（吉林省集安市洞沟古墓群禹山墓区中部五盔坟5号墓出土）

该图中，伏羲、女娲皆人首、蛇身、龙足，相貌和服饰具有典型的朝鲜族特点。

（2）伏羲、女娲大多持有日、月图像，或手举，或胸怀，或头顶日、脚踏月。有些图像中可清晰地看到日中有三足乌，月中有桂树、蟾蜍或玉兔。这些形象被解释为伏羲、女娲拥有创世神身份的依据。

四川省内江县画像石中的伏羲、女娲图（《中国画像石全集》7）

该图中，伏羲、女娲双手托举日、月。

四川省射洪县画像石中的伏羲、女娲图

该图中，伏羲、女娲单手托举日、月。

河南省南阳市汉画像石中的伏羲、女娲图（《南阳麒麟岗汉画像石墓》）

该图中，伏羲、女娲皆人首蛇身，且具有后爪，怀抱日、月。

河南省洛阳市出土壁画中的伏羲图（《洛阳汉墓壁画》）

该图中，伏羲身前有红日，日中有金乌。

山东省嘉祥县汉画像石中的伏羲、女娲图（《中国汉画造型艺术图典》）

该图中，女娲在左，持规；伏羲在右，持矩，矩有一长一短两边。

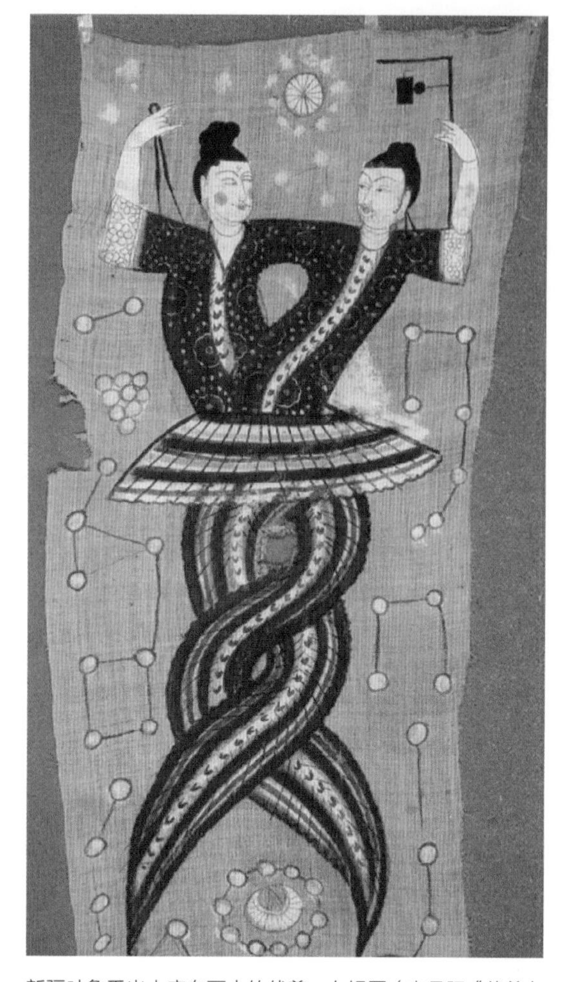

新疆吐鲁番出土麻布画中的伏羲、女娲图（李丹阳《伏羲女娲形象流变考》）

该图中，伏羲、女娲分别持有矩和规，矩上有墨斗。

（3）伏羲、女娲手持“规”与“矩”，有些图像中，则手持墨斗或矩上有墨斗。“规”是校正圆的工具，“矩”则是画方形的曲尺。伏羲、女娲手中持有规、矩的形象，蕴含着二神在创世时曾“规天”“矩地”之意，将之与托举或怀抱日月的形象相结合，则体现了上古“天圆地方”的宇宙观。这一形象还说明，早在上古时代，人们已开始掌握并在实践中使用规、矩等工具进行天文、地理测量，且开始用于木工制作等日常生产。至大禹治水时，“左准绳，右规矩”，“望山川之形，定高下之势”，其中，“准”和“绳”是测定物体平、直的工具。可知，早在4000多年前，“规”“矩”已广泛应用于治水实践中。

1.3　女娲造人与补天

女娲与伏羲同被认为是中华民族的祖先或创世神，她还是抟土造人的女神，是赋予万物生命的自然之神，是自然万物与人类的守护者。女娲，风姓，又称娲皇、灵娲、帝娲、风皇、女阴、女皇、女帝、女希氏、阴皇、阴帝等，《史记》称女娲氏。与伏羲一样，女娲一生功绩众多，但最突出的是“抟土造人”和“炼石补天”。

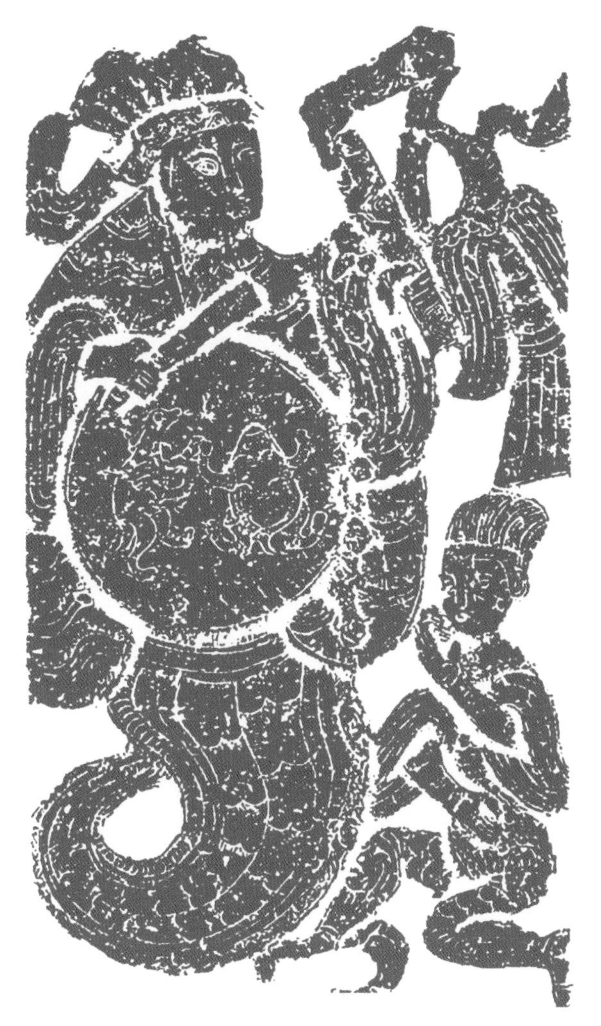

山东省临沂市汉画像石中的女娲图（《中国汉画造型艺术图典》）

外国人眼中的女娲（禄是遒《中国民间信仰》）

1.3.1 抟土造人

天地创设完毕后，天地间有了日月星辰、风云雷电、山陵江海、花草树木，但没有动物和人类，直到女娲抟土创造六畜和人。

相传女娲具有化生万物的神力，每天至少能创造出70余种物体，她用黄土创造六畜等各类动物，并仿照自己创造人类。正如《说文解字》所解释的，“娲，古之神圣女，化万物者也”。

《风俗通》是最早明确提出女娲造人的文献，认为人类由女娲抟土造成。

相传天地形成后，大地太过辽阔，不免荒凉空寂。如何使天地间充满生机，富有朝气，女娲一直在思考。一天，她来到河边，在水中见到自己的倒影，灵机一动，开始仿照自己创造生灵。于是从河边抓起一团黄泥，在手中不停地揉抟，最终抟成一个形似自己的生物，她给它取名为“人”。

对于这一作品女娲非常满意，于是继续用黄泥创造出许多“人”，越来越多的人被创造出来。这些人在她的周围欢呼跳跃，开始为大地带来生机。为了创造更多的人，使天地间的朝气更加蓬勃昂扬，她白天黑夜、日复一日地不停造人，但直到筋疲力尽，这一愿望仍无法实现。

最后，女娲想到一个巧妙的办法，她从崖壁上扯下一根枯藤，投入河里泥浆中，然后提起挥洒，泥浆落地后变成一个个人。用这种方法造人，简单省力。不久，大地上到处洋溢起欢快之声，祥和而富有朝气。

面对美丽谐和、生机蓬勃的大地，为使人类持续生存，女娲造人时将其分为男女，二者交配，繁衍后代。如此，人类得以世代绵延，生生不息。

据说，女娲不仅创造了人，还创造出六畜。在中国许多地方，至今流传着女娲正月初一造鸡、初二造狗、初三造猪、初四造羊、初五造牛、初六造马、初七造人的传说。有的神话还演绎出女娲去世后肉体变成土地、骨头变成山岳、头发变成草木、血液变成河流的故事。猪、狗、鸡、羊是人类较早驯养的动物，因而古人将之视为春夏秋冬四季，以牛、马代表地和天。对此，班固在《汉书·律历志·上》中有“七者，天地、四时、人之始也”的说法，这也是许多地区的民俗中将正月初七视为“人日”的来源。据此，女娲不仅是造人的女神，还是创造万物的自然之神。

女娲造人邮票（1987年特种邮票，《中国古代神话》）

江苏省徐州市画像石中的伏羲、女娲图（《中国汉画造型艺术图典》）
该图中，人类和动物正围着伏羲、女娲欢快舞蹈。

1.3.2 炼石补天

女娲炼石补天是中国最早有关特大洪水及其防洪的神话故事。

关于女娲补天的记载以《淮南子》最具代表性，相关记载主要包括以下两则。

一是《天文训》中记载：“昔者共工与颛顼争为帝，怒而触不周之山，天柱折，地维绝。天倾西北，故日月星辰移焉；地不满东南，故水潦尘埃归焉。”

二是《览冥训》中记载：“往古之时，四极废，九州裂，天下兼覆，地不周载。火爁炎而不灭，水浩洋而不息。猛兽食颛民，鸷鸟攫老弱。”

根据上述两则记载，结合其他故事可知，女娲造人后，日月星辰各司其职，四时昼夜依时运行，万物欣欣向荣，百姓安居乐业。至女娲氏统治末年，共工氏发展成实力雄厚的诸侯，并认为自己是水神，理应取代以木德统治天下的女娲氏。与此同时，颛顼也想统治天下。于是，二人之间掀起争夺帝位的战争。水神共工与颛顼手下的火神祝融展开大战，结果共工失败。不甘失败的共工一怒之下，头撞不周山。不周山是支撑天之四极的擎天柱之一，它的断裂导致天塌地陷，天河之水倾泻人间，洪水肆虐，猛兽逞凶，哀鸿遍野，民不聊生，人类面临灭顶之灾。

又据《淮南子·览冥训》记载，为将自己辛苦创造出来的人类从这场苦难中解救出来，女娲“炼五色石以补苍天，断鳌足以立四极，杀黑龙以济冀州，积芦灰以止淫水”。

女娲补天剪纸（乔晓光剪，图片来源：博宝网）

（1）“炼五色石以补苍天”。据说女娲在今山东省日照市天台山堆巨石为炉，以取自各地的五色土为料，借来太阳神火，历时九天九夜，炼就五色巨石3.65万块。然后又历时九天九夜，用这些五彩石将天补好。

（2）“断鳌足以立四极”。据晋人葛洪所著《嵇中散孤馆遇神》引《竹书纪年》记载：“东海外有山，曰天台，有登天之梯，有登仙之台，羽人所居。天台者，神鳌背负之山也，浮游海内，不纪经年。惟女娲斩鳌足而立四极，见仙山无着，乃移于琅琊之滨。”这段话的意思是：女娲炼石补天后，把背负天台山的神鳌四足砍下，用作擎天柱，支撑塌陷的天之四极。为避免失去神鳌负载的天台山沉入海底，她又将天台山移到东海之滨的琅琊，即今山东省日照市涛雒镇一带。

（3）“杀黑龙以济冀州”。据说在共工撞坏不周山、灾害迭起之际，一条作恶的黑龙也趁火打劫，它张牙舞爪，兴风作浪，导致洪水泛滥不已，淹没农田屋舍，溺毙人畜无算。有学者认为这条恶龙实际上是一个为害人类的水怪。女娲与它搏斗三天三夜，最终将之斩杀，水患得以平息。

（4）“积芦灰以止淫水”。据说在炼石补天、斩鳌足立四极、斩杀恶龙后，天得以修补，地得以填平，洪水水位逐渐下降，女娲开始收集大量芦苇，堆积成山，然后燃烧成灰，用于筑堤挡水，最终使江河顺轨，人类生命安全得以保障。

女娲补天后，塌陷的天被补好，但天地格局已发生了很大的变化。由于天向西北倾斜，地向东南塌陷，在中国西北方形成青藏高原，东南方则成为洼地和大海，从而形成现今长江、黄河等大江大河发源于西部高原并自西向东注入海洋的水系分布格局。

基于上述内容，有学者认为女娲补天的最终目的是为了防洪治水。因为古人对于降雨的成因无法做出合理的解释，便凭借直观感觉，将罕见的特大洪水想象成天被撕裂后天河之水的倾泻；同时将区域性洪水想象成巨鳌或黑龙等兴风作浪的水怪。所谓的“芦灰”和“五色石”则可能是由当时修筑堤防的土质和石质材料演绎而来。由此进一步推断，女娲补天的神话时代人类可能遭遇过一场特大洪水，在部落首领的带领下，曾开展过大规模的“止淫水”抗洪斗争。为纪念女娲造人的功德，人们很早便开始为其修建庙宇；又因为女娲补天并成功止住洪水的壮举，每当遇到干旱时，人们就会到祭祀她的庙宇中祈雨。正如《春秋繁露》所说：“雨不霁，祭女娲。”

在明清时期的文学作品中，女娲补天后剩余的巨石，一块变成陪唐僧去西天取经的石猴孙悟空，另有一块则化作《红楼梦》中贾宝玉佩戴的“通灵宝玉”，都演绎出一段传奇故事。

除抟土造人、炼石补天外，女娲的功绩还包括以下两项。

一是创立婚姻制度。据《风俗通义》记载：“女娲，伏羲之妹，祷神祇，置婚姻，合夫妇也。”

二是发明乐器“笙簧”。有关记载首见于《礼记》。三国时期魏国文学家曹植则在《女娲赞》中称：“古之国君，制造笙簧。礼物未就，轩辕纂成。或云二君，人首蛇形。神化七十，何德之灵。”

1.3.3 身份形象

与伏羲一样，女娲为人首蛇身。

关于她的身份，有学者认为她是真实存在过的历史人物。女娲部族活动的地域，据《世本·氏姓篇》记载：“女氏，天皇封弟于汝水之阳，后为天子，因称女皇。”天皇指伏羲，弟当指娣。又据《隋书·地理志》记载，即河南济源县有“母山”，即王母山，古称皇母山。北宋《新定九域志》解释认为，“皇母山，又名女娲山”。这说明女娲部族活动的地域至少南抵汝水沿岸，北达济源、孟县境内的太行山南麓。

敦煌壁画中的中唐时期吹笙图（《敦煌石窟全集》16）
该图中，笙的簧管、斗子、吹嘴均精致写实，簧管长短不一，其上的竹节清晰可见。

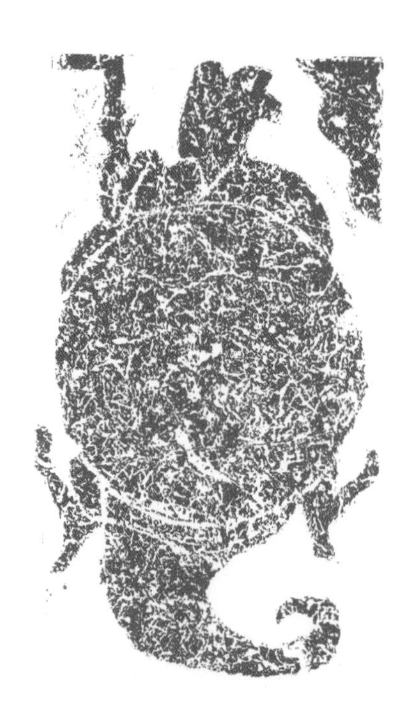

陕西省绥德县汉画像石中的女娲图（《中国汉画造型艺术图典》）（左）
四川省彭山县汉画像石中的女娲图（《中国汉画造型艺术图典》）（中）
山东省费县汉画像石中的女娲图（《中国汉画造型艺术图典》）（右）

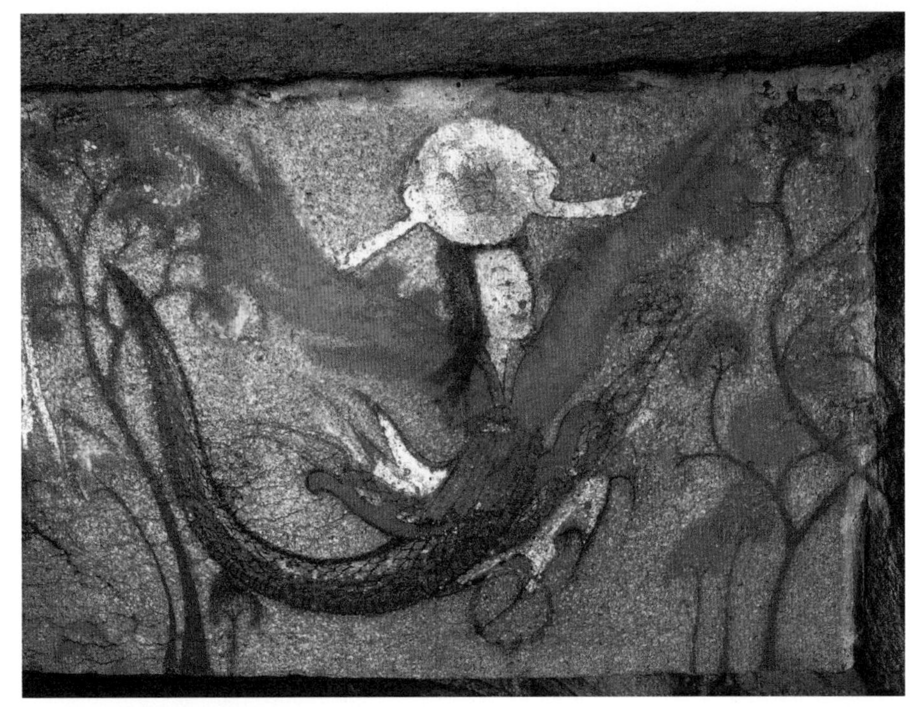

吉林省集安市出土壁画中的女娲图（《中国出土壁画全集》8）

该图中，女娲长发，人首蛇身龙足，穿红色羽衣、短灰裙，双手托月，月中有蟾蜍。

甘肃省出土壁画的魏晋时期女娲图（《中国出土壁画全集》9）

该图中，女娲人首蛇身兽足，头梳高髻，着交领红衣，右手持月，月中有蟾蜍，左手持规。

1.4　夸父逐日

夸父逐日是上古时代人们渴望解除极端干旱的神话。

夸父逐日神话源于《山海经·大荒北经》。有关记载主要包括以下两则。

一是："大荒之中，有山名曰成都载天。有人珥两黄蛇，把两黄蛇，名曰夸父。后土生信，信生夸父。夸父不量力，欲追日景，逮之于禺谷。将饮河而不足也，将走大泽，未至，死于此。应龙已杀蚩尤，又杀夸父，乃去南方处之，故南方多雨。"

二是："夸父与日逐走，入日。渴，欲得饮，饮于河、渭；河、渭不足，北饮大泽。未至，道渴而死。弃其杖，化为桃林。"

据以上两则记载可知，上古时期，在北方大荒的成都载天中生活着一个部族，其首领是幽冥神后土之孙，名夸父。后土是炎帝的后代，所以夸父实际上也是炎帝的子孙。他们生活在少雨的北方，土地荒凉，毒蛇猛兽横行。夸父常率族人与各种猛兽搏斗，并以两耳悬挂黄蛇、两手抓握黄蛇的形象而著称。

夸父（[明]蒋应镐《山海经》刻本）

一年，夸父所在的部族遭遇极大干旱，太阳直射大地，河流湖泊干涸，树木庄稼枯死，人们热渴难耐，甚至死去。面对这种情形，夸父发誓追上太阳，并将其赶回其居所禺谷。

夸父逐日邮票（1987年特种邮票，《中国古代神话》）

据《列子 · 汤问》记载，夸父告别族人，踏上逐日路程。在即将追上太阳时，夸父感到干渴难耐，就跑到黄河边，一口气把黄河水喝干；不解渴，又跑到渭河边，把渭河水喝光；仍不解渴，又向北跑去，因为那里有纵横千里的大泽，泽里的水取之不尽，用之不竭。然而，尚未到达大泽，夸父就在半路上因干渴而永远地倒下了。

夸父临死之际，心中充满遗憾，并牵挂族人，便将手中的木杖扔出去，化为邓林，即桃林，“广数千里”。去世后，他的血肉化为肥沃的养料。在它们的滋养下，这片桃林终年繁茂，为往来过客遮阴纳凉，其果实甜润可口，供过客食用解渴。正如《列子 · 汤问》所述，夸父“未至，道渴而死。弃其杖，尸膏肉所浸，生邓林。邓林弥广数千里焉”。《山海经 · 中山经》也有类似记载：“其北有林焉，名曰桃林，是广圆三百里，其中多马。湖水出焉，而北流注于河。”

关于夸父的死，还有另一种说法，认为是应龙所杀。如上文提到的《山海经 · 大荒北经》曾如此记载：“应龙已杀蚩尤，又杀夸父，乃去南方处之，故南方多雨。”应龙是中国传说中的龙族始祖，又称黄龙、飞龙。它曾助黄帝杀蚩尤、斩夸父、捕猎夔牛，助大禹治水而

夸父追日纪念金币（2002年发行）

应龙（清乾隆五十一年版本《山海经》）

以龙尾画地成江，开龙门、擒无支祁、捉拿相柳。所以晋代学者郭璞认为，应龙为“水物，以类相感也”，待应龙斩杀夸父去到南方后，南方成为多雨地区。

关于夸父生活的地方，有学者认为在北方，土地贫瘠，水源短缺，遇到干旱，较雨水充沛的南方更易受灾。因此，夸父追逐太阳并试图将其赶回居住之地，目的与后羿射日一样，在于解除干旱的危害。神话中夸父因口渴而喝干多条河流的夸张描述，反映了当时旱情的严重性，也反映了当时人们试图从太阳的过度炙烤等方面来认识和解释干旱的成因。夸父手杖变成的“桃林”，是早期人们信仰中的水源地，该情节的描述寄寓了夸父生前未能驱旱得雨、死后心念牵挂族人的遗愿。

关于夸父逐日的动机，还有其他多种说法。有的认为夸父不自量力要捉住太阳，或者要与太阳竞走；有的还认为这是先民对光明的追求，夸父类似于古希腊神话中的普罗米修斯。但更多学者认为，夸父逐日神话的真正动机是驱除干旱，展现的是上古时期一种驱旱祈雨的巫术仪式。

1.5 精卫填海

精卫填海是关于上古时期人类遭受重大自然灾害后不屈抗争并渴望战胜它的神话故事。

精卫填海神话讲述了炎帝之女——女娃溺死于东海，死后化为精卫鸟，日夜衔石填海的故事。通过精卫的形象，展现了自然灾害带给先人的巨大损失与痛苦，表达了先人面对极端灾害时英勇顽强、持之以恒地与之抗争的精神，以及他们试图通过探索掌握自然规律以战胜自然灾害的极大勇气和强烈愿望。

关于精卫填海神话的代表性记载，主要包括以下两则。

一是《山海经 · 北山经》的记载：“又北二百里，曰发鸠之山，其上多柘木。有鸟焉，其状如乌，文首、白喙、赤足，名曰精卫，其鸣自诙。是炎帝之少女，名曰女娃，女娃游于东海，溺而不返，故为精卫。常衔西山之木石，以堙于东海。漳水出焉，东流注于河。”

二是《律学新说》的记载：“伞盖山西北三十里，曰发鸠山。山下有泉，泉上有庙，浊漳水之源也。庙有像，神女三人，女侍手擎白鸠。俗言漳水欲涨，则白鸠先见。盖以精卫之事而傅会也。”

上述两则记载中的神话故事，后人代代流传并在此基础上不断演绎，形成今日的版本。

在今山西长子县城西有座发鸠山，山麓有座庙，名灵湫庙。庙前有石窦，清澈的泉水自石窦中喷泻而出，流入庙前的四星池内，然后自池内溢出，东流入渤海。庙前的石窦便是今浊漳河的源头，有“漳源泻碧”之称，恰与上述《山海经 · 北山经》“发鸠之山……漳水出焉”的记载相吻合。灵湫庙原名泉神庙，宋政和元年

（1111年）改用今名。庙内正殿供奉着三尊女神像，居中者为炎帝的小女儿——女娃，两边分别为女娃的母亲和姐姐。女娃最小但位居正中，这源于一则凄美的神话故事。

相传炎帝娶赤水神的女儿为妻，二人感情和美，生有一子两女。其中，小女儿女娃天真活泼，长相秀丽，从小就喜欢大海。一日，女娃正在海边玩耍，突然一个巨大的海浪冲向岸边，将她卷入大海，溺毙而亡。女娃死后，她的母亲忧伤过度，不久病死在发鸠山下。

精卫填海版画（颜铁良）

精卫填海版画（赵延年）

女娃死后，其精灵化为一只花头、白嘴、红脚的小鸟，每到夜晚就发出“精卫、精卫”的哀叫声，故名精卫鸟。精卫对夺去她生命的大海极为怨恨，发誓要把它填平。于是每天飞到发鸠山上，衔着那里的石子或柘木枝，不远万里东飞至大海，投掷其中。日复一日，年复一年，无论严寒酷暑、路途遥远，锲而不舍，从不间断。发鸠山上的石子和柘木枝被衔光后，精卫就在发鸠山东坡岩石松脆处先用嘴啄下石子，再衔着投入大海。久而久之，该地被精卫啄成一个大坑。为支持精卫，其去世的母亲和姐姐的精灵也赶来帮忙，用手凿挖坑中石子，双手磨破，仍凿挖不止。精卫心疼不已，自己飞进坑内用力啄凿，竟一口气啄下四粒巨大石子，但见一股泉水从掉落的石子处喷涌而出，越涌越旺，并携带着坑中的沙石，东奔入海，这就是关于浊漳河源头的传说。根据传说，此前太行山以东原是一片汪洋，今天的华北平原就是由这些石子和泥沙淤积而成，山东半岛则是精卫用发鸠山上的石子和柘木枝填淤而成。

传说女娃及其母亲、姐姐填平大海造福人间的事迹感动了玉帝，玉帝追封她们为“灵湫三圣神女”。当地人也感念其锲而不舍的精神，在发鸠山修建灵湫庙，并塑造灵湫大圣（女娃）、二圣（母亲）和三圣（姐姐）神像，供奉祭祀。灵湫庙山门和戏楼至今仍存，庙存石碑9通。

另有观点认为，在距今7400年时，海平面上升达到最高点，海岸线曾西进到今日太行山山脚一带，此后海平面逐渐回落，海岸线也随之东退。精卫填海故事正是早期人类对上述沧海桑田变化的认知与解释。

1.6 后羿射日

后羿射日是上古时期抗御极端干旱的神话。

中国神话体系中有两位名为“羿”的人物，二人均善射，但前者是帝尧时期的人物，即奔月嫦娥的丈夫；后者是夏太康时期的人物，曾射瞎河伯左眼，抢走洛妃。射日神话中的羿为前者。

根据传说，后羿射日的原因在于“十日”同出，造成极端干旱，危害甚至危及人类生存。

关于后羿射日的代表性记载，主要包括以下两则。

一是《山海经·大荒东经》和《海外东经》的记载：“甘水之间，有羲和之国。有女子名曰羲和，方浴日于甘渊。羲和者，帝俊之妻，是生十日。”“汤谷上有扶桑，十日所浴，在黑齿北。居水中，有大木，九日居下枝，一日居上枝。”“一日方至，一日方出，皆载于乌。”

二是《淮南子·本经训》的记载：“逮至尧之时，十日并出，焦禾稼，杀草木，而民无所食。猰貐、凿齿、九婴、大风、封豨、修蛇皆为民害。尧乃使羿诛凿齿于畴华之野，杀九婴于凶水之上，缴大风于青丘之泽，上射十日而下杀猰貐，断修蛇于洞庭，擒封豨于桑林。”

河南省郑州市汉画像石中的后羿射日（《中国汉画造型艺术图典》）

根据上述两则记载，参考其他故事可知，上古时期天空有十个太阳，为帝俊之妻羲和所生，居于东海边上的汤谷，均由三足乌驮载，每晚浴后栖息于扶桑树上。其中，“九日居下枝，一日居上枝”。黎明来临之际，栖息在“上枝”的太阳便升越天空，普照大地。十个太阳每天一换，轮流当值，秩序井然，天地万物一片祥和，人们日出而耕，日落而息，生活幸福美满。

山东省梁山县出土的东汉时期日栖扶桑树图（《中国出土壁画全集》4）

该图中，有三足乌栖息于树枝，其中一只栖息于最高枝，其他的则栖息于低枝。

日出日落，周而复始，时日一久，十个太阳感觉单调无聊，想要一起周游天空。于是，一日黎明来临之际，它们一起踏上穿越天空的征程。十个太阳同时挂在天空，就像十个火团，放出巨大的热量，使江河干涸，万物焦枯，屋舍被焚，作物无收，毒蛇猛兽趁机肆虐，人们不是被高温烧伤烧死，被猛兽咬伤吞噬，就是因饥饿干渴而亡，在火海般的环境中苦苦挣扎，景象惨烈。

神箭手羿看到这一景象后，十分不忍，决定帮助人们脱离苦海。于是，他历尽艰难，来到东海边，拉弓搭箭，射杀九个太阳，最后仅剩一个。此后，羿又奔波各地，斩杀各类恶兽。至此，剩下的唯一一个太阳每天早上从东方升起，晚上自西边落下，持续奉献着光与热，大地万物恢复生机，人们逐渐安居乐业。

羿射九日的神话反映了上古时期人们对于极端干旱灾害及其成因的描述和想象性解释。由于缺乏科学研究手段，人们凭着直观感觉将干旱的发生归因于太阳的强烈炙烤，并由此想象出十日并出的景象。在他们看来，十日轮流而出，即天空只有一个太阳时，是福佑万物的，而十日同出则意味着干旱的发生。

羿射九日邮票（1987年特种邮票，《中国古代神话》）

另有一种说法将羿射九日与当时的部落之战联系起来。相传在黄帝与蚩尤的大战中，蚩尤战败被杀，他所统治的东方各部落陷于内战，烽火连天，民不聊生。这种情况下，羿担负起统一东方各部族的使命。据《山海经 · 海内经》记载：“帝俊赐羿彤弓素矰，以扶下国，羿是始去恤下地之百艰。”唐代学者成玄英疏注《庄子 · 秋水》时引《山海经》道：“羿射九日，落为沃焦。”文中的“九日”当为九黎或多个部落方国的代称。羿统一东方各部落后，建成一个强大的部落王国。由于该国由众多崇拜太阳的部落组成，《山海经》称其为“十日国”。

羿射日除旱魔，有功于天下，死后被奉为宗布，即拔除灾害的神。据《淮南子 · 氾论训》记载："羿除天下之害，死而为宗布，此鬼神之所以立。"东汉高诱注释道："有功于天下，故死托祀于宗布。"章炳麟《诸布诸严诸逐说》认为："羿除天下之害，死后为宗布，是布为除害之神。"

山东省临朐县出土的北齐时期日象图（《中国出土壁画全集》4）

该图中，两株树间有日轮，日轮内有展翅欲飞的三足乌。两树上部有并排的两行日轮，每行四个，下一行的四个日轮已开始由北向南逐一下落，似在轮流值日。

陕西省西安市出土的西汉时期日轮图（《中国出土壁画全集》6）

该图中，日轮饰以一圈黑色轮廓线，中有一只黑色三足乌正展翅飞翔。

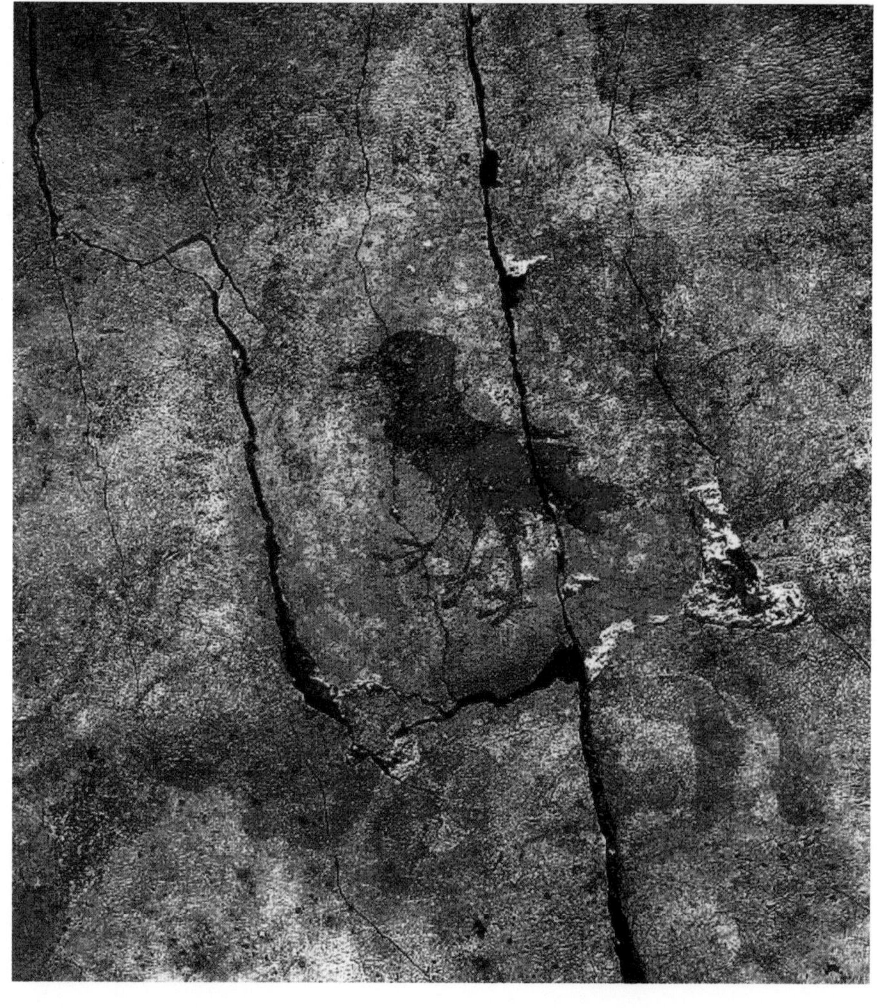

江西省德安县出土的北宋时期三足乌图（《中国出土壁画全集》10）

该图中，日轮中部的三足乌非常清晰，黑色羽毛，长有三足。

河南省南阳市汉画像石中的羿射日图

河南省郑州市汉画像石中的羿射日图

河南省许昌市汉画像砖中的宗布神羿图

河南省郑州市汉画像砖中的宗布神羿图

安橋

2
传 说

传说是一种界于神话与信史之间的民间文学。

传说与神话之间既具有相同点，又有不同之处。相同点在于：二者叙述的内容都是人们集体创造并流传下来的关于人类原始时期或演化初期的故事，主角大多具有超自然的力量。不同之处主要体现在以下三个方面：一是神话的产生一般比传说早；二是神话偏重于人神起源、万物初始等内容，主角一般是具有超自然的神祇，传说则偏重于口头流传的关于自然规律和英雄故事等内容，主角一般是人类；三是神话具有明显的非理性的神异色彩，传说则内含着人类社会的行为原则。

与信史相较，传说虽以真人真事为基本依据而形成，但具有不同程度的虚构性，在转述过程中会与真实故事中的人物、情节等存在一定差异。虽然如此，但与神话相较，传说的产生以一定的历史事实为依据，具有一定的可信度。

按讲述内容的性质划分，传说可分为以下三类：一是人物传说，它以不同时期的著名人物为中心，以其行为、事迹或遭遇等为主要内容，通过艺术加工和幻想虚构等手法加以叙述，如涂山大禹传说、钱王射潮传说等。二是历史事件传说，又称史事传说，顾名思义，它以历史事件为中心进行叙述，这类传说往往与人物传说有所交叉，但是二者各有侧重，史事传说重在记事，而人物传说重在记人，如长江治理传说、大禹导黄传说等；三是山川名胜传说，叙述的内容主要是对特定地区自然与人文景观的由来和特征等的解释，如永定河传说、卢沟桥传说等。

2.1 河图洛书传说

“河图”“洛书”是中华文化、阴阳五行术数的源头，也是河洛文化的滥觞。“河图”“洛书”首见于《尚书》，其次见于《易·系辞上》。此后，诸子百家多有记述，太极、八卦、周易、风水等皆可溯源于此。河图洛书描述了天地万物形成的原理，代表着古人对宇宙观的认识水平。2014年，河图洛书被列入第四批国家级非物质文化遗产名录。

2.1.1 相关传说

关于河图洛书的传说主要包括以下两种。

一种传说认为，伏羲氏时，河南省洛阳市孟津县境内的黄河中浮出龙马，背负河图，献给伏羲，伏羲据此演画八卦，后成为《周易》的来源。正如《尚书·顾命》孔安国传注所说：“伏羲王天下，龙马出河，遂则其以画八卦，谓之河图。”又相传大禹治水成功后，洛阳市洛宁县洛河中浮出神龟，背驮“洛书”，献给大禹，大禹分天下为九州，又据此制定九章大法用于治国安民，这些大法后收入《尚书》中，名“洪范”。《易·系辞上》中记载的“河出图，洛出书，圣人则之”即指这两件事。在中国文化发展史上，《周易》和《尚书》拥有非常重要的地位，它们在哲学、政治学、军事学等领域都产生过深远的影响。对此，河图、洛书功不可没。

另一种传说认为，伏羲氏在甘肃天水卦台山观天察地时，忽见渭河对岸的龙马峰轰然中开，从中跃出一匹龙马，踏着渭河鳞波而来，背上呈现出一幅黑白点相间的奇妙图形，即所谓的“河图”。伏羲据此画成八卦。此后周文王又依据伏羲八卦研究成文王八卦和六十四卦，并分别写有卦辞。又相传，伏羲氏在黄河的支流洛水上偶得龟背列书，发现其中含有阴阳两性的内容，黑白图点呈八方布置，是一个太极八卦图，由此进一步印证和丰富了太极八卦的内容。

龙马负图

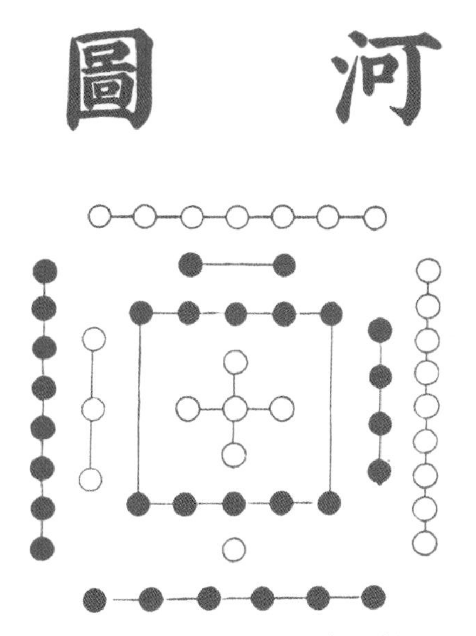

河图（明嘉靖三十二年刻本《易经》）

河图上有黑白子55个，其中黑子30个，白子25个。从分布上看，“一六居下，二七居上，三八居左，四九居右，五十居中”。从数字上看，其中1、3、5、7、9为白子，为奇数、为天数、为阳数；2、4、6、8、10为黑子，为偶数、为地数、为阴数。

龟背列书

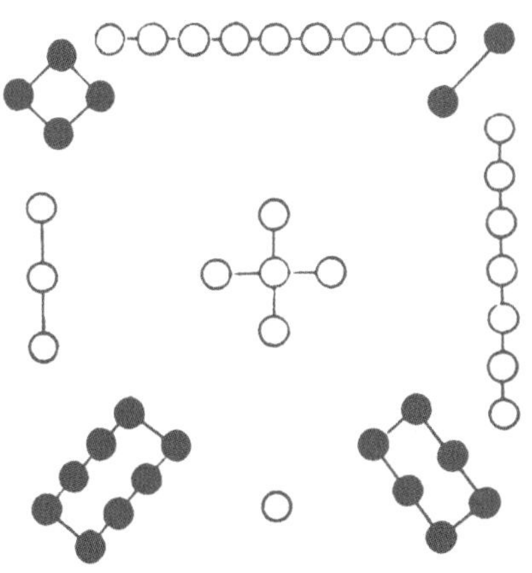

洛书（明嘉靖三十二年刻本《易经》）

洛书中间由5个白子呈十字形相连组成，上下左右分别围绕着9个白子、1个白子、3个白子、7个白子；四角分别围绕着8个黑子、6个黑子、4个黑子、2个黑子。洛书中，纵、横、斜八条线上的八组数字，其和皆等于15，这实际上是九宫，十分奇妙。

河图洛书所指，后世学者理解不一。西汉刘歆以河图为八卦，以洛书为《尚书·洪范》。东汉纬书有《河图》九篇，《洛书》六篇，以九六附会河洛之数。宋初陈抟创“龙图易”，吸收汉唐九宫说与五行生成数，提出龙图图式。刘牧将陈抟龙图发展为河图、洛书两种图式，将九宫图称为河图，五行生成图称为洛书。南宋蔡元定则将刘牧的说法加以颠倒，将九宫图称为洛书，五行生成图称为河图。朱熹《周易本义》卷首载其图。后世多采用蔡元定的说法。

除上述说法外，还有一些学者认为河图洛书是地图或地理书籍等。如南宋薛季宣以河图洛书为周王朝的地图、地理志等。清黄宗羲《易学象数论》、胡渭《易图明辨》认为河图洛书为四方所上图经一类。今人高亨认为河图洛书可能是古代的地理书。还有人认为河图为上古气候图，洛书为上古方位图，甚至认为河图是天河之图。

清乾隆年间的粉彩龙马负图瓷板（孔兰平/FOTOE）

该瓷板高51厘米、宽39.2厘米，现藏于中国国家博物馆。

2.1.2 河图洛书被视为祥瑞之兆

由于蕴含着深奥的天地万物生成之理，河图洛书逐渐被视为天赐祥瑞，成为所谓圣主受天命即将得天下或天下将大治的祥瑞之征，常与凤鸟、龙龟、乘黄等瑞禽瑞兽同时出现。《尚书》《论语》《易传》《墨子》和《管子》等经典文献中都有关于河图洛书的记载。

河图洛书之名首见于《尚书 · 顾命》：“大玉、夷玉、天球、河图，在东序。”据东汉学者郑玄的解释，此时的“河图”为周康王即位时陈列在礼堂东侧、类似金石的国宝之一，作为祥瑞之物加以收藏，与后世所谓的“龙图出河”有很大差异。

先秦时期，河图洛书开始成为圣人出现或圣主受命天下的祥瑞之兆。孔子曾在《论语 · 子罕》中感慨道：“凤鸟不至，河不出图，吾已矣夫”。根据孔安国的注释，孔子这句话的大意是：“圣人受命，则凤鸟至，河出图。”文中的“凤鸟”“河图”都是祥瑞之物，在“圣人受命”之际才会出现。孔子借此慨叹自己空怀其才而生不逢时，满腔抱负却无法实现。墨子主张“非攻”，却认为周文王的伐商之举乃正义之师，理由是“天命文王伐殷有国”，依据便是当时曾出现“泰颠来宾，河出绿图，地出乘黄”等祥瑞之兆。《管子 · 小匡》则直接将“龙龟假河出图，洛出书，地出乘黄”视为“受命者”之“三祥”。

龍馬

孟河出龍馬者仁馬也高八尺五寸長頸胳上有翼旁有垂毛蹈水不沒聖人能用人則天不愛道地不愛寶故河出龍馬焉

明代《三才图会》中的龙马图

该图描述了龙马的形象：高八尺五寸，长颈，胳上有翼，旁有垂毛，蹈水不没。

《神龟图》([金]张佳)

敦煌莫高窟中的西魏时期凤鸟图(《敦煌石窟全集》19，动物画卷)

早期所谓的圣主如黄帝、仓颉、尧、舜、禹、商汤、周文王等人在位期间或改朝换代之际，都曾出现过类似的祥瑞之兆。尤其是大禹治水和执政期间，所出祥瑞与其治水和治国事业直接相关。

(1)黄帝受河图，作《归藏易》。据《竹书纪年》记载："(黄帝)五十年秋七月庚申，凤鸟至，帝祭于洛水。""龙图出河，龟书出洛，赤文篆字，以授轩辕。"又据《路史·黄帝纪》记载："黄帝有熊氏……河龙图发，洛龟书成……乃重坤以为首，所谓《归藏易》也，故曰归藏氏。"

(2)尧得龙马图。据《宋书·符瑞志》记载："(尧)修坛于河、洛，择良日，率舜等升首山，遵河渚……乃有龙马衔甲，赤文绿色，临坛而止，吐甲图而去。甲似龟，背广九尺。其图以白玉为检，赤玉为字，泥以黄金，约以青绳。"

(3)舜得黄龙负河图。据《宋书·符瑞志》记载："舜乃设坛于河……黄龙负图，图长三十三尺，广九尺，出于坛畔，赤文绿错。"

(4)大禹受河图洛书。据《宋书·符瑞志》记载："禹观于河，有长人，白面鱼身，出曰：吾河精也。呼禹曰：文命治淫。言讫，授禹河图，言治水之事，退入于渊。禹治水既毕，天赐玄圭，以告成功……洛出龟书，六十五字，是为洪范。"又据《汉书·五行志》记载："刘歆以为，禹治洪水，赐洛书，法而陈之，《九畴》是也。"这两段话综合起来的意思是：尧统治期间，禹负责治水，河精献出河图。禹据河图因势利导，最终使江河安澜。治水成功后，禹又依据神龟所献洛书，制定九章大法，用于治理国家，后收入《尚书》，名"洪范"。另有一种说法，认为河图由黄河之神河伯献给禹，洛书则由洛水之神宓妃献出。

此后，所谓的圣主即位或在位期间都曾出现过类似祥瑞之兆，如商汤至洛得赤文；周文王受洛书，应河图；周成王观河、洛，得龙图、龟书等。

现在，在河南省洛阳市孟津县会盟镇黄河与其支流图河交汇处，即传说中的龙马负图而出处，仍保留有龙马负图寺。该寺始建于晋永和四年(348年)，是为感念伏羲功绩而在图河故道上修建的祭祀场所。后历经战乱，屡经修复，至今已有1600余年的历史。在洛宁县西长水村洛河与其支流玄沪河交汇处，即所谓的"神龟负书"处，存有"洛出书"石碑。

先师孔子行教像拓片

（[唐]吴道子）

《孔子圣迹图》之二龙五老（[明] 佚名）

《孔子圣迹图》是一部反映孔子生平事迹的连环图画。其中“二龙五老”描绘的是传说中关于孔子出生时的祥瑞景象，即鲁襄公二十二年（前551年）孔子诞生当晚，有两条龙自天而降，绕护其家，还有五位神仙从天上降至庭院中为其护佑。

《历代帝王巡幸图卷》之周文王图赞（[清]廖鸿章）

河南省洛阳市龙马负图寺伏羲殿内的龙马雕塑（聂鸣）

河南省洛阳市龙马负图寺中的“龙马负图处”石碑（马宏杰）

2.2 防风传说

防风氏是上古神话中的一位治水英雄，在大禹组织的会稽山大会期间，因赴会途中帮助百姓治水迟到而被大禹斩杀。防风传说源于太湖流域的浙江省德清县，2011年列入第三批国家级非物质文化遗产名录。

相传防风氏是古防风国的首领。古防风国是4000多年前越人建立的一个部落，位于今德清县下渚湖畔，领地范围大致包括今浙江省的德清、安吉、长兴三县，以及余杭的彭公、瓶窑、良渚和江苏省吴江县一带，其国都位于今德清县三合乡的封山与禺山之间。据《史记》记载：“汪罔（茫）氏之君，守封、禺之山。”南朝宋山谦之的《吴兴记》中则有“吴兴西有风渚山，一曰风山，有风公庙，古防风国也”的记载。

据传，禹治水成功后，召集各部落首领大会于会稽山。大会开始后，却不见防风氏的踪影，直到大会快结束时，他才匆忙赶到。禹认为这是防风氏在挑战自己的权威，为杀一儆百，下令斩杀了他。防风氏死后，“其长三丈，其骨头专车”。

然而，防风氏迟到的真正原因是，当他前往会稽山赴会时，途经苕溪，遭遇突发洪水，为救助落水百姓，并协助当地人治理洪水，滞留多日，最终耽误会期。据说防风被斩杀时，白血冲天，以示其冤。这一故事，《国语·鲁语下》有明确记载：“昔禹致群神于会稽之山，防风氏后至，禹杀而戮之。”禹不问缘由斩杀防风氏的举动，令后人唏嘘不已。东汉天文学家张衡在《思玄赋》中感慨道：“嘉群神之执玉兮，疾防风之食言。”清初戏曲家孔尚任在《桃花扇·迎驾》中也发出“莫学防风随后到，涂山明日会诸侯”的慨叹。

浙江省德清县下渚湖湿地（黄源）

《孔子圣迹图》之骨辨防风（现藏天津文庙博物馆，杨兴斌）

吴国攻占越国都城会稽后，得到一节骨头，有一辆车那么长，便派使者向孔子请教："这是什么动物，竟有如此之大的骨头?"孔子答道："我听说，当年大禹治水成功后，召集群神到会稽山，防风氏迟到，被大禹斩首示众，他的一节骨头就有一辆车长，这是最大的骨头了。"

事后，禹派人查访，得知真相，后悔不已，下令封防风氏为防风王，在防风国建造防风祠，年年祭祀，并将祭祀仪式列入夏朝祀典。据说，禹曾亲临防风国，参加防风的首次祭祀仪式。

禹斩杀防风氏的消息传到防风部落，防风国的民众为他举行隆重的祭祀。当时防风氏收养的五个孤女悲伤地跳起舞蹈，四周乡民也随之舞动，一时间地动山摇，举国哀悼。从此以后，每逢春、秋两季，防风国都会举行祭祀仪式。据《述异记 · 卷上》记载，“越俗，祭防风神，奏防风古乐，截竹长之三尺，吹之如嗥，三人披发而舞。”

还有一种传说认为，上古时代，武康、良渚这一带都是“汪芒国”的范围，防风是汪芒国君，为炎帝后裔，而禹则属于黄帝后裔。为铲除异己，禹借大会迟到之由斩杀防风氏。

湖北省武汉市大禹神话园中的斩杀防风氏雕塑（封小莉）

浙江省德清县防风庙前的秋祭防风仪式（《德清三合乡防风庙会热闹非凡》章国香）

2.3 大禹导河传说

大禹治水的传说家喻户晓，流传久远，尤其是他劈凿晋陕之间的龙门、伊水淌过的伊阙、黄河三门峡砥柱等凿山导河的传说最具魅力，承载着大禹“以疏为主”的治水理念。

2.3.1 禹凿龙门

禹凿龙门的传说讲的是《尚书·禹贡》“导河积石，至于龙门”的故事。相传大禹开凿龙门是为将黄河洪水引入晋陕峡谷而实施的治黄关键工程，规模浩大，主要包括壶口、孟门和龙门开凿工程。

壶口位于山西省吉县和陕西省宜川县之间的黄河峡谷中。黄河至此，河床宽度由三四百米骤然收束到50多米，落差达30多米，奔腾的黄水倾泻而下，形成巨壶倒悬形的瀑布群，激流翻滚，惊涛怒吼，水雾腾空，气势冲天，为黄河第一大瀑布，也是中国仅次于贵州黄果树瀑布的第二大瀑布。相传，当大禹治黄至此，见峡谷进口处有一巨石耸立，黄水受阻，难以畅泄。他当机立断，用神斧劈向巨石，巨石一分为二，出现一条大裂缝，即现在的“壶口”，黄水至此得泄。据《水经注》记载，“禹治水，壶口始”。

孟门位于壶口下游5公里处的山西省吉县孟门镇，隔河为陕西省宜川县圪针滩。黄河出壶口龙壕峡谷后，河岸豁然开阔，由50多米展宽至240多米。河中矗立一巨石，长240余米、宽50余米，高出水面约10米，称孟门山。黄河水至此分两股流过后，又汇为一股。相传，禹自壶口来到孟门山，见黄河至此又遭阻遏，便将孟门山一劈为二，导水畅流。据《淮南子》记载：“龙门未辟，吕梁未凿，河出孟门之水，大溢逆流，无有丘

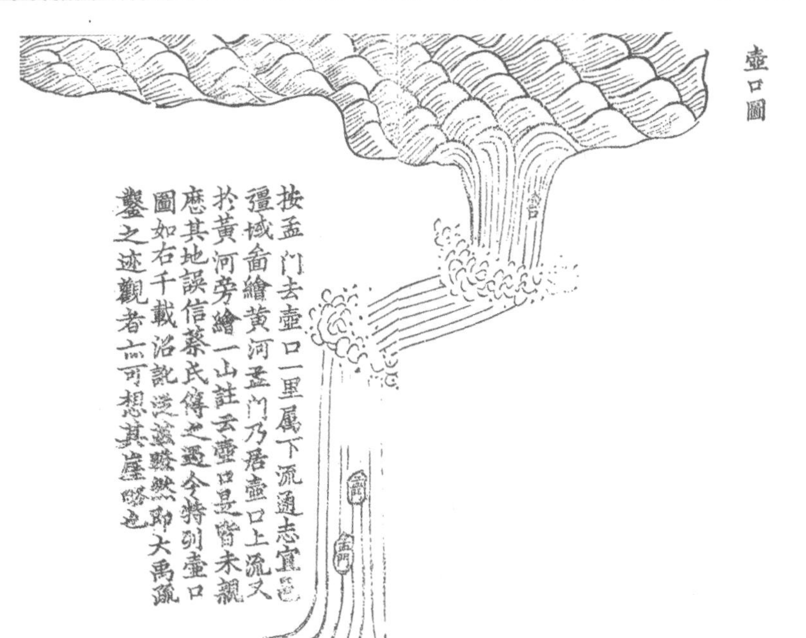

壶口图（[清]《宜川县志》）

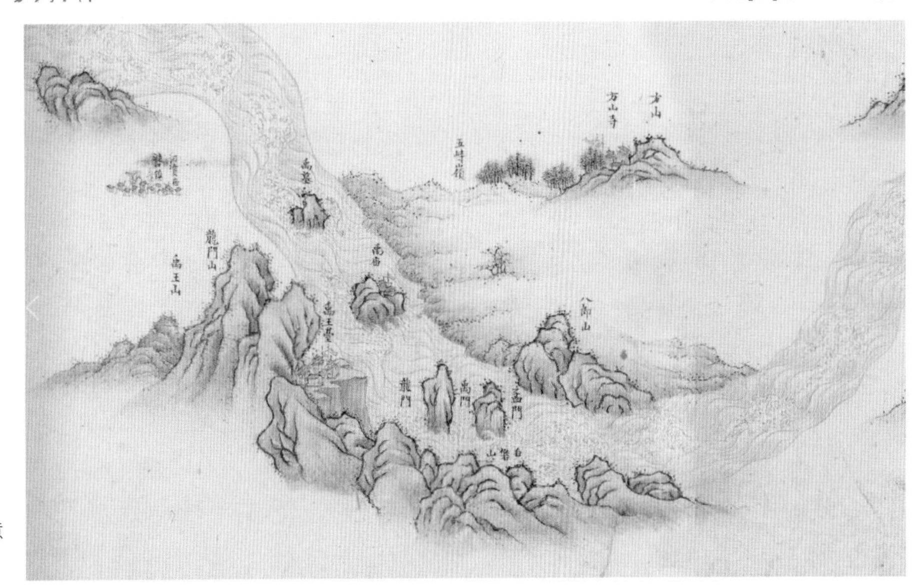

孟门、禹门与龙门位置关系示意图（[清]《黄河全图》）

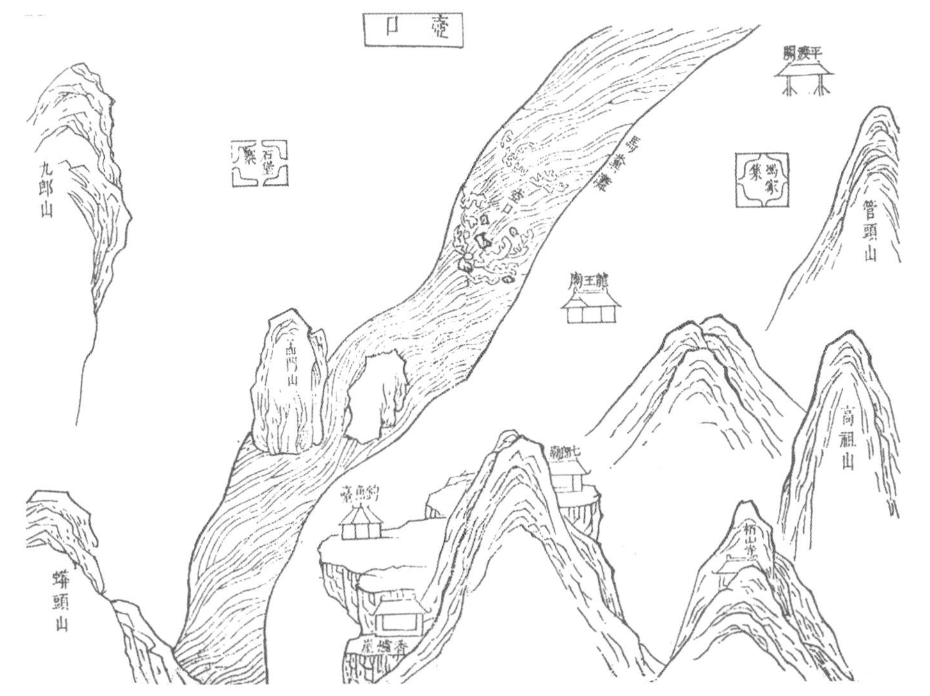

壶口与孟门山位置关系图（清康熙朝《平阳府志》）

据《水经注》记载："孟门，即龙门之上口也。实为河之巨阸，兼孟门津之名矣。此石经始禹凿，河中漱广，夹岸崇深，倾崖返捍，巨石临危，若坠复倚。古之人有言：水非石凿，而能入石。信哉！其中水流交冲，素气云浮，往来遥观者，常若雾露沾人，窥深悸魄。其水尚崩浪万寻，悬流千丈，浑洪赑怒，鼓若山腾，浚波颓叠，迄于下口。方知《慎子》'下龙门，流浮竹，非驷马之追也'。"

孟门山

龙门山图（[清]《韩城县志》）

禹门叠浪（[清]《河津县志》）

今日黄河龙门

陵，高阜灭之，名曰洪水。大禹疏通，谓之孟门。”

现在孟门仍耸立于汹涌奔腾的黄流中，任水滔天，终年不没。它“南接龙门千古气，北牵壶口一线天”，与上游的壶口、下游的龙门组成“黄河三绝”。今巨石西南断壁处仍留有金明郡守徐洹瀛题刻的“卧镇狂流”四个醒目大字。

龙门又称禹门口，位于陕西省韩城县东北部和山西省河津县西北部的黄河峡谷中。据《水经注》记载，该段河道宽仅80步，两岸峭壁夹峙，形如门阙，黄河奔流其间，咆哮翻涌，湍险无比。相传它是大禹治水时开凿的，故又称禹门。《尚书 · 禹贡》“导河积石，至于龙门”的“龙门”说的就是这里。

相传当禹治水来至龙门时，滚滚黄水受龙门山阻堵而不得出，四处泛滥，水灾严重。经过勘查，禹发现在距龙门山上游约3公里处有两条岔道，一条西通陕西黄龙山的下川，另一条南通龙门山外。禹先是率众向西劈山，但施工不久，禹认识到自己的判断可能有误，在重新勘测当地的地形水势后，决定放弃西道而向东开凿。此后，当地人称西侧岔道为“错开河”。

龙门的开凿工程非常艰巨，施工者成千上万，需统一组织指挥。由于河道狭窄、悬崖高绝，人若站在山下则难以看到山上，站在山上则难以察看山下。禹正在发愁之际，忽听“错开河”斜对面山腰一声巨响，现出一个巨大的洞口。走进洞内，只见其十分敞阔，足容千人，且有蜿蜒的台阶供人上下；站在洞口，龙门一带的山势水情和施工场景一目了然。于是禹将该洞作为临时指挥和施工人员休息的场所。龙门凿通后，禹又将用过的施工工具存放洞中，后人因称该洞为禹王洞。为纪念禹的治水功绩，当地人在河中岛上修建大禹庙，遗憾的是，该庙在抗日战争时期毁于战火。

20世纪初的龙门及大禹庙

韩城文庙中的鱼跃龙门砖雕（图片来源：汇图网）

龙门凿通后，成为重要的军事要津和兵家必争之地，著名的河津渡由此得名。相传隋末李渊、李世民父子由此西渡，在陕西长安建立唐朝；明末李自成率起义军由此东渡，直捣北京。

这里还流传着“鲤鱼跳龙门”的传说。据《三秦记》记载：“禹凿山断门一里余，黄河自中流下，两岸不通车马。每岁季春，有黄鲤鱼自海及诸川，争来赴之。一岁中，登龙门者不过七十二。初登龙门，即有云雨随之，天火自后烧其尾，乃化为龙矣。”每年千万条鲤鱼逆流而上，集于龙门下，能够跳跃龙门化而为龙者仅数十条，黄河龙门段的湍险由此可见一斑。后以“鲤鱼跳龙门”比喻中举、升官等飞黄腾达之事，也用来比喻奋发向上、逆流前进者。韩城设有龙门书院，文庙照壁上则有鱼跃龙门的砖雕。

作为黄河沿线著名的自然与人文景观，历代文人不断赋诗歌颂，借景咏怀。如初唐四杰之一的骆宾王在《晚渡黄河》一诗中赞叹道：“通波连马颊，迸水急龙门。”唐代著名诗人李白则以“黄河西来决昆仑，咆哮万里触龙门”的诗句描绘黄河龙门的湍悍水势。

韩城周原大禹庙

大禹庙中的大禹像

2.3.2 禹辟伊阙

伊阙即今洛阳龙门，位于河南省洛阳市南13公里处黄河的支流伊河两岸。

禹辟伊阙传说讲的是《尚书 · 禹贡》中大禹“导洛”的故事。

伊阙即今洛阳龙门，位于河南省洛阳市南13公里的伊河两岸。龙门山被伊河分为西岸的龙门山和东岸的香山，两山石壁峭立，河水从中穿流而过，远眺就像自然形成的门阙，因称伊阙。隋炀帝定都洛阳后，以皇城宫门正对伊阙且自居为真龙天子，又称之为“龙门”。龙门山上凿有著名的龙门石窟，石窟始凿于北魏，规模宏大，造像众多。

相传禹是有崇部落的首领，该部落生活在黄河南岸嵩山一带。世纪大洪水之际，部落境内的伊河受阻于伊阙、洛河受阻于神堤，无法畅泄入黄，水灾严重。为使洪水尽快消退，禹决定疏通伊、洛二河。由于阻挡伊河的伊阙为石质峡谷，而阻挡洛河的神堤为土质沟谷，开凿较为容易，禹决定先凿神堤、再凿伊阙，即先治洛、后治伊。于是，他率领族人开挖神堤，疏通洛河水道；凿开伊阙，拓宽伊河河道。对于伊阙的开凿，《水经注》有明确记载：“昔大禹疏龙门以通水，两山相对，望之若阙，伊水历其间，故谓之伊阙。”《汉书 · 沟洫志》也有类似记载：“昔大禹治水，山陵挡路者毁之，故凿龙门，辟伊阙。”

在开凿龙门山时，由于当时的工具多为石制或铜质，很难在短时间内凿通。经过仔细勘查，禹发现伊阙峡谷中有许多溶洞，长期遭受水浸，质地松脆，一经重击，便成碎石。

振奋之余，他立即组织施工，令一部分人用石锤、铜钎等敲击溶洞，另一部分人则随时搬运碎石，清理谷底。不久，洪水从拓宽的峡谷中呼啸而过，伊川肥沃的土壤再次露出水面。

明清时期，“龙门山色”成为洛阳八景之首，人们在欣赏其优美景色的同时，更加赞叹大禹凿山导河的神奇功绩。如宋代寓居洛阳的历史学家司马光曾留下“凿龙山断开天阙，导洛波回载羽觞”的名句，明代诗人吕维祺则在“龙门山色”诗篇中发出“万世神功禹削凿”的感慨！

龙门石窟中的“伊阙”题字

2.3.3 禹凿三门峡

禹凿三门峡传说讲的是《尚书·禹贡》中大禹导河“东至于底柱”的故事。

三门峡位于河南省三门峡市东北黄河峡谷中，谷中兀立河心的鬼门岛、神门岛迎面将黄河水劈为三股，从左至右依次为人门河、神门河、鬼门河，故有“三门峡”之称。

相传上古时期，三门峡一带是个很大的湖泊，辽阔无际，当地人称为马沟。世纪大洪水之际，马沟泛滥，淹没村庄农田，百姓深受其害。禹治水来到这里后，登高察看，见该地地势西北高、东南低，于是疏导湖水向东南流去。然而，水行不远，被一座大山拦住去路。禹抡起神斧劈向这座大山，三斧劈出三个豁口，水分三股宣泄而出。三个豁口把大山分成四座石岛，其中鬼门河右岸有一半岛悬临河上，下距水面10余米，酷似狮首，俗名“狮子头”；中间两座石岛分别称“鬼门岛”和“神门岛”；与北岸相连的半岛则称“人门岛”。禹凿开三门后，又抡起神斧开出一座砥柱岛，用来定波镇澜。三门峡河道疏通后，马沟的洪水逐渐泄出，水患慢慢平息，百姓重新过上安居乐业的生活。为纪念大禹治水，当地人在黄河两岸建禹王庙。

三门峡全景（《黄河上中游考察报告》）

三门峡示意图（[清]张鹏翮《治河全书》）

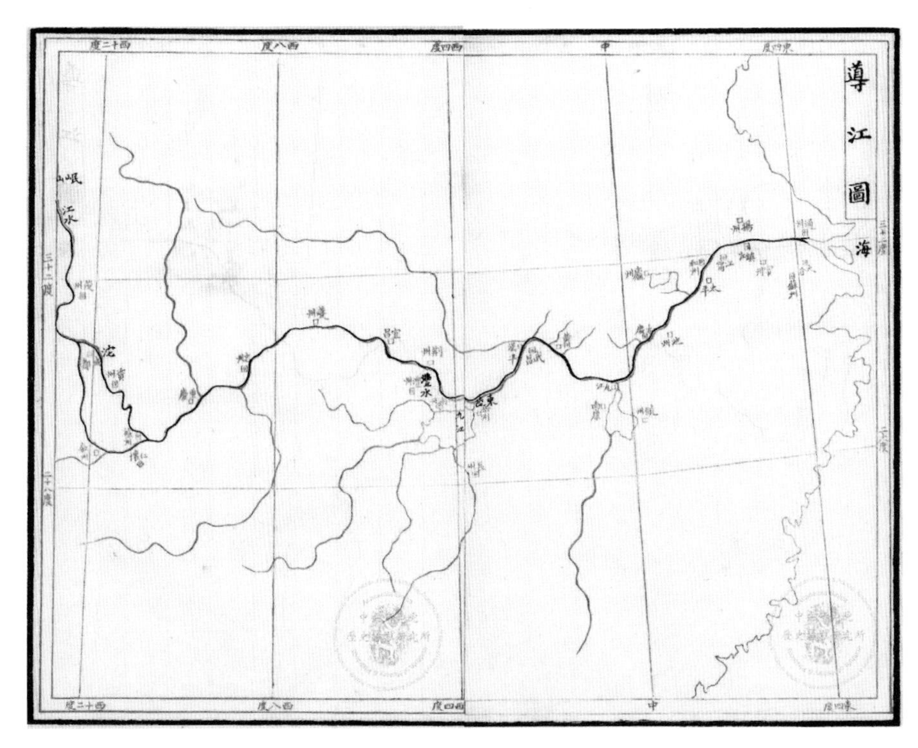
《导江图》（[清]《钦定书经图说》）

2.4　长江治理传说

长江治理的传说与黄河类似，主要围绕凿山导川的主题进行演绎。其中，以疏导岷江、开凿三峡的传说最为生动。

2.4.1　疏导岷江

疏导岷江的传说主要有以下两个版本。

（1）大禹疏导岷江

据《尚书·禹贡》记载，大禹治水期间，“岷山导江，东别为沱”。

《导江副图》([清]《钦定书经图说》)

据说，世纪大洪水发生后，岷江暴溢，四川首当其冲，于是大禹率领众人自岷江上游开始治理。他们首先在今汶山县铁豹岭一带疏导岷江，然后凿开金堂峡口，分岷江水入沱江，在泸州市江阳区汇入长江，从而减少了进入成都平原的洪水。沱江为长江左岸一级支流，发源于四川省绵竹市九顶山，金堂峡位于沱江上游，长13公里。

大禹疏导岷江成功，当地人感念其功绩，演绎出许多传说，包括“禹生于四川”。对此，西汉学者扬雄曾在《蜀王本纪》中明确指出：“禹本汶山郡广柔县人也，生于石纽。”《华阳国志》也有类似记载：“石纽，古汶山郡也。崇伯得有莘氏女，治水行天下，而生禹于石纽刳儿坪。”“石纽”位于今岷江上游的四川省甘孜州汶川县羌族地区，今北川和汶川等地仍存有石纽山、刳儿坪、涂禹山、禹碑岭等遗迹。

（2）鳖灵凿峡

今四川境内还有一种传说，认为开凿金堂峡、导岷入沱的人是鳖灵。

沱江上游的金堂峡共分三段，即鳖灵峡、明月峡、九龙峡。其中，鳖灵峡的得名源于鳖灵凿峡治水的传说。

据《蜀王本纪》记载：“望帝积百余岁，荆有一人名鳖灵，其尸亡去，荆人求之不得。鳖灵尸随江水上至郫，遂活，与望帝相见，望帝以鳖灵为相。时玉山出水，若尧之洪水，望帝不能治，使鳖灵决玉山，民得安处。鳖灵治水去后，望帝与其妻通，惭愧，自以德薄不如鳖灵，乃委国授之而去，如尧之禅舜。鳖灵即位，号曰开明帝。”这一记载虽有想象的成分，但具有一定的事实依据，结合其他文献记载，可大致推断出鳖灵凿峡的历史背景与过程。

鳖灵是古蜀国的一位帝王。古蜀国历史久远，自蚕丛开始，共经历5个王朝，即蚕丛、柏灌、鱼凫、杜宇和开明。其中，开明王朝即由鳖灵建立。鳖灵原是湘西、黔东一带的部落首领。公元前672年，楚成王即位后，借周惠王平定夷越之命，大肆向南扩张，鳖灵部落首当其冲。两部落冲突的结果，鳖灵战败，被迫率领部族沿长江逆流而上，到达望帝杜宇统治的蜀地都城郫邑。

郫邑所在的成都平原为盆地，四周为玉垒、邛崃和龙泉三山环抱，岷江穿流其间。夏秋时节，上源冰雪融化，江水暴涨，成都平原水灾严重。为躲避洪水，古蜀国的都城曾多次迁徙。当鳖灵来到郫邑时，望帝杜宇已是风烛残年的老人，虽苦心治理水患，但效果甚微。当得知鳖灵善于治水后，杜宇拜其为相，命他主持治理洪水，由此拉开岷江早期大规模治水活动的序幕。

鳖灵治理岷江的措施主要包括以下两项。

一是开凿玉垒山，疏通岷江洪水下泄通道。对此，《华阳国志》有明确记载：“开明决玉垒以除水害。”也就是说，鳖灵受命治水后，即带领部落民众掘开玉垒山。这一举措不仅疏通了岷江洪水的下泄通道，而且可以灌溉下游成都平原的广袤农田，变水害为水利，同时为后来李冰开凿宝瓶口提供了思路。

二是开凿鳖灵峡，引岷江洪水入沱江。据《水经注》记载：“江水又东别为沱，开明之所凿也。”将岷江洪水引入沱江，不仅能够减轻岷江洪水对成都平原西南部的威胁，而且可以增加沱江的水量，使平原腹地的农田得到灌溉。然而，进入沱江的洪水在狭窄的金堂峡峡谷受到阻滞。金堂峡上游是著名的暴雨区，湔江、绵远河、石亭江均发源于此，三河在金堂县赵镇附近汇流，并与来自岷江的柏条河、青白江合流，自此成为沱江的干流。浩浩沱江汹涌奔腾，一路奔至龙泉山，被金堂峡挡住去路，成都平原一片泽国。于是，开凿金堂峡提上议事日程。据《蜀王本纪》记载，“（杜宇）帝令鳖灵凿（峡）以通江水”。又据《舆地纪胜》记载，“鳖灵遂凿巫山峡，开广汉金堂江，民得安居”。据上述两则记载可知，面对沱江洪水，鳖灵凿开金堂峡，使其得以顺利宣泄。自此，成都一带民众“得安居，蜀得陆处”。

鳖灵因治水有功，得到蜀国百姓的拥戴。根据传说，鳖灵在外治水多年，年轻貌美的妻子独自居家，望帝杜宇被她吸引，并与之私通。鳖灵回到郫邑后，望帝自知理亏，加上年迈体衰、人心向背，只得禅位于鳖灵。鳖灵即位后，建立开明王朝，号丛帝。失去帝位后的杜宇并不甘心，曾试图重新夺回，但最终未能实现。对此，《华阳国志》《太平寰宇记》《蜀王本纪》等文献均有记载。根据这些记载，所谓的杜宇“禅让”实际上应是一场政变，经过斗争，最终杜宇失败。鳖灵建立开明王朝后，历经12世，公元前316年被秦国所灭。据说，杜宇死后化为杜鹃，每到春月间即昼夜悲鸣，蜀人闻之，常叹曰：“我望帝魂也。”至唐代，诗人李商隐一句“望帝春心托杜鹃”，道尽了失去帝位后的杜宇绵延千年的怨恨。

望帝杜宇死后，葬于岷江东岸玉垒山麓，东汉时建望帝祠。丛帝鳖灵死后，葬于郫县城南，后人建丛帝祠。南朝齐明帝建武年间（494—498年），益州刺史刘季连将望帝祠从都江堰迁至郫县。自此，望帝、丛帝合祀一处，称望丛祠，至今保存完好。每年农历端午节，附近民众都会聚集在此举行“赛歌会”，规模宏大，场面热烈。

2.4.2　禹凿三峡

据说大禹导岷江入沱江后，还曾开凿三峡。

相传大禹整治岷江和沱江后，又一路凿山通水，沿长江而下，来到今三峡一带。当时巫山住着12条兴风作浪的孽龙，西王母的幺女瑶姬（一说是炎帝的女儿）云游至此，用金针将其刺死。然而，孽龙死后，其尸骨化作山峰，堵塞了峡江，且坚硬无比，难以凿挖，江水至此无法宣泄，不断滞壅，上游平原渐成泽国。恰在此时，禹疏导长江至此。于是，他先后开凿巫峡、瞿塘峡和西陵峡，涛涛江水顺利穿过三峡峡口东奔入海，从而解除了长江上游的洪水威胁。

相传禹在疏凿三峡时，曾得到瑶姬的帮助。在此期间，瑶姬派土星化为黄牛助禹凿山，同时送给他一部载有疏治洪水技术的黄绫宝卷。黄牛用犄角奋力顶开夔门，撞开三峡，一直把孽龙化成的龙骨石推出西陵峡口，沿长江南岸堆成荆门山十二碚。长江三峡的河道自此疏通，滚滚江水东流入海。

三峡口开凿成功后，禹去向瑶姬拜谢，但她已化作神女峰，朝迎日出，暮送彩霞，为峡江上过往的行人指示方向。大禹又去拜谢黄牛，但它已跃上高崖，化为崖石。黄牛助禹开江有功，人们据此称其所开之峡为黄牛峡，并在山下修建黄牛庙祭祀。至宋代文学家欧阳修任夷陵县令时，认为神牛开峡的传说事出无稽，但大禹治水之事属实，便将黄牛庙改称黄陵庙。现在，黄陵庙仍是三峡地区保存较好的以禹王殿为主体的古代建筑群，坐落在湖北省宜昌市夷陵区三斗坪镇。

東湖縣志　卷之一　黃牛峽圖

峽之險匪一而黃牛爲最武侯謂亂石排空驚濤拍岸斂巨石於江中又曰神像影現猶有董工開導之勢因而興復大禹神廟數千載如新凡舟人上下必艤泊江岸禱祀而祝釃酒屠豕鼓鼕鼕弗絕而欸乃竹枝之聲絡繹響應信峽中勝概古謡云朝見黃牛暮見黃牛三朝三暮黃牛如故其奇險盡之矣圖黃牛峽

黄牛峡图（[清]《东湖县志》）

据《东湖县志》记载：“峡之险匪一，而黄牛为最，武侯谓乱石排空，惊涛拍岸，敛巨石于江中。又曰神像影现，犹有董工开导之势，因而兴复大禹神庙，数千载如新。”“古谣云：朝见黄牛，暮见黄牛，三朝三暮，黄牛如故。其齐险尽之矣。”

黄陵庙（《三峡湖北段沿江石刻》）

大禹疏凿三峡的传说，许多文献都有记载，文人墨客也多赋诗讴歌。如东晋学者郭璞曾在《江赋》中明确指出：“巴东之峡，夏后疏凿。”唐代诗人杜甫则在《瞿塘怀古》诗中赞颂道：“疏凿功虽美，陶钧力大哉。”宋诗人代范成大更是在《初入巫峡》中叹道：“伟哉神禹迹，疏凿此山川！”

2.5 涂山大禹传说

淮河沿线有三个著名的峡口，即安徽省寿县至凤台之间的峡山口、怀远的荆山峡口和五河附近的浮山峡口。这三个峡口都是两岸山峰对峙，如同关锁一般卡住淮河，使其河道骤然变窄。关于它们的形成，流传着许多优美神奇的传说。其中，以涂山大禹传说最为知名，它生动地诠释了中华民族“公而忘私”的传统品质。

涂山大禹传说与淮河的第二个峡口——荆山峡口有关。该峡口位于怀远境内的淮河两岸，南岸为涂山，北岸为荆山，两山相隔一里有余，淮河从中穿流而过。该峡口所在的位置是淮河著名的阻水河段。上古时期的涂山氏国位于淮河南岸的涂山一带，大禹“导淮”期间，曾在此求娶涂山氏女、“三过家门而不入”、大会诸侯等，并演绎出“望夫化石”“启母化石”等传说。

尧舜执政时期，洪水泛滥，民不聊生。禹主持治水，终日忙碌奔波，婚事一再延误，直至经过涂山氏部族时，与涂山氏女——女娇不期而遇，被其吸引，但因当时南部治水事急，他尚未来得及求亲，便匆忙离去。涂山氏女得知此事后，也对这位治水英雄产生了倾慕之情，期盼他早日归来求娶。在漫长的等待过程中，涂山氏女常常伫立涂山山巅，翘首南眺，并创作“候人”之歌，抒发其思念之情。该歌仅一句歌词：“候人兮猗。”意为等候我所盼望的人啊，这时光是多么的漫长！一个“猗”字，将涂山氏女期盼见到倾慕之人却又望而不见的美好、焦虑、无奈等形象刻画地栩栩如生。此后，该诗被收入《诗经》“周南”“召南”等篇和《吕氏春秋》等典籍中，并成为“南音之始”，对后世文学产生了深远的影响。

淮河干流蚌埠段（《筑梦淮河》）

涂山望夫石（图片来源：昵图网）

南部洪水平定后，禹奔向涂山，求娶涂山氏女，二人在台桑结为夫妻。台桑俗称“台桑石”，在今涂山主峰南坡的朝禹路旁，屈原《天问》诗句中的“焉得彼涂山女而通之于台桑”指的就是这里。遗憾的是佳期不长，婚后没多久，禹便告别涂山氏女，再次投身治水事业。此后的10余年间，禹虽多次往返于江淮间，但均不曾回家，甚至“三过家门而不入”。治水成功后，禹又忙于大会诸侯等事，仍未能前往涂山看望妻子。岁月如梭，转瞬数十年过去，禹最终在南巡途中因劳瘁过度而去世，葬于今浙江绍兴会稽山麓；涂山氏女则望穿秋水却不见禹归来，最终化为“望夫石”。有鉴于此，宋代文学家苏辙在游览涂山后写下著名的“娶妇山中不肯留，会朝山下万诸侯。古人辛苦今谁信，只见清淮入海流”的诗句。

涂山氏女与禹新婚别后，经十月怀胎，产下儿子启。由于禹治水在外，常年不得归，她又肩负起育儿教子的重任。经过10余年的含辛茹苦，终将启抚养成人，并将其培养成中国第一个君主制王朝——夏朝的开国国君。对此，西汉文学家刘向在《列女传》中赞叹道：“涂山氏长女，夏后娶以为妃。既生启，辛壬癸甲启呱呱泣。禹去而治水，三过其家，不入其门。涂山独明教训，及启长，化其德而从其教，卒至令名。君子谓涂山疆于教诲。”

另有一种传说认为，大禹治水时，受绵延不断的山峦阻挡，淮河中游流水不畅，泛滥成灾。为打开一条疏泄洪水的通道，禹顾不得回家，便与涂山氏女约定，以击鼓为号，送饭上山。为加快劈山的速度，禹化为一头神力巨大的黑熊。正当他奋力劈山时，崩裂的石块误触皮鼓。涂山氏女听到鼓声，赶紧送饭，来至山上，见到禹正化为黑熊奔忙不已，惊吓之余，转身逃走，不小心摔倒在地，化作一块巨石。见此情景，禹后悔不已，大声呼唤妻子和即将出生的儿子，只见巨石突然开裂，他们的儿子启从裂缝中诞生。禹化悲痛为力量，经过艰辛努力，最终在淮河沿线劈开三个峡口。自此，汹涌澎湃的淮河水穿过三个峡口奔流入海，淮河中游的水患得以缓解。

目前，涂山山顶仍存有一座禹王庙，庙内保留着柳宗元、苏轼、宋濂等历代名士的诗文碑刻。涂山氏女所化之石，称启母石，位于今涂山之阳、启母涧之西，犹如慈祥的妇人端坐于山崖之上。

2.6　永定河传说

永定河传说源于北京市民间传说，主要包括河挡与挡河、栽种堤柳等故事，承载着不同时期永定河的治理发展历史，凝聚着不同时期当地人与洪水抗争的智慧与不屈精神。2008年，该传说被列入第二批国家级非物质文化遗产名录。

永定河，是海河五大支流之一，也是北京的母亲河。它发源于山西省宁武县管涔山，流经内蒙古、河北，经北京转入河北，在天津汇于海河干流，至塘沽注入渤海。永定河流域夏季多暴雨、洪水，河水混浊，泥沙淤积，善淤、善决、善徙的特征与黄河类似，故又有“小黄河”“浑河”之称。因迁徙无常，又称无定河。清康熙三十七年（1698年）大规模河道治理与堤防建设后，始改今名。永定河传说主要依据不同时期永定河治理过程中的不同事件演绎而成。

2.6.1　河挡与挡河的传说

“河挡与挡河”传说形象地展现了永定河早期治理与开发利用的历史。

河挡与挡河传说的大意为：北京石景山永定河东、金沟河西立有两块石碑，分别刻着“河挡”和“挡河”字样。这两块石碑的设立与明武宗时期的太监刘瑾有关。刘瑾善于察言观色，靠着专投明武宗之所好，逐渐升

永定河西山段（《西洋镜：一个德国飞行员镜头下的中国1933—1936年》）

迁为司礼监掌印太监。在此期间，他教唆明武宗大肆敛财，侵占土地，任人唯亲，并遏制文官实力。随着手中权力的不断扩大，刘瑾的专权贪婪欲望也日益膨胀，自封“九千岁”、修建逾制的府邸等，由此引起明武宗的不满，并决心铲除其势力。惶恐至极的刘瑾妄图利用永定河上游地势较高的特点扒开永定河，水淹北京城，于是以“挖一斗石头，给一斗银子”的薪酬雇人自上游开挖金沟河。若该河挖通，可直冲北京城。正当金沟河即将挖通之际，有两个小童在河口玩闹，不断将刚刚挖出的沙石重新堆回河道，堵住河口，赶不走，抓不着。刘瑾大怒，下令射杀。两个小童被射死后，河中出现两块石碑，上刻醒目的大字——“河挡”“挡河”。刘瑾水淹北京城的企图落空，次日，被获知其阴谋的明武宗下令凌迟处死。

传说中刘瑾开挖金沟河的故事应取材于金、元两代开挖金口河的历史，通过传说的方式将明代太监的恶行与金元时期金口河的开挖及其无奈废弃附会成一体。

关于刘瑾妄图开挖的金沟河，应指金元时期开挖的金口河。金代以燕京为中都后，为将山东、河北的百万石漕粮运抵中都，于大定十一年（1171年）开金口河，以今永定河水为水源。金口河的大致路线是西起石景山金口闸，经今半壁店、玉渊潭，向东南入中都北城濠，再向东至通州张家湾入北运河。元至元元年（1264年），定都燕京，并大规模营建都城。两年后，为运输取自西山的大量木材和石材等建筑材料，忽必烈采纳著名水利专家郭守敬的建议，重开金口河，引永定河水为水源。然而，由于永定河坡陡流急，汛期洪水泛滥、泥沙淤积等特点，金口河航运难以维持，汛期甚至危及北京城的防洪安全，最终废弃。

明武宗朱厚熜（乾隆五十三年敕绘绢本《历代帝王真像》）

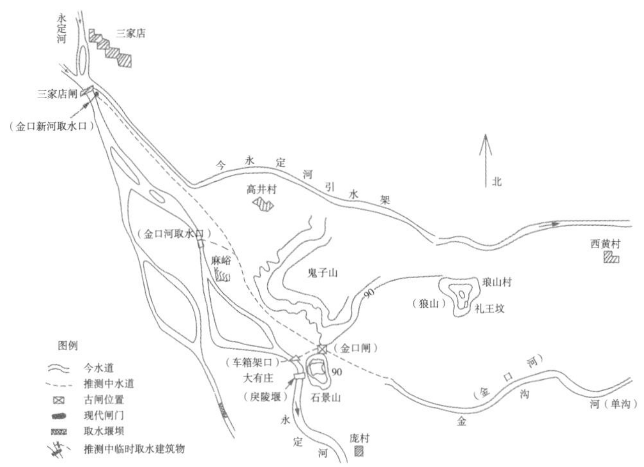

金口河和金口新河渠首位置推测示意图

20世纪90年代永定河石景山区段石堤（《石景山区水利志》）

关于两个孩童堵塞的“河口”地点，应指金口河的渠首金口闸。金口闸设在石景山北麓，即今石景山发电厂东。金大定十二年（1172年）金口河开通后，引永定河水入运河，但仍无法顺利行船，其中的主要原因是永定河上游地势较高，导致金口河河床比降较大，水流下泄过快。为避免汛期永定河洪水暴涨、危及北京城，大定二十七年（1187年）堵闭金口闸。元代重开金口河后，仅运行30多年，于大德三年（1299年）堵闭金口闸。三年后，永定河遭遇特大洪水，又将金口闸以上河身用砂石杂土堵闭。

2.6.2 栽种堤柳的传说

王老汉栽种堤柳的传说，应取材于永定河堤防建设与植柳固堤措施的实施。

清代以前，永定河称“无定河”，泥沙淤积，河水泛滥，汛期时固安一带的堤防常常溃决，百姓频遭水患。相传一位吴姓知县上任后，为彻底改变这一局面，决定想方设法引起朝廷的关注，进而争取支持。于是他以“南有苏杭胜地，北有固安八景”为由，上书奏请皇帝前来巡视。当皇帝来到固安后，吴知县先是带他赏观了春天柳叶嫩绿、冬天柳编如山，以“春秋美景胜苏杭”而闻名的胜景——东湖、西湖村；接着视察了经常遭受永定河洪水灾害的牛头、马面镇，以亲眼目睹当地人的凄惨生活；最后来到永定河大堤，但见河道内洪水翻涌不止，而大堤却残破不堪，不仅时时威胁着固安百姓的安全，而且威胁着同样邻近永定河的京城及其10多万百姓的生命安全。受到极大震撼的皇帝，立即拨银5万两，令其主持整治永定河。于是，吴知县征集沿线百姓1万余人，加高加固永定河大堤，疏浚河道，同时在大堤上种植柳树以固堤，无定河得以治理，百姓过上安居乐业的生活。为感念吴知县的这一功绩，当地一位秀才作《永定河颂》，发出“巧赚皇上吴县令，无定河变永定河”的赞誉。

永定河左堤（《北京水利志稿》）

关于吴知县加高加固永定河大堤的传说，应指明清时期永定河大堤的修建。永定河过官厅山峡后，进入冲积平原，河道迁徙不定，须筑堤防护。金大定二十九年至明昌三年（1189—1192

年）建永定河左堤，自石景山至卢沟桥，为土堤，用于防止洪水向平原地区泛滥，同时保护北京城。

该传说可能取材于明清时期永定河堤防的形成、清乾隆皇帝视察永定河并主持实施植柳固堤的历史。

明代定都北京，因此十分重视京城的防洪安全，永乐十年至嘉靖四十二年间（1412—1563年），陆续将卢沟桥以上、卢沟桥以下至北天堂段土堤改筑为石堤，溃堤决口事故有所减少。清康熙三十七年（1698年），永定河下游溜势向西南摆动，危害河北霸州一带。为改变这一趋势，康熙帝决定先开挖引河以改河向东，所开引河自良乡张客庄（今大兴北章客村）至安澜城（今永清县里兰城），长140余里；然后自卢沟桥石堤起、沿引河两岸修筑土堤，其中北岸（左岸）土堤长约129里，南岸（右岸）土堤长约117里。堤成以后，河流顺轨，水患减少。欣然之余，康熙帝亲临视察，并将河名由无定河改为永定河，沿用至今。

关于吴知县栽种堤柳的传说，应指清乾隆帝时在永定河两岸大堤植柳固堤的措施。乾隆初年，永定河河床淤积加快，逐渐形成地上河，决口威胁日增。在此期间，乾隆曾令河兵在水灾较为严重的河流两岸广植柳树。乾隆十年（1745年）拟定章程，鼓励永定河附近的居民种植柳树以固堤防。至乾隆三十六、七两年（1771—1772年），永定河连续两年大水，沿河田庐被淹，乾隆帝拨银59余万两，命高晋和裘曰修等人主持加固堤防。乾隆三十八年（1773年），乾隆帝亲临永定河视察，再次强调在两岸大堤内外河滩多种卧柳以固堤的措施，并赋诗一首："堤柳以护堤，宜内不宜外。内则根盘结，禦浪堤弗败；外惟徒饰观，水至堤仍坏。此理本易晓，倒置尚有在；而况其精微，莫解亦奚怪。经过命补植，缓急或少赖；治标兹小助，探源斯岂逮。"当地官员将该诗题刻于石碑上，立于永定河金门闸附近，至今仍存。柳树间隙土地由地方官招佃征租，每亩征收一定数额的租金，交由永定河道，用于堤防加固。

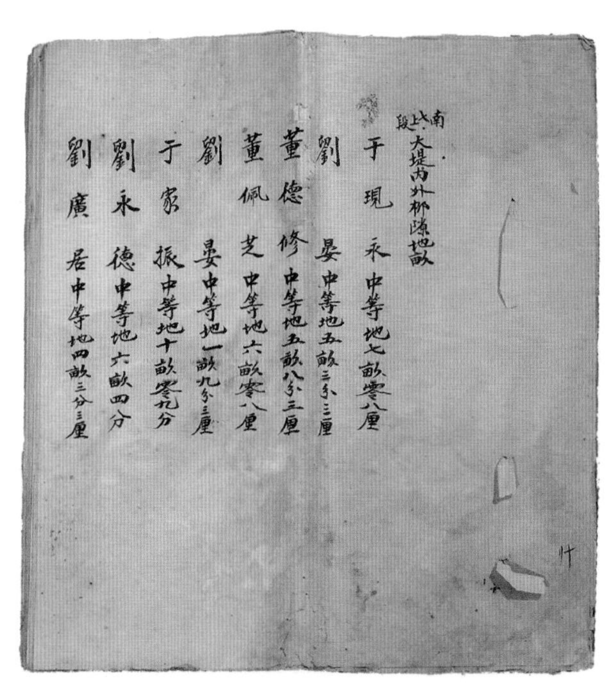
南七上段 大堤内外柳隙地畝
于現永 中等地七畝零八厘
劉晏 中等地五畝三分三厘
董德修 中等地五畝八分三厘
董佩芝 中等地六畝零八厘
劉晏 中等地一畝九分三厘
于家振 中等地十畝零九分
劉永德 中等地六畝四分
劉廣居 中等地四畝三分三厘

奏折《永定河南七上段大堤内外柳隙地亩》（现藏颐和园）

该奏折详细记载了承租永定河柳树间隙土地佃户的姓名、地亩等级和数量，作为地方官员收取地租的依据。

2.7 卢沟桥传说

卢沟桥传说的内容非常丰富，但与水相关的主要包括卢沟桥墩斩龙剑、卢沟晓月等。2014年，该传说被列入第四批国家级非物质文化遗产名录。

卢沟桥又称芦沟桥，位于永定河丰台区段，因永定河又名卢沟河而得名，至今已有800多年历史，是北京市现存最古老的联拱石桥。

2.7.1 卢沟桥的修建与沿革

战国时期，今卢沟桥所在的卢沟渡口为燕国交通要冲。永定河水流湍急，为解决行人过往问题，当时河上或建小桥，或架浮桥。

盧溝策騎

卢沟策骑（[清]麟庆《鸿雪因缘图记》）

卢沟桥沧桑的桥面通道（孙凯，2013年）

卢沟桥（图片来源：视觉中国）

金天德五年（1153年），以燕京为中都，该渡口成为南方各省出入燕京的必经之地和重要门户。为满足军事和经济发展的需要，金世宗于大定二十八年（1188年）决定修建卢沟石桥。4年后，即明昌三年（1192年）卢沟桥建成。

卢沟桥为11孔联拱石桥，全长266.5米，宽7.5米。桥身全部用花岗石建成。券孔11个，中间一孔最为高大，两侧的逐渐减小。桥墩10座，皆建在9米多厚的鹅卵石与黄沙堆积层上。各桥墩的迎水面皆砌成尖形，尖端都安装有边长约为26厘米的锐角向外的三角铁柱，以抗御汛期洪水和春季浮冰对桥墩的撞击，因而这些三角铁柱又称“斩龙剑”。为使长度很长的分水尖与桥墩整体所受压力平衡，在分水尖上部都设有六层石条压面。在桥墩、拱券等关键部位及石与石之间，都用银锭锁连接，以使其连成一体。分水尖和三角铁柱至今保存完整。

卢沟桥的装饰及雕刻艺术非常精美，尤其是石狮子的设计最为突出。卢沟桥两侧共有栏板279块，望柱281根。每根柱头上都雕有一个大石狮，形态各异，生动活泼。大狮子身上多雕有小狮子，大小自几厘米到十余厘米不等，数量也二三不等。这些小狮子，有的爬在或伏在大狮子身上、头上或背上，有的在大狮子怀中嬉斗，有的在大狮子身上奔跑，有的只露出半个头或一张嘴，有的在戏弄大狮子颈下的铃铛，姿态神情各不相同，娇憨可爱，活灵活现。据统计，栏杆望柱上的石狮约479个，其中大狮子281个，小狮子198个。这些石狮多雕刻于明清时期，少量的为金元作品。

除望柱上的石狮外，在桥东雁翅石栏杆的终端，南北两侧各有一石狮，以头抵着栏杆最末端的一根望柱，使栏杆不致外倾。在桥西雁翅石柱的终端，南北两侧则各有一石象，也用于使栏杆不致外倾。

卢沟桥工程宏伟、艺术精美，早在金章宗时，“卢沟晓月”就已成为“燕京八景”之一。至13世纪，经过著名的旅行家意大利人马可·波罗的介绍，传至欧洲，闻名于世。在《马可·波罗游记》中，

《马可·波罗游记》插图中的卢沟桥

他详细记载了卢沟桥及其望柱上的石狮子，认为该桥是“世界独一无二的”，而石狮子与桥身“共同构成美丽的奇观”。

2.7.2 卢沟桥墩斩龙剑的传说

卢沟桥墩斩龙剑的传说应取材于卢沟桥分水墩的设计及其功能和作用。

传说清乾隆帝登基不久，与刘墉微服出访，来到卢沟桥，正赶上永定河中的恶龙闹水。眼看洪水将要漫上东堤，乾隆帝打算离开，却被刘墉拦住，并劝道：“大清朝以弓马得天下，历代君主都英武过人，岂会怕一个小小恶龙？况且皇帝乃真龙天子，恶龙再凶，量也不敢逆天而行。”乾隆帝深以为然，手提龙泉宝剑踏上卢沟桥。桥下永定河水正浊浪翻滚，汹涌奔腾，即将涨至桥面。乾隆帝挥剑指向河水，并大声呵斥，令其速速退去。于是，宝剑所指之处，河水纷纷退下。这时河中的恶龙突然显形，掀起巨浪扑向乾隆。惊吓之余，乾隆帝手中的宝剑掉落河中，恰好落在恶龙背上，将其斩成两段。随着恶龙被斩杀，河水水位逐渐消落。再看乾隆帝的宝剑，斩杀恶龙后掉到桥墩上，牢牢插在上面，仅露出一半剑刃。乾隆帝刚想拔剑，但见上游漂来的树木杂草等正朝桥墩撞来，但均被宝剑斩成碎段，顺水漂走。乾隆又想拔剑，就听围观的百姓喊道：“谢皇上斩龙剑！”受此启发，乾隆帝下旨，令人把桥墩迎水面改成尖形，前端铸上三角铁，形似斩龙剑，用以夏季劈洪水、斩巨木，春季破冰凌。这就是卢沟桥斩龙剑传说的来历。

卢沟桥分水尖（聂鸣/FOTOE）

2.7.3 卢沟晓月的传说

在卢沟桥东端有四根蟠龙宝柱，中立石碑，石碑正面为乾隆御笔“卢沟晓月”，碑阴为乾隆所作《卢沟晓月》诗。卢沟晓月的传说应取材于乾隆帝游赏卢沟晓月并御题诗字的故事。

据传卢沟桥是座神奇的桥，自从该桥建成后，这里的月亮就比别处升得早。每月初一、三十晚上，尤其是大年三十夜间，就会看到一轮弯月当空升起，照得桥身通亮，即便桥上的石狮子也能清晰得见。不过传言认为，这种景象只有大命之人方能看到。乾隆帝喜欢游山玩水，几次下江南都从该桥经过，但始终未能得见这一奇景。当他听到有关传言后，深信自己是大命之人，于是在某一年的大年三十晚上，自皇城直奔卢沟桥。他前半夜起身，五更时分到达桥上，但见天上斗柄横斜，却不见卢沟明月。乾隆帝心中纳闷，但仍自信自己的命格之高，于是屏退左右，掐灭灯火，独自立于桥上死死盯着东南方，看着看着，感觉一弯明月呈现于眼前，越看越清晰，但陪同的大臣侍卫无一人看到。得此奇景，深感不虚此行的乾隆帝提笔写下“卢沟晓月”四字，并赋诗一首。

上述传说取材于清乾隆帝游览卢沟桥并题写“卢沟晓月”的经过。永定河卢沟桥段河水如练，西山似黛，每当黎明斜月西沉之时，月色倒影水中，更显明媚皎洁。乾隆帝曾在某年秋日路过卢沟桥，得此良辰美景，御题并赋诗《卢沟晓月》：

茅店寒鸡咿喔鸣，曙光斜汉欲参横。

半钩留照三秋淡，一蝀分波夹镜明。

入定衲憎心共印，怀程客子影犹惊。

迩来每踏沟西道，触景那忘黯尔情。

卢沟晓月（公元传播/FOTOE）

康熙重修卢沟桥碑（李胜利/FOTOE）

清代康熙《察永定河》碑（李鹰/FOTOE）

在今卢沟桥西端，仍保存有清乾隆五十一年（1786年）所立重修卢沟桥石碑。石碑正面为乾隆帝御题《重葺卢沟桥记》，记叙卢沟桥的修葺经过；碑阴为乾隆帝御题《过卢沟桥》五言诗。此碑原有碑亭，后毁；西端现存碑亭内的碑为康熙帝的《察永定河》诗碑。

2.8　钱王射潮的传说

吴越王钱镠的传说源远流长，内容丰富，其中与水利有关的是钱王射潮的传说。

钱镠（852—932年），字具美，唐末杭州临安人，五代十国时期吴越国的创立者，据有两浙十三州之地。后梁开平元年（907年），封为吴越王，兼淮南节度使，后梁龙德三年（923年）封为吴越国王。钱镠立国40年，以保境安民为国策，修建海塘，兴办水利，扶植农桑，发展海上交通，使江浙一带经济迅速发展。钱王射潮的传说取材于钱镠修筑钱塘江海塘的水利实践。

钱塘江潮是发生在钱塘江入海口杭州湾的涌潮。由于杭州湾外宽内窄，呈大喇叭口状，自入海口至盐官，江面宽度由100公里缩至3公里。每到涨潮，江中吞进大量海水，在向里推进的过程中，由于河道突然

钱镠画像（《无双谱》）

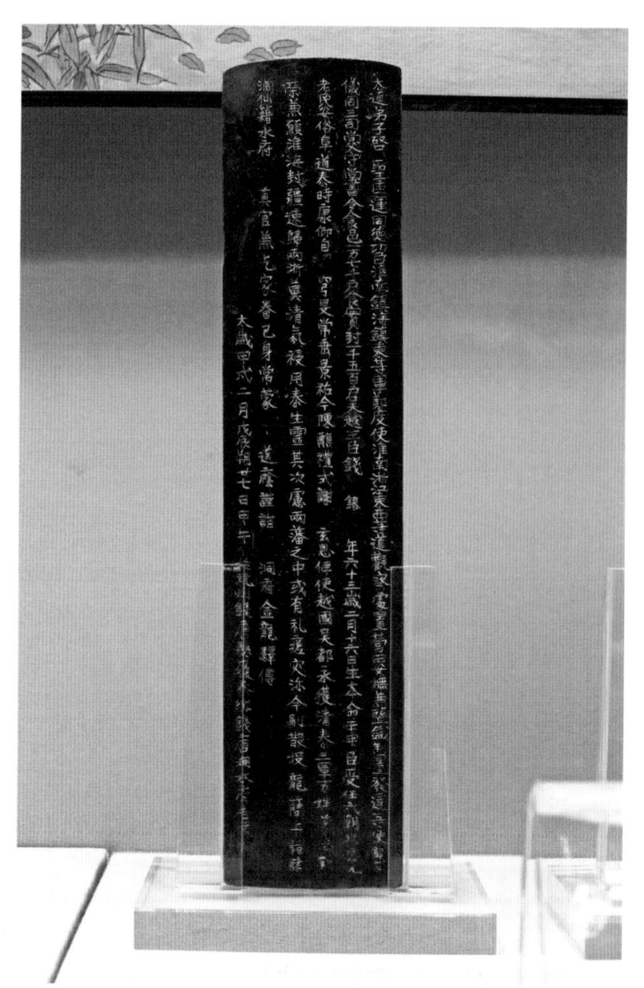

钱镠63岁告水府文银简（现藏于浙江省博物馆，刘朔/FOTOE）

海塘盐官一线潮（《钱塘江志》，杨利斌 摄）

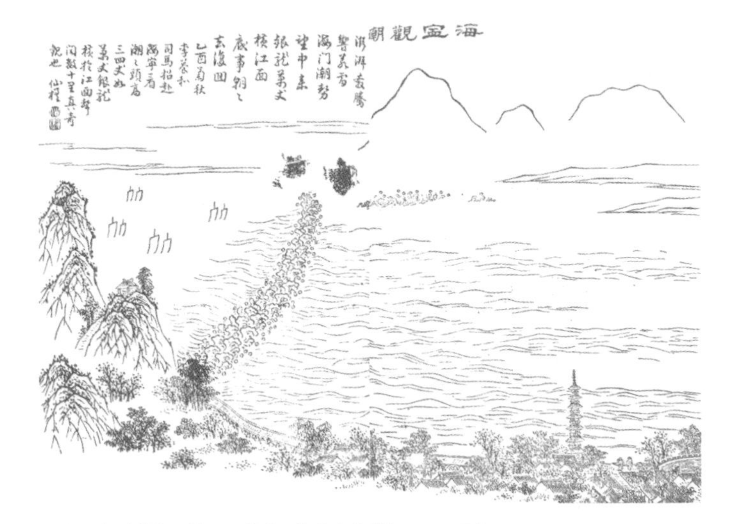

海宁观潮（《续泛槎图三集》，缘紫舞提供/FOTOE）

钱王射潮图（《西湖佳话》）

俞珞《强弩射潮》："滚滚漫天一望迷，涛头狂卷浙东西。银山驱走人谁撼，赤子呼号我自提。叠雪楼前强弩发，通江门外怒潮低。咄嗟军士三千力，安用夫差掣水犀。

射潮图（《捍海塘志》）

《捍海塘志》射潮图：仰天誓江，月星晦蒙，强弩射潮，江海为东。

变窄，潮水涌积；加上澉浦西侧水下有一巨大沙洲，河床的平均水深自20米迅速降至2~3米，形成一道“门槛”，潮水入内受阻，后浪赶上前浪，形成直立的“水墙”，潮头可达3.5米，潮差可达8.9米，是世界最著名的涌潮之一。

古代，钱塘江潮势猛力大，常常毁塘成灾，难以抗御，当地人遂视其为“神”“怪”，并试图通过一系列敬神镇怪的措施以减缓灾害，钱王射潮是其中之一。

五代时期，钱镠创建吴越国，建都杭州。为保境安民，他多次主持修筑海塘，但均被势头凶猛的涌潮冲毁。相传，无奈之下，钱镠试图通过祈求潮神，实现涌潮暂停一两月的愿望，以便海塘顺利建成。他一面安排祭神之礼，一面派人伐竹造箭，以鹜的羽毛装饰，涂成朱红色，并用铁做成精炼的箭头。同时招募500名弓箭手，每人分发6支箭，待午夜子时祈祷三次，涌潮来临之时，所有弓箭手一齐发射，每潮一箭，“连射五潮，潮退避钱塘，东趋对岸西陵”。剩下来的箭则埋在当地，镇以铁幢。据说，如果铁幢被冲破，箭便会自动射出。从此，涌潮不再肆意侵犯。

这一传说应源于钱镠修建钱塘江海塘时对海塘工程技术艰难探索的故事。

根据记载，后梁开平四年（910年），钱塘江潮危及杭州塘岸，钱镠召集20万民夫，在杭州候潮门至通江门之间修筑捍海塘。此次修建，采用竹笼装石堆砌的方法，“以大竹破之为笼，长数十丈，中实巨石，取罗山大木数丈植之，横为塘，依匠人为防之制。又以木立水际，去岸二丈九尺，立九木作六重，象易既未济卦。由是潮不能攻，沙土淤积，岸益固也”。当时还在海塘外植大木10余行，称“滉柱”，用来阻挡和消减波浪对堤防的冲击，保护塘脚不受淘刷。传说中钱镠通过射潮而逼使江潮退去的情节，当取材于钱镠通过不断探索，最终采用竹笼巨石沉海的方式筑成牢固的塘身、采用塘外密排木桩的方式以减杀水势的历史事实。捍海石塘建成后，历经800年风雨海潮的侵蚀，直至清雍正年间仍然屹立于钱塘江岸。

钱王射潮雕塑（韩美林设计，刘建华/FOTOE）

鱼鳞大石塘（《钱塘江志》）

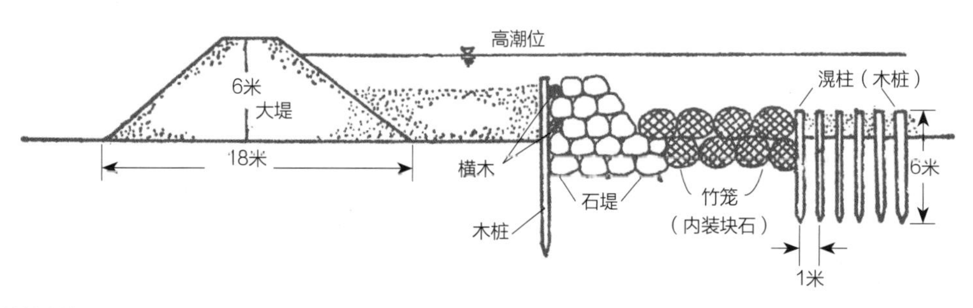

钱镠的竹笼海塘工程示意图

2.9 龙生九子的传说

在中国神话体系中，龙是行云布雨的神。龙生九子中的霸下（又称蚣蝮、趴蝮）则是镇水或避水之兽。

在中国传统文化中，华夏民族以龙为图腾，龙是中国的象征，中国人又自称为龙的传人。龙的形象自8000多年前出现至今，贯穿着中华民族的发展历程，在不断演化中日渐丰满，最后由多种动物形象融合组成。那么，这种融合而成的龙有无后代？龙子的形象又如何？这是许多人关注并试图解答的问题，由此衍生出“龙生九子”的故事。

龙生九子的故事由来已久，但“九子”究竟是哪九种动物，明朝后开始出现各种说法。一些学者的笔记，如陆容《菽园杂记》、李东阳《怀麓堂集》、杨慎《升庵集》、李诩《戒庵老人漫笔》、徐应秋《玉芝堂谈荟》等都对龙生九子进行过记载，但说法不一。其中，李东阳在《怀麓堂集》中的说法最为人们所接受。根据他的说法，龙之九子皆不成龙，各有所好，各有所长。它们分别为：囚牛、睚眦、嘲风、蒲牢、狻猊、赑屃（霸下）、狴犴、负屃和螭吻。此外，在陆容《菽园杂记》中还提到饕餮、椒图两种形似龙的神兽，后人也将之视为龙子。

另外，还有说法认为所谓“龙生九子”并非指龙恰好生有九子。因为在中国传统文化中，九是个虚数，表示数量多，同时也是贵数，表示地位至高无上，所以用来描述龙生之子。

龙之九子的名字、排行、形象和特点，众说纷纭，大致如下：

龙生九子剪纸图（郑仙云创/FOTOE 苏民）

龙生九子示意图（刘勇先《“龙生九子”的说法》）

（1）囚牛。排行老大，形为长有麟角的黄色小龙，性喜音乐，胡琴头上的刻兽是其遗像。

（2）睚眦。排行老二，龙身豺首，平生好斗喜杀，刀环、刀柄的龙吞口是其遗像。它不仅装饰在沙场名将所用兵器上以增添威慑力，而且用于仪仗和宫殿守卫的兵器上以彰显威严庄重。此外，还用于镇祛洪水。据《滋阳县志》记载，清康熙五十一年（1712年）夏，泗河洪水暴涨，冲决泗水桥中间的三个桥洞，兖州府知府金一凤捐资修整，“并铸三丈铁剑以镇之”；该剑吞口处即饰有横眉怒目的睚眦。

（3）嘲风。排行老三，形似兽，平生好险又好望，宫殿垂脊上的走兽是其遗像。宫殿垂脊上装饰的走兽不仅是吉祥、美好与威严的象征，而且具有威慑妖魔、驱除灾祸之意。其数量与排序具有严格的等级规定，等级越高的殿宇，垂脊上的走兽就越多。如北京故宫太和殿是明清时期举行重大典礼的场所，如皇帝登极、元旦庆典、命将出征等，不仅是紫禁城最高的建筑，也是当时等级最高的建筑，其垂脊上的走兽数量最多，共11尊。檐角最外端为骑凤仙人，其后依次为龙、凤、狮子、天马、海马、嘲风、押鱼、獬豸、斗牛和行什。这些走兽，除了具有上

胡琴头上的囚牛（徐高纯/FOTOE）

述含义外，还是屋顶防漏的重要部件。由于垂脊和檐角是殿顶两坡的交汇点，雨水易自此渗入，所以在垂脊连砖上覆盖铸有仙人走兽的脊瓦，以加固屋顶的瓦钉，防止雨水渗漏。

镇水神剑“天下第一剑”（刘军/FOTOE）

1988年，在山东省兖州市泗河南大桥下出土所谓的镇水神剑。该剑为铁剑，以睚眦为吞口。剑身长达7.5米，重1539.8公斤，剑柄上刻有“康熙丁酉二月知兖州府事山阴金一凤置”的铭文。现藏于山东兖州博物馆。

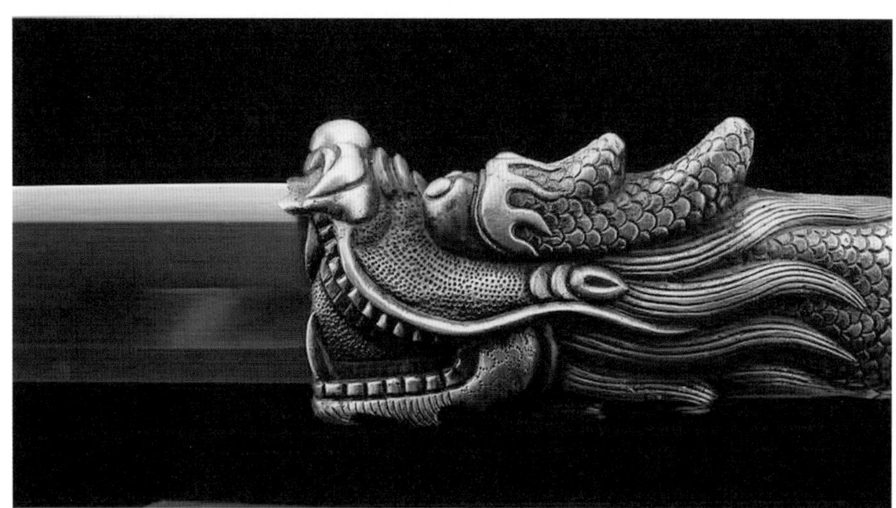

偃月刀睚眦吞口

故宫太和殿垂脊上的仙人走兽（昵图网）

太和殿是世界最高的重檐庑殿顶建筑，除殿顶一条正脊外，在两层重檐上各有四条垂脊(又称“岔脊”)。两层重檐共八条垂脊，每一条垂脊上均装饰有相同数量和型制的仙人走兽，共计88尊仙人走兽。

（4）蒲牢。排行老四，平生好音好鸣，洪钟上的龙形兽钮是其遗像。据说蒲牢居住在海边，向来怕鲸，鲸一攻击，它就被吓得大声吼叫。根据这一特点，人们将其铸为大钟钟钮，把敲钟的木杵做成鲸状。以鲸状木杵敲钟时，钟声便会响彻云霄，且“专声独远”。

（5）狻猊。又称金猊，排行老五，一说排行老八，形似狮子，平生喜静不喜动，好坐，又喜欢烟火，一般蹲立于香炉盖上，随之吞烟吐雾，佛像座下狮子也是其遗像。

北宋道钟双龙形钟钮（现藏北京大钟寺古钟博物馆）

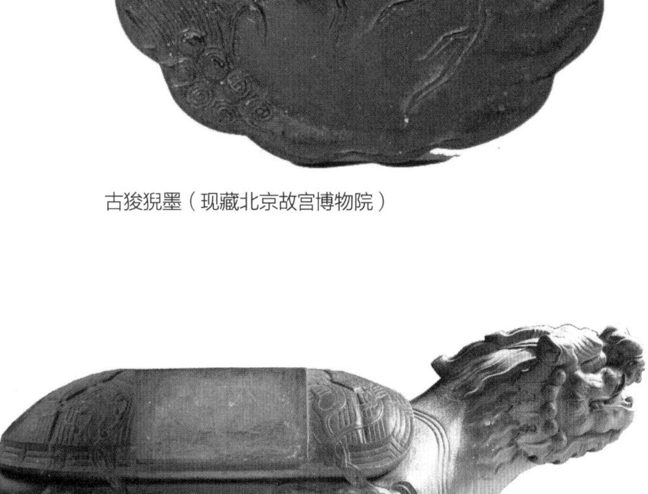

古狻猊墨（现藏北京故宫博物院）

（6）霸下。又称赑屃，排行老六，形似龟，力大无穷，平生好负重，碑下龟趺是其遗像。传说在上古时期，霸下常背起三山五岳在江河湖海中兴风作浪。后被大禹收服，跟随大禹凿山挖沟，疏通河道，立下汗马功劳。他治水成功后，在特大石碑上刻下功绩，让霸下背负，故中国的石碑多由它驮负。霸下又称龙龟，是长寿和吉祥的象征。因为它的形象总是向前昂着头，四只脚顽强撑地，似乎在奋力向前，且总不停步。

北京国子监孔庙御碑亭的龟趺（刘朔）

除龟趺外，霸下还有一种遗像，头部像龙，但比龙头扁平，更接近兽类，有狮子相；头顶有一对犄角；身体、腿部和尾巴皆有龙鳞，称趴蝮。由于趴蝮性善好水，又常被称为吸水兽、避水

北京万宁桥边的霸下（魏建国，王颖 摄）

兽，传说它能使河水“少能载船，多不淹禾”，因而备受古人尊崇。修桥时，常将其置于桥头或桥身，面向滔滔河水，护佑该桥避水害、存永安。

（7）狴犴。又称宪章，排行老七，平生好讼，又有威力，掌管刑狱。常被装饰在死囚牢的门楣上，因其形状似虎，所以民间又有“虎头牢”的说法。虎头牢的大门一般仅有1.6米高，死囚进入时都要在狴犴像前低头，以示敬畏。狴犴还常伏在官衙大堂两侧，虎视眈眈，环视察看，使公堂的氛围更加肃穆正气。

苏三监狱的虎头牢（孔兰平）

山西洪洞苏三监狱的虎头牢是关押死刑犯的地方，双墙双门，夹道低矮，犯人进出均得低头躬躯，以示刑律威严。狴犴立于狱门墙上，形似虎，威力显著，因此称“虎头牢”。

（8）负屃。排行老八，形似龙，平生好文，石碑碑首或两旁的文龙是其遗像。中国碑碣历史悠久，内容丰厚，造型多样，刻制精致，深受负屃的钟爱，他甘愿化作图案文龙去加以衬托。在石碑碑顶，它们往往以互相盘绕的造型出现，似在慢慢蠕动，与作为底座的霸下相互衬托，使碑座更觉壮观。

唐代碑首上的负屃（现藏于西安碑林博物馆）

（9）螭吻。排行老九，形状像剪掉尾巴的四脚蛇，喜欢在险要处东张西望，喜欢吞火，常被用作建筑物的装饰，尤以作屋脊镇火的兽头为多，做张口吞脊状，并以一剑固定之。如故宫太和殿正脊两端屹立着中国现存最大的一对螭吻，又称大吻，每只高340厘米、宽268厘米、厚32厘米，重4.3吨，由十三块琉璃构件组成。大吻表面装饰有龙纹，四爪腾空，怒目张口，吞住正脊，背上插着一把宝剑，威严异常。大吻的位置是屋顶前后两坡及山面一坡琉璃瓦陇的交汇点，该部位易于漏雨。将琉璃大吻安置在此，恰好严密地封固了三坡瓦陇的顶端，使雨水无法渗入。

故宫太和殿正脊上的螭吻

螭首也常用于须弥座转角处和望柱外缘之下，作为排水构件，同时具有装饰作用。如故宫太和殿、中和殿和保和殿前后排列，坐落在一“工”字形台基上，台基分三层，四周栏杆底部设有排水孔洞，每根望柱下设一石制螭首，口内是凿通的圆孔，作为排水口。汛期雨水通过栏杆底部和望柱下的排水孔逐层下排，加之院内地面留有泛水坡度，四周有石槽明沟，台阶下有石券涵洞接通干沟，使院内积水通过各种渠道最后排入内金水河。

故宫螭首龙头排水（图片来源：中国网新闻中心）

从故宫望柱下螭首龙头孔中流出的水，大雨时如白练，小雨时如冰柱，暴雨时则呈现“千龙出水”的景象，蔚为壮观。

會安橋

3
水神

在中国神话传说体系中，水神是产生最早、传承最久最广、影响最大的神祇之一。这是因为水与人类的生命、生活和生产息息相关，远超其他大多数自然资源。

中国历史悠久、地域广阔、民族众多，各地区各民族的自然条件、社会需求和民俗风情差异较大，因而水神崇拜对象广泛、形式多样，但核心内容主要包括四个：一是对掌管河湖井泉海洋等水体与风雨雷电等自然现象的神灵的崇拜；二是对水体和自然体的神秘力量的崇拜；三是对传说中能够行云布雨的龙王等动物的崇拜；四是对古代治水有功人物的崇拜。可以说，水神崇拜最初带有自然崇拜的性质，后经过不断演绎，逐渐人格化和社会化。水神崇拜的目的主要是祈雨求丰年、祭河求安澜，此外还衍生出祈求生育繁衍、战争胜利和政局稳定等内涵。

3.1 河湖井泉海洋之神

中国对江河海洋、湖泊沼泽、陂池井泉等水神的崇拜很早便开始了，它们中许多都有对应的神，且多有名讳。尤其是“四渎”和海洋之神，为求得河清海晏，中国古代极为重视对它们的祭祀和分封。

1.“四渎”诸神的祭祀与分封

早在周朝时，天子便开始命有司以诸侯之礼祭祀“四渎”。据《礼记 · 王制》记载：“天子祭天下名山大川，五岳视三公，四渎视诸侯。”这是“四渎”称谓始见于记载。何为“四渎”？《尔雅 · 释水》解释道：“江、河、淮、济为四渎。四渎者，发源注海者也。”也就是说，在古代，“四渎”指当时干流直接入海的长江、黄河、淮河和济水。此后，“四渎”的地位日益尊崇。至唐代，封“四渎”为公，五代封为王，明代封为神。

唐天宝六年（747年），唐玄宗主持修制开元礼，规定“岳镇海渎”为国家祭祀大典体系中的“中祀”。其中的“渎”即“四渎”，同时封“四渎”为公，即河渎为灵源公，济渎为清源公，江渎为广源公，淮渎为长源公。

外国人眼中的江、河、淮、济四渎神（禄是遒《中国民间信仰》）

江、河、淮、济“四渎”诸神众水陆画轴（山西省文物局《山西珍贵文物档案》）

五代时，封“四渎”中的江渎和淮渎为王。据《五代史》记载，南吴乾贞二年（928年），封江渎为广源王，淮渎为长源王，马当上水府为宁江王，采石中水府为定江王，金山下水府为镇江王。值得注意的是，此次仅将“四渎”中长江和淮河封为王，同时将长江下游的上中下三水府封为王。这是因为南吴的势力范围仅覆盖江苏、安徽、江西和湖北等省的部分地区，而这些地区主要位于长江和淮河流域，尤其是长江流域。

宋开宝三年（970年），修四渎庙。康定元年（1040年），将“四渎”全部封为王。据《钦定续通典》记载，此次封江渎为广源王，河渎为灵源王，淮渎为长源王，济渎为清源王。

金明昌年间（1190—1196年），改封淮渎为长源王，江渎为会源王，河渎为显圣灵源王，济渎为清源王。值得注意的是，此次开始且仅将“河渎”封为“四字”王。这是因为自南宋建炎二年（1128年），东京留守杜充为阻止金兵南下，下令掘开黄河大堤，迫使黄河改道后，黄河长期在淮北、苏北地区滚动泛滥，不仅使这些地区频繁遭受洪水灾害，而且严重威胁着当时的“天庾正供”即漕粮的运输，黄河的安澜较其他江河更为迫切。

元至元二十八年（1291年），将四渎全部加封为“四字”王。其中，江渎为广源顺济王，河渎为灵源弘济王，淮渎为长源溥济王，济渎为清源善济王。

明洪武三年（1370年），洪武帝朱元璋下令尊称“岳镇海渎”以神号。其中，“四渎”分别被尊称为东渎大淮之神、南渎大江之神、西渎大河之神、北渎大济之神。同时，朱元璋下令将这一诏旨制成《大明诏旨》碑，分立于各神庙中。至此，“四渎”封号逐渐由唐代的“公”和五代后的“王”改为“神”。在今天的河南省济源县济渎庙和和河北省曲阳县药王庙中仍存有完好的《大明诏旨》碑。

清雍正二年（1724年），加“四渎”封号。江渎曰“涵和”，河渎曰“润毓”，淮渎曰“通佑”，济渎曰“永惠”。

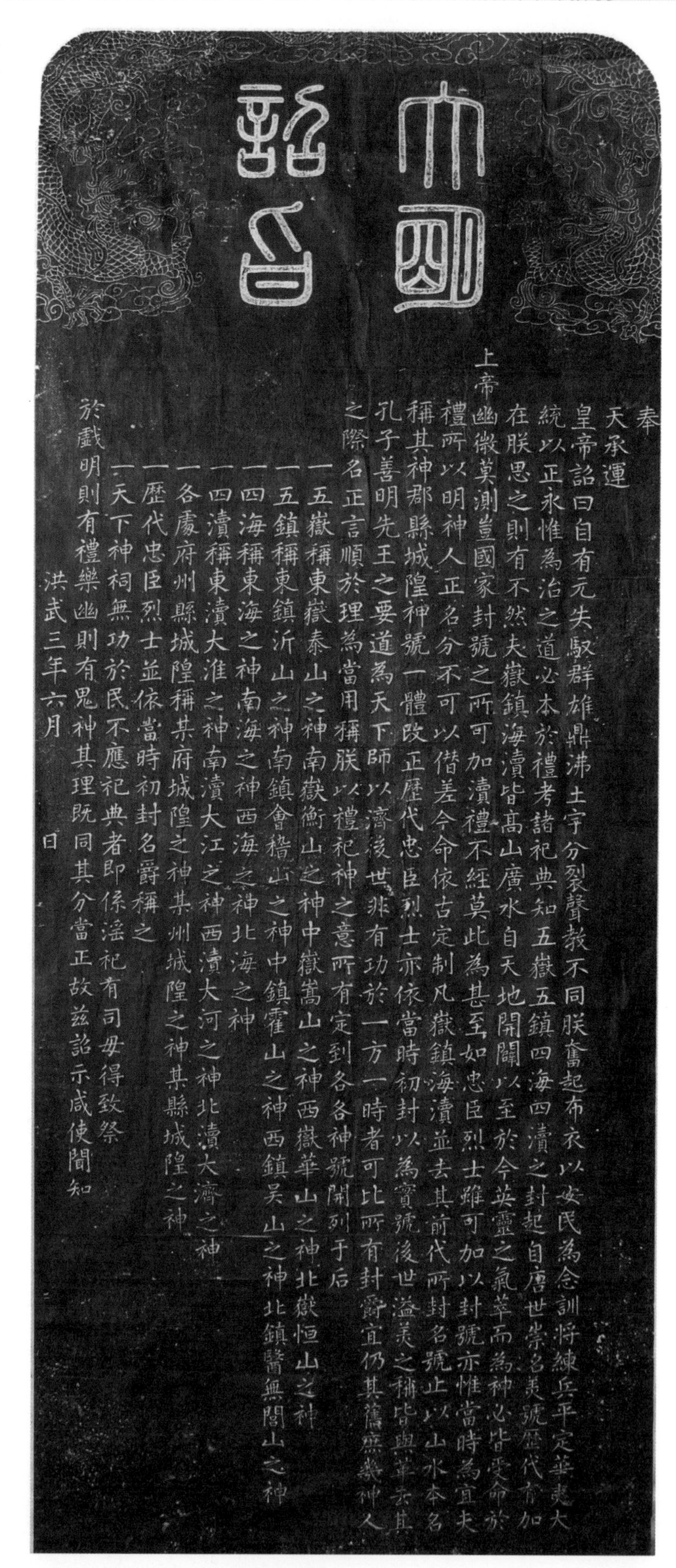
大明詔旨

奉
天承運
皇帝詔曰自有元失馭群雄鼎沸土宇分裂聲教不同朕奮起布衣以安民為念訓將練兵平定華夷大
統以正永惟為治之道必本於禮考諸祀典知五嶽五鎮四海四瀆之封起自唐世崇名美號歷代有加
在朕思之則有不然夫嶽鎮海瀆皆高山廣水自天地開闢以至於今英靈之氣萃而為神必皆受命於
上帝幽微莫測豈國家封號之所可加瀆禮不經莫此為甚至如忠臣烈士雖可加以封號亦惟當時為宜夫
禮所以明神人正名分不可以僭差今命依古定制凡嶽鎮海瀆並去其前代所封名號止以山水本名
稱其神郡縣城隍神號一體改正歷代忠臣烈士亦依當時初封以為實號後世溢美之稱皆與革去其
孔子善明先王之要道為天下師以濟後世非有功於一方一時者可比所有封爵宜仍其舊庶幾神人
之際名正言順於理為當用稱朕以禮祀神之意所有定到各各神號開列于后
一五嶽稱東嶽泰山之神南嶽衡山之神中嶽嵩山之神西嶽華山之神北嶽恒山之神
一五鎮稱東鎮沂山之神南鎮會稽山之神中鎮霍山之神西鎮吳山之神北鎮醫無閭山之神
一四海稱東海之神南海之神西海之神北海之神
一四瀆稱東瀆大淮之神南瀆大江之神西瀆大河之神北瀆大濟之神
一各處府州縣城隍稱某府城隍之神某州城隍之神某縣城隍之神
一歷代忠臣烈士並依當時初封名爵稱之
一天下神祠無功於民不應祀典者即係淫祀有司毋得致祭
於戲明則有禮樂幽則有鬼神其理既同其分當正故茲詔示咸使聞知
洪武三年六月　日

河北省曲阳县药王庙中的《大明诏旨》碑文

五湖百川诸龙神等众水陆画轴（山西省文物局《山西珍贵文物档案》）

陂池井泉诸龙神众水陆画轴（山西省文物局《山西珍贵文物档案》）

2. 海神的祭祀与分封

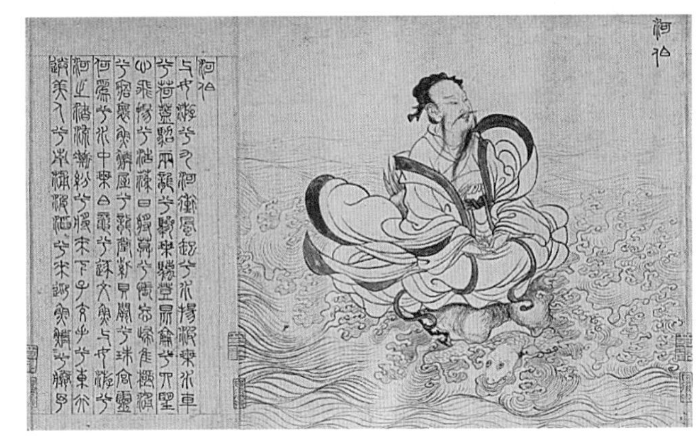

《九歌》中的河伯像（[元]张渥，现藏于上海博物馆）

汉代，开始祭祀海洋，并在相应的地区修建专祠。其中，祭祀东海之地定于会稽（今浙江绍兴）。

至唐代，唐玄宗主持修制开元礼时，规定“岳镇海渎”为中祀。天宝六年（747年），在封“四渎”为公的同时，将“四海并封为王”，分别为东海广德王、南海广利王、西海广润王、北海广泽王。“四渎”封为“公”，“四海”则封为“王”，这表明唐代尊“四海”重于尊“四渎”。这一时期，祭祀东海之地由会稽改为山东莱州；鉴于北海远在大漠之北，艰于祭祀，因在济渎庙后增建北海祠；西海则附于河渎庙，在同州（治今陕西大荔）；真正就海而祭的只有东海和南海。

宋元时期是中国海外贸易最为发达的时期，海神的地位随之上升。

北宋庆历元年（1041年），将四海加封为“四字”王，即东海为渊圣广德王，南海为洪圣广利王，西海为通圣广润王，北海为冲圣广泽王。

元至元三年（1266年）四月，定岁祀岳镇海渎之制。正月立春日在山东莱州祭祀东海，三月立夏日在莱州遥祭南海，七月立秋日在中府遥祭西海，十月立冬日在登州（今山东蓬莱）遥祭北海。至元二十八年（1291年）二月，重新拟定四海的封号，即东海为广德灵会王，南海为广利灵孚王，西海为广润灵通王，北海为广泽灵佑王。

明洪武三年（1370年），与“四渎”一样，朱元璋开始封四海为神，分别称东海之神、南海之神、西海之神、北海之神。

清雍正二年（1724年），赐东海为显仁，南为昭明，西为正恒，北为崇礼。

3.1.1　黄河水神

在中国神话中，黄河水神称河伯，名冯夷，又名冰夷、无夷，是影响最深最广、地位最高的水神。

黄河既是中华民族和文明的发祥地，又因其世界罕见的高含沙量而经常泛滥成灾，严重威胁着沿岸民众的生命财产安全。黄河有利也有害，有功也有过，因此，人们对他的感情是既爱又恨。在神话传说中，往往采用极端的方式表达对他爱恨交织的矛盾心理。一方面，人

河伯（傅抱石）

该图所绘为屈原《九歌》中河伯与洛神宓妃乘着设有荷叶伞盖的水车、驾着两条螭龙遨游于昆仑之巅的情景。

河南省南阳市汉画像石中的河伯出行图（《中国汉画造型艺术图典》）

目前河南、山东等地出土有大量以“河伯出行”为主题的汉画像石。该类画像的基本特征是：河伯乘车出行，端坐舆内，前有鱼类拉车前行。鱼类之前又有御者，这些御者或握彗，或扬鞭。车轮形似回旋状的龙蛇。

山东省邹城市画像石中的河伯出行图（《中国汉画造型艺术图典》）

陕西省靖边县画像石中的河伯出行图（《中国汉画造型艺术图典》）

们不遗余力地通过赋予黄河善良美好的性情，以表达对其有利一面的赞颂，这以战国时期著名的爱国诗人屈原为代表，他在《九歌》中设置了河伯携洛神宓妃遨游于昆仑之巅的形象及二人之间的美好爱情等情节来讴歌黄河；另一方面，人们又强烈谴责其暴虐为灾的个性，这主要通过“河伯娶妇”的传说来展现。

1. 河伯神话源流

中国神话中的河伯在不同的历史阶段表现为不同的形态，经历了由最初的动物神到半人半神、再到人格神的发展历程。

早期神话中，河伯具有鱼的特性，且有“主雨”的神性。据《韩非子 · 内储说》记载，齐国有人认为“河伯，大神也”，于是在水上设坛施法，引使齐王与河伯相见，“有间，大鱼动。因曰：此河伯”。又据西晋学者崔豹《古今注》记载：“水君，状如神，乘马，众鱼皆导从之。一名鱼伯，大水乃有之。”由此可知，河伯为鱼神，又称鱼伯。东晋学者葛洪曾在《抱朴子 · 对俗》中明确指出，“鱼伯识水旱之气”。《晏子春秋》中也有明确记载，齐景公年间，齐国大旱，景公问群臣道：寡人欲祀河伯，可乎？晏子曰：不可。河伯以水为国，以鱼鳖为民，彼独不欲雨乎，祀之何益？

除了“主雨”的神性外，河伯还具有主管河流的神性，当时各河流水系的神统称“河伯”。据《庄子 · 秋

《离骚图·天问》插图中的河伯（[清]萧云从）

该图中，河伯的形象为人面鱼身。

《山海经》中的河伯（明蒋应镐刻本《山海经》）

该图中，河伯端坐两条螭龙驾驶的车中，徜徉水中。

水》记载：“秋水时至，百川灌河，泾流之大，两涘渚崖之间，不辨牛马。于是焉河伯欣然自喜，以天下之美为尽在己，顺流而东行，至于北海，东面而视，不见水端。”

在早期神话中，河伯的具体形象为人面鱼身，具有半人半神的神格特征。先秦杂家著作《尸子》将其描述为“白面长人，鱼身。”唐代笔记小说《酉阳杂俎》也记载道：“河伯人面，乘两龙……人面鱼身。”

关于河伯神话的源起，一般认为与夏朝河伯族的兴衰有关。根据传说，夏代之前，河伯族人原为东夷分支，在大禹治理黄河下游洪水时，献上“河图”和“洛书”，大禹据“河图”治水成功，分天下为九州；据“洛书”作《洪范》九畴，成为治国安邦的大法。河伯族襄助大禹治水成功，赢得广泛称誉，趁此将自己的势力范围向西扩展至黄河与洛河交汇的河洛之地。

此后，为争夺更多的生存空间和资源，河伯族曾向洛伯族发动过多次战争，但最终与之达成和解，两个部族共同繁衍生息于河洛之地，并逐步走向强盛。据说，当其强大之时，殷侯甲微曾假借“河伯之师”讨伐其仇敌有易族。

夏太康在位时，东夷族有穷氏首领羿趁夏国统治力量衰弱之际发难，驱逐太康并取而代之，与夏王朝辅车相依的河伯族遭到无情杀戮。河伯族被迫离开河洛之地，河伯被追杀，其妻洛妃被霸占。

河伯族这一颇具悲剧色彩的遭遇，激发其后人创造动人的神话故事来诠释追念先祖的功勋与荣耀。至此，河伯故事的演绎方式发生分化：一个是基本遵循历史的河伯，另一个则是神话化的河伯。屈原《九歌·河伯》及其注中所描述的故事属于后者，最

《离骚图·天问》插图中的羿射河伯（[清]萧云从）

为符合当时河伯族人心目中的河伯形象及其悲惨遭遇。根据他们的描述，河伯在化为白龙、游于水畔之际，不幸被夷羿射瞎左眼，妻子也被其霸去，于是河伯上告天帝，但天帝并不为其伸张正义。河伯的这一遭遇深深触动了屈原，使其联想到自身，忠诚善良，品质高洁，却屡遭朝廷排挤，被迫流放而不得志，因此在诗歌《九歌 · 河伯》中，感同身受的屈原充满悲愤地质问天帝："胡射夫河伯，而妻彼洛嫔？"并开始在楚地民歌的基础上对河伯的形象进行再创造。在屈原的诗歌中，河伯"乘水车兮荷盖，驾两龙兮骖螭。登昆仑兮四望，心飞扬兮浩荡"，与宓妃一起逍遥自在地神游于昆仑之虚，而后信步朱宫，游戏水畔。经过屈原再创造的河伯，无论外在形象还是内在神性都已被理想化。

商周之际，河伯族人因在立国抚民方面功勋卓著而赢得周王的信任和器重。至周穆王时，河伯族酋长开始掌管周王朝祭祀河神的大任，被称为"河伯"。至此，河伯开始充当周王与天帝之间沟通使者的角色，正如明末清初思想家王夫之所说，"河伯，古诸侯司河祀者"。其主要职责是在天子祭祀河神时，具体执行向河中投璧的仪式。据《穆天子传》记载："天子授河宗璧，河宗伯夭受璧，西向沉璧于河，再拜稽首。" 此后的秦、汉、晋等朝都沿袭了周朝这一投璧沉牲以祭河的传统，如汉武帝瓠子堵口时，曾投玉璧、沉白马祭祀。

后来河伯逐渐由掌管祭祀的部族转化为被祭祀的河神。对此，日本学者白川静曾在《中国神话》中指出："河伯的祭祀原先好像是一个拥有特定传承的氏族的一种特权，被视为能够支配自然节奏的特定山川的信仰和祭祀，经常是和一个特定的氏族结合在一起，这些掌山川信仰与祭祀的特定氏族即是所谓的神圣氏族。"

2. 河伯的双重性格

神话中的河伯性格分为截然不同的两种：一种温和欢快，造福于民；一种骄奢残暴，危害一方。这是古人对以黄河安澜时兴利、洪水时生灾特点的现实认知与无奈表达。

在黄河的孕育滋养下，中华民族和文明开始形成，并逐渐发展壮大，黄河流域长期成为中国的政治和经济中心。基于此，千百年来，文人墨客笔下的黄河集中了众多美好的品质，作为黄河河神的河伯也得到极高的赞誉，甚至有人借河伯故事抒发自己的精神寄托和理想追求。

在这些文人墨客中，屈原首先通过诗歌创造出一位形象美好的河伯。在诗歌《远游》中，屈原借助想象中的天上远游景象，对比抒发自己在现实中屡遭排斥、壮志难酬的无奈现实，并表达自己的坚定信念和理想期盼。在叙述远游经历时，屈原描绘了一幅天上众神纵情舞乐的场景："览方外之荒忽兮，沛罔象而自浮。祝融戒而还衡兮，腾告莺鸟迎宓妃。张咸池奏承云兮，二女御九韶歌。使湘灵鼓瑟兮，令海若舞冯夷。"通过这首诗歌，河伯在一派和乐融融的氛围中欣欣然蹁跹而舞的形象深入人心，这一形象常被后世文人用来表达对自由与不羁的追求。如曹植曾在《洛神赋》中吟唱："屏翳收风，川后静波。冯夷鸣鼓，女娲清歌。"宋代文学家苏轼也感叹："唱我三人无谱曲，冯夷亦合舞幽宫。"明初文人张羽则在《望太湖》中叹曰："我欲临流叫神禹，湘灵鼓瑟冯夷舞。"

河伯还是大禹治水的关键人物，这主要体现在他献出"河图"和"洛书"助禹治水治国的故事中。据先秦杂家著作《尸子》记载："禹理水，观于河，见白面长人，鱼身，出曰：吾河精也。授禹河图，还于渊中。"《博物志 · 异闻》中有类似记载。曹植则在《仙人篇》中赞道："玉蹲盈桂酒，河伯献神龟。"

除了造福于民外，黄河还经常泛滥成灾，这体现在河伯身上，就是神话故事中塑造的其骄淫残暴的一面。在此类故事中，以"河伯娶妇"最为典型。据《史记》记载："魏文侯时，西门豹为邺令。豹往到邺，会长老，问之民所疾苦。长老曰：‘苦为河伯娶妇，以故贫。’”这是人们最为熟知的河伯卑劣形象。“河伯娶妇”的故事形象地表达了人们对黄河泛滥为灾的恐惧憎恨，以及对黄河安澜的强烈渴望。面对黄河的不断泛滥，万般无奈之下，古人曾以一国之君的女儿祭祀黄河，这在《史记 · 六国表》中有明确记载：“初以君主妻河。”即使雄才大略如汉武大帝，也对此愁闷不已：“为我谓河伯兮何不仁，泛滥不止兮愁吾人？”

3.1.2 洛水女神

黄河支流洛水之神为宓妃，俗称洛神。传说她是伏羲氏的女儿，渡洛水时溺死，死后化为洛水女神。另有说法认为她迷恋洛水景色，下凡定居于此，并教会当地百姓狩猎捕鱼、放牧养畜等技能，由此化为洛神。该传说源于洛水和黄河交汇的河洛之地。洛神因三国时期曹魏文学家曹植一首美妙绝伦的《洛神赋》而成为中国神话体系中最为炫丽、最具魅力的女神，并在此后的千百年间以各种形象和神态出现于各类题材的文学艺术作品中，历久不衰，创新不断。

元代画家卫九鼎所绘《洛神图》中，洛神身材修长，秀丽端庄，正乘云徐徐行于浩渺的水波之上。倪瓒在画幅上题道：“凌波微步袜生尘，谁见当时窈窕身。能赋已输曹子建，善图唯数卫山人。”

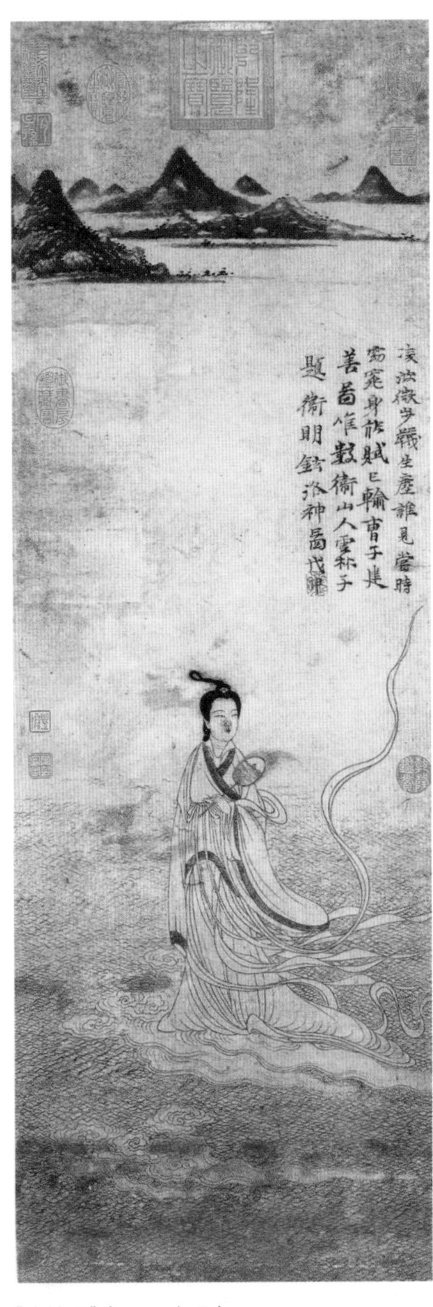

《洛神图》（[元]卫九鼎）

洛神图轴（[清]任熊）

1. 洛神神话源流

首次提到洛神的文献是《国语》："灵王二十二年，谷、洛斗，将毁王宫。王欲壅之，太子晋谏曰：'不可……今吾执政无乃实有所避，而滑夫二川之神，使至于争明，以妨王宫。王而饰之，无乃不可乎！'"大意为：周朝时，谷水与洛水暴涨，危及王宫，周灵王拟于上游截断谷水，太子晋则以此举可能会打乱"二川之神"的次序为由，加以反对。文中的"二川之神"分别指谷水和洛水之神，但该文并未明确提及"洛神"一名，更未对其形象加以描述。

洛神的名字首见于屈原的《楚辞》。在《楚辞》中，屈原两次提到洛神及其名字宓妃。

第一次是在《离骚》中："吾令丰隆乘云兮，求宓妃之所在。"东汉王逸注云："宓妃，神女也。"宋洪兴祖引《洛神赋》注云："宓妃，伏羲氏女，溺洛水而死，遂为河神。"至此，洛水之神开始拥有自己的名字——宓妃，同时拥有了自己的身份——伏羲氏之女。在《离骚》中，屈原以宓妃作为人人追求的高洁品质的象征，至东汉，学者王逸作注时认为，"宓妃神女以喻隐士"，宋代吕祖谦则把宓妃视为贤臣的化身，即"洛水神以喻贤臣"。

第二次是在《天问》中："帝降夷羿革孽夏民，胡射夫河伯而妻彼洛嫔？""洛嫔"即洛神。洪兴祖注曰："洛嫔，水神，谓宓妃也。"传说夷羿奉天帝之命来至人间后，射瞎河伯一只眼睛，并强娶宓妃为妻。至此，洛神拥有另一重身份——河伯之妻。但是，此时的洛神仅是概念化人物，其容貌、性情及经历等具体内容仍然缺失。

至西汉时期，著名的辞赋家司马相如首次赋予洛神以具体形象，他在《上林赋》中描述道："若夫青琴、宓妃之徒，绝殊离俗，妖冶娴都，靓妆刻饰，便嬛绰约。柔桡嫚嫚，妩媚纤弱。曳独茧之褕绁，眇阎易以恤削。便姗嫳屑，与俗殊服。芬芳沤郁，酷烈淑郁；皓齿粲烂，宜笑的皪；长眉连娟，微睇绵藐，色授魂与，心愉于侧。"赋中的洛神超凡脱俗，风姿绰约，明眸善睐，妩媚娴雅，是一位绝代佳人。

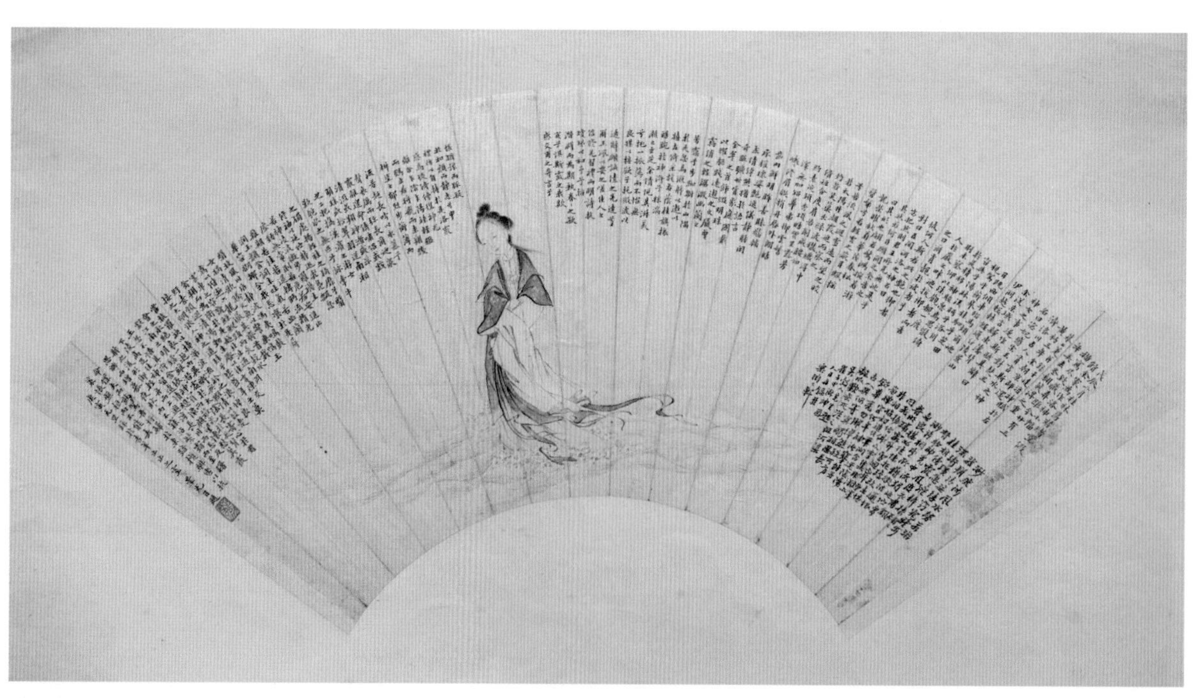

《洛神图》扇页（[清]张崇光，现藏于广东省博物馆）

鲁绣《洛神》（2011年山东博物馆鲁绣展，俄国庆/FOTOE）
该绣品创作于20世纪50年代，123厘米×37厘米。由著名鲁绣艺术家吕琼霞采用长针绣、打籽绣、云针等针法绣制而成。

洛神图（[明]丁云鹏）

因洛妃绝代佳人的形象，西汉文学家扬雄在《甘泉赋》中将其与“红颜祸水”联系起来，“想西王母欣然而上寿兮，屏玉女而却宓妃。玉女亡所眺其清胪兮，宓妃曾不得施其蛾眉”。洛神首次被赋予利用美色勾引君王的负面意义。然而，东汉天文学家张衡却反其道而行之，借助洛神的美好形象抒发自己忠贞而被排挤的悲愤。在《思玄赋》中，张衡慨叹：“载太华之玉女兮，召洛浦之宓妃。咸姣丽以蛊媚兮，增嫮眼而娥眉。舒妙婧之纤腰兮，扬杂错之袿徽。离朱唇而微笑兮，颜的砾以遗光。献环琨与玙璃兮，申厥好以玄黄。虽色艳而赂美兮，志浩荡而不嘉。双材悲于不纳兮，并咏诗而清歌。”

东汉文学家蔡邕在路过洛邑时，写下《述行赋》，赞叹宓妃：“乘舫舟而溯湍流兮，浮清波以横厉。想宓妃之灵光兮，神幽隐以潜翳。实熊耳之泉液兮，总伊瀍与涧濑。”洛神宓妃的佳人形象日渐丰满。

三国时期，曹魏文学家曹植作《洛神赋》，虚构出一则自己与洛神邂逅相遇并彼此爱慕，但由于人神道殊、无法结合而令人为之悲伤怅惘的故事。《洛神赋》的问世具有里程碑的意义，填补了此前洛神故事情节的空白，使洛神神话体系日渐完善。在该赋的开头，曹植简单交代了故事的背景：“黄初三年，余朝京师，还济洛川。古人有言，斯水之神，名曰宓妃。感宋玉对楚王神女之事，遂作斯赋。”即曹植在从京城返回封地时，路过洛水，“仰以殊观，睹一丽人，于岩之畔”，该丽人正是洛水之神宓妃。接着曹植栩栩如生地描绘了洛神的美丽绝伦：

“其形也，翩若惊鸿，婉若游龙。荣曜秋菊，华茂春松。髣髴兮若轻云之蔽月，飘飖兮若流风之回雪。远而望之，皎若太阳升朝霞。迫而察之，灼若芙蕖出渌波。秾纤得衷，修短合度。肩若削成，腰如约素。延颈秀项，皓质呈露。芳泽无加，铅华弗御。云髻峨峨，修眉联娟。丹唇外朗，皓齿内鲜。明眸善睐，靥辅承权，瑰姿艳逸，仪静体闲。柔情

宋代佚名摹顾恺之《洛神赋图》(局部)(现藏于辽宁省博物馆，文化传播/FOTOE)

绰态，媚于语言。奇服旷世，骨像应图。披罗衣之璀粲兮，珥瑶碧之华琚。戴金翠之首饰，缀明珠以耀躯。践远游之文履，曳雾绡之轻裾。微幽兰之芳蔼兮，步踟蹰于山隅。于是忽焉纵体，以遨以嬉。左倚采旄，右荫桂旗。攘皓腕于神浒兮，采湍濑之玄芝。”

曹植的《洛神赋》使洛神成为中国神话体系中最绚丽夺目、最富魅力的女性形象之一。虽然中国神话体系庞大、内涵广博，但与文学的关系密切程度莫过于洛神。在此后历代各朝的文学作品中几乎到处都有洛神的身影，她以各种形象、姿态、气质和神韵不断走进人们的视野。

清丁观鹏摹晋顾恺之《洛神赋图》(现藏于台北故宫博物院)

洛神賦 并序
黄初三年余朝京師還濟洛川古人
有言斯水之神名曰宓妃感宋玉
對楚王說神女之事遂作斯賦
其詞曰
余從京域言歸東藩背伊闕越
轘轅經通谷陵景山日既西傾車
殆馬煩尔乃稅駕乎蘅皋秣駟
乎芝田容與乎陽林流眄乎洛川
於是精移神駭忽焉思散俯則
未察仰以殊觀睹一麗人于巖
之畔尔乃援御者而告之曰尔有
覿於彼者乎彼何人斯若此之艷
也御者對曰臣聞河洛之神名曰宓
妃則君王之所見也無乃是乎其
狀若何臣願聞之余告之曰其形
也翩若驚鴻婉若游龍榮曜秋
菊華茂春松髣髴兮若輕雲
之蔽月飄颻兮若流風之迴雪遠
而望之皎若太陽升朝霞迫而察
之灼若芙蕖出淥波穠纖得衷
脩短合度肩若削成腰如約素
延頸秀項皓質呈露芳澤無
加鉛華弗御雲髻峩峩脩眉
聯娟丹脣外朗皓齒內鮮明眸
善睞靨輔承權瓌姿艷逸儀
靜體閑柔情綽態媚於語言
奇服曠世骨像應圖披羅衣之

璀粲兮珥瑤碧之華琚戴金
翠之首飾綴明珠以耀軀踐
遠遊之文履曳霧綃之輕裾微
幽蘭之芳藹兮步踟躕於山隅
於是忽焉縱體以遨以嬉左倚
采旄右蔭桂旗攘皓腕於神
滸兮采湍瀨之玄芝余情悅其
淑美兮心振蕩而不怡無良媒
以接歡兮託微波而通辭願誠
素之先達兮解玉佩而要之嗟
佳人之信脩羌習禮而明詩抗瓊
珶以和予兮指潛川而為期執
眷眷之款實兮懼斯靈之我
欺感交甫之棄言兮悵猶豫
而狐疑收和顏以靜志兮申禮
防以自持於是洛靈感焉徙
倚彷徨神光離合乍陰乍陽
竦輕軀以鶴立若將飛而未翔
踐椒塗之郁烈步蘅薄而流
芳超長吟以永慕兮聲哀厲
而彌長尔乃眾靈雜遝命儔嘯
侶或戲清流或翔神渚或采明
珠或拾翠羽從南湘之二妃攜
漢濱之游女歎匏瓜之無匹兮詠
牽牛之獨處揚輕袿之猗靡
翳脩袖以延佇體迅飛鳧飄
忽若神陵波微步羅韈生塵

動無常則若危若安進止難
期若往若還轉眄流精光潤
玉顏含辭未吐氣若幽蘭華
容婀娜令我忘飡於是屏翳收
風川后靜波馮夷鳴鼓女媧
清歌騰文魚以警乘鳴玉鸞
以偕逝六龍儼其齊首載雲
車之容裔鯨鯢踊而夾轂水
禽翔而為衛於是越北沚過南
岡紆素領迴清陽動朱脣以
徐言陳交接之大綱恨人神之
道殊怨盛年之莫當抗羅袂
以掩涕兮淚流襟之浪浪悼良
會之永絕兮哀一逝而異鄉無
微情以效愛兮獻江南之明
璫雖潛處於太陰長寄心
於君王忽不悟其所舍悵神宵
而蔽光於是背下陵高足往
心留遺情想像顧望懷愁冀
靈體之復形御輕舟而上遡
浮長川而忘返思綿綿而增慕
夜耿耿而不寐霑繁霜而至曙
命僕夫而就駕吾將歸乎東路
攬騑轡以抗策悵盤桓而不
能去
子昂

《洛神赋》（[元]赵孟頫）

2. 洛神与河伯的关系

洛水为黄河支流，与黄河共同造就所谓“天下之中”的河洛之地。因而，在中国神话体系中，洛神与黄河水神河伯被视为夫妻。

据说洛神初嫁河伯时，曾有过甜美浪漫的生活。屈原在《九歌 · 河伯》中如此描绘二人相恋时的情景：“与女游兮九河，冲风起兮横波。乘水车兮荷盖，驾两龙兮骖螭。登昆仑兮四望，心飞扬兮浩荡。日将暮兮怅忘归，惟极浦兮寤怀。鱼鳞屋兮龙堂，紫贝阙兮朱宫。灵何为兮水中，乘白鼋兮逐文鱼。与女游兮河之渚；流澌纷兮将来下。与子交手兮东行，送美人兮南浦。波滔滔兮来迎，鱼鳞鳞兮媵予。”根据屈原的描绘，当时河伯陪伴洛神乘坐龙挽荷盖的水车，腾云驾浪，从黄河尾闾“九河”直上源头“昆仑”，又手牵手回归新居鱼鳞屋、紫贝阙。一路上，二人享尽良辰美景，彼此情深意长，令人艳羡。

然而，好景不长。河伯生性风流，喜新厌旧，这使得洛神极为郁闷，遂与河伯诀别，重回洛水。后来夷羿经过洛水，与洛神一见钟情。在这种情况下，关于洛神与河伯的最终结局，说法主要有三：一说天帝知晓河伯的行为后对其大加训斥，洛神也自觉心中愧疚，重回河伯身边；一说河伯知晓洛神与夷羿的恋情后非常嫉妒，变为游龙前去窥视，被夷羿射瞎左眼；还有一种说法认为，天帝得知洛神与夷羿相恋，非常愤怒，不仅没有处罚河伯，反而将洛神贬至尘世。因此，郭沫若在《屈原赋今译》中指出屈原在其所写诗歌中讲述的主要是“男性的河神和女性的洛神讲恋爱”的故事。

洛神美丽绝伦，为旷世佳人，但情感周折，因而被后人赋予情爱女神的功能，管理男女情感问题。正如东晋诗人谢灵运在《江妃赋》中所说，“招魂定情，洛神清思”。但洛神既为水神，主要职责还是确保洛河的安澜。早在黄帝之时，就非常重视洛河的安澜，并亲自主持祭祀，“率群臣东沉璧于洛”。周代及以后沿袭这一传统，仍以贵重的玉璧沉洛水祭祀，可见祭典之隆重。

3.1.3　淮河水神

在中国神话中，淮河水神又称淮涡水神、淮河水怪、淮渎爷等，名无支祁，又名无支祈、巫支祁等。

1. 淮河水神的源流与双重性格

与黄河一样，淮河水神也有其双重性格，既造福一方，也施虐作恶，这可能源于南宋建炎二年（1128年）黄河南徙夺淮对淮河的巨大影响。在此之前，作为“四渎”之一，淮河发源于河南省桐柏山区，独流入海，尾闾通畅，在它的滋养下，两岸旱涝保收，物产丰富，流传着“走千走万，不如淮河两岸”的谚语；在此之后，由于黄河泥沙的长期淤积，淮河下游河道逐渐抬高，不仅灾害频仍，而且在其下游形成中国第四大淡水湖——洪泽湖，并将原本位于淮河北岸、一度极其繁华的泗州城淹没湖底。

（1）孝子无支祁。无支祁以孝子、正神等身份出现，主要流传于淮河中上游地区。在淮河源头桐柏县等地的《淮河的由来》《蛟龙探母》等杂剧中，多称无支祁为孝子变龙；在淮河中游信阳的《乌龙和乌龙集》《龙蛋》等杂剧中，也视其为良蛟善龙。其中，流传于上游的故事与淮河的源头状况和淮河的形成有关，故事的具体情节如下。

相传无支祁为桐柏山山民，与母亲相依为命，生活艰辛，常常吃不饱饭。有一天，他在砍柴途中捡到7枚

《洛神图》（现藏于伦敦大英博物馆，文化传播/FOTOE）

蛟蛋，便带回去给母亲吃。母亲舍不得吃，把它们煮熟后偷偷放进无支祁的饭袋里。上山砍柴的无支祁饿极吃下后，变成蛟龙，所到之处顿成河流。为避免祸及家园，他只好离家出走，每走一程，便回头看看母亲。每回头一次，都会留下一条小河。最终，无支祁走过的路线逐渐串联形成一条大河，即今天的淮河。

（2）淮河水怪无支祁（亦作“无支祈”）。在中国神话体系中，无支祁更多以淮河水怪的形象出现。围绕水怪无支祁的故事有许多版本，其中以他率领十几万山精水怪在淮河源头桐柏山与禹大战，后被天神庚辰擒拿、锁在淮河下游龟山下的故事最为著名。

有关淮河水怪无支祁的记载始于唐代李公佐的传奇小说《李汤》。在书中，李公佐对无支祁的形象和神性特点做了详细的记载：“形若猿猴，缩鼻高额，青躯白首，金目雪牙，颈伸百尺，力逾九象，搏击腾踔疾奔，轻利倏忽”；善变法术，尤其擅长辨识江淮之深浅、沼泽之远近。据说大禹曾三次到淮河源头桐柏山治水，皆因无支祁作怪而未成功。震怒之下，大禹召集精灵山神与之大战，但仍然无法取胜。直到请来天神庚辰，才将其擒住，然后用铁索锁住脖颈、穿金铃于鼻上，将其囚禁在淮安盱眙龟山下。淮河从此安澜畅流，“大禹锁无支祁”的神话由此流传，无支祁“淮涡水神”的称谓也始于此。涡水源于河南开封境内，至安徽怀远县入淮，是淮水的重要支流之一。

在《李汤》中，李公佐还讲述了这样一则故事：唐永泰年间，李汤出任楚州（今淮安）刺史。期间，有渔人在龟山下夜钓，鱼钩被挂住不得动。渔人潜入水下50余丈处，见有大铁索缠绕山根，望不到尽头，遂告知李汤。李汤派人用50头牛将铁索牵拉出来，但见铁索末端锁有一怪兽，“状有如猿，白首长鬐，雪牙金爪”，似在昏睡。待其“双目忽开，光彩若电”，人群惊走，怪兽则徐徐将牛全部拽进水中，再不复出。

无支祁图（日本《唐土行程记》）

外国人眼中的孙悟空（禄是遒《中国民间信仰》）

至宋代，无支祁逐渐被认可为淮河水神。河南境内曾出土一座铁铸无支祁坐像，曲颈偻背，头有双角，高约2米，背部刻有“大宋建中元年三月口日造”字样。

总之，神话故事中的无支祁拥有巨大神通，依附于他的水灵山怪不计其数，屡屡兴风作浪，俨然一方水怪。因此，自元明以来有关无支祁的杂剧戏曲不断涌现，并出现诸多变体。其中，最为著名的便是无支祁成为《西游记》中孙悟空的原型之一。这主要体现在以下三个方面：①形象上，无支祁与孙悟空都是猴形；②遭遇上，无支祁与禹大战一场，被擒获后锁在龟山，千年后被楚州刺史发现，孙悟空大闹天宫后，被镇压在五行山，500年后被路过的唐僧救出；③无支祁与天神庚辰的一战，似乎是孙悟空与二郎神打斗的原型。

宋代铁铸无支祁

（3）泗州圣母。至宋代，无支祁开始以女性形象出现，有泗州圣母、水母娘娘、龟山水母等称谓。在宋代话本《陈巡检梅岭失妻》中，有白猿精自称为“齐天大圣”，其小妹“便是泗州圣母”。元末明初杨景贤杂剧《西游记》第九折“神佛降孙”中有一段孙行者的自白：“小圣弟兄姊妹五人，大姊骊山老母，二妹无支祁圣母，大兄齐天大圣，小圣通天大圣，三弟耍耍三郎。喜时攀藤揽葛，怒时搅海翻江。”在此，无支祁成为孙行者的二妹。明陶宗仪《南村辍耕录》也记载道：“泗州塔下，相传泗州大圣锁水母处。”

《唐僧取经》（《中国出土壁画全集》10）

唐僧与孙悟空
（《中国敦煌壁画全集》12）

泗州圣母的故事主要源于泗州古城沉于洪泽湖底的历史。泗州城地处淮河与汴河交汇处，为南北水陆交通要冲。它始建于北周，隋代毁于战乱，唐代重新兴建，至宋代已十分繁华，加之景色秀丽，朝廷政要、文人墨客无不慕名前来，并留下众多赞美诗句。其中，以宋代诗人梅尧臣的赞美最为直接："官舻客艑满淮汴，车驰马骤无闲时。"明代，泗州城中船舶如流，店铺林立，商贾蚁集，加之明祖陵建于泗州城北，各类祭祀活动使泗州城几乎成为明王朝的"行宫"，空前繁荣。

泗水娘娘（禄是遒《中国民间信仰》）

自1128年黄河开始南徙夺淮后到1194年黄河全面夺淮，随着淮河下游河道的不断淤高，汛期黄河、淮河并涨，频繁淹及泗州地区。据初步统计，在黄河夺淮前的唐开元二十三年至金明昌五年（735—1194年）的1059年间，泗州城被淹29次，平均每36年才发生一次。然而，1194年黄河全面夺淮后，泗州城的被淹越来越频繁，在1194年至1578年洪泽湖形成前的384年间，泗州城被淹43次，平均每8.9年发生一次；而在此后明万历六年至清康熙十九年（1578—1680年）的102年间，泗州城被淹29次，平均每3.5年就发生一次。每次

泗州大圣（《重庆大足石刻雕塑全集》2）

清康熙年间沦陷于洪泽湖中的泗州城（[清]张鹏翮《治河全书》）

大水淹城，都会出现街巷行舟、房舍倾颓、居民溺亡的凄惨景象。为防御洪水，泗州城门皆建有水关，城外则建有月城和月门。一旦洪水漫及城墙，先堵住月门，行人自月城堤上出入。这种型制的古城十分罕见。然而，随着洪泽湖面积的不断扩展，至康熙十九年（1680年），繁华千年的泗州古城最终沉于洪泽湖底，成为中国的水下“庞贝城”。难怪当地人会创造出泗州圣母。

2. 泗州大圣——无支祁的降服者

南宋时，不仅无支祁变为女性形象“水母”，而且降伏者也由大禹变为高僧僧伽，即所谓的“泗州大圣”。据说，僧伽原为唐代高僧（约628—710年），龙朔元年（661年）定居山阳（今江苏淮安）龙兴寺，死后葬于泗州普光王寺，屡显神异以佑百姓，当地人为之建灵瑞塔，并尊称他为“证圣大师”“大圣僧伽和尚”或“泗州大圣”。据《泗州志》记载：“巫支祈屡为水患，僧伽大圣拄锡泗州，说法禁制，建灵瑞塔，淮泗乃安。”据朱熹《楚辞辩证 · 天向》记载：“世俗僧伽降无支祈、许逊斩蛟唇精之类，本无依据，而好事者遂假托撰造以实之。”在喜好游历的罗泌（1131—1189年）所著《路史》中，他补记了许多有关上古洪荒的神话传说，其中辩驳指出“释氏以为（无支祁）即泗州僧伽所降水母”是无稽之谈。这几则信息反映出，南宋时僧伽成为降服无支祁的“泗州大圣”故事已广为流传。

3.1.4 湘水水神

湘水水神有多个名称，即湘君、湘夫人、湘妃等，是洞庭湖及其支流、湘、沅、资、澧等河共有的水神。

湘妃的传说最早见于《山海经 · 中山经》：“又东南一百二十里，曰洞庭之山……帝之二女居之，是常游于江渊……状如人而载蛇，左右手操蛇。”后人多据此认为湘水之神为尧的两个女儿娥皇和女英。二人嫁给舜为妃，称潇、湘二妃。舜晚年南巡，不幸死于苍梧之野，娥皇、女英赶去送丧，因哀伤过度，体力不支，溺死于洞庭湖一带的湘江，遂成为湘江和洞庭湖水神。这一时期的湘妃带有自然神的特点，“神游洞庭之渊，出入潇、湘之浦”。

湘君、湘夫人图（[明]文徵明）

湘夫人图（[清]任熊）

《山海经》中的湘水水神（[明]蒋应镐刻本）

湘君之名最早见于屈原的《九歌》。在《九歌》中，屈原将湘君和湘夫人视为夫妻，并分列《湘君》和《湘夫人》两篇，以华美的词藻热烈地歌咏二人的爱情故事。在屈原的笔下，湘君、湘夫人已脱离《山海经》中的水怪形象而具有了人的形象与情感。关于湘君和湘夫人究竟是谁，历来多有争论。有人认为湘君为男性，即舜；湘夫人为女性，即其二妃娥皇、女英。有人则认为，湘君与湘夫人均为女性，即舜帝的两个女儿，湘君为娥皇，湘夫人为女英。

李公麟小篆《九歌·湘夫人》

帝子降兮北渚，目眇眇兮愁予。袅袅兮秋风，洞庭波兮木叶下。登白薠兮骋望，与佳期兮夕张。鸟何萃兮蘋中，罾何为兮木上。沅有茝兮澧有兰，思公子兮未敢言。荒忽兮远望，观流水兮潺湲。麋何食兮庭中？蛟何为兮水裔？朝驰余马兮江皋，夕济兮西澨。闻佳人兮召予，将腾驾兮偕逝。筑室兮水中，葺之兮荷盖；荪壁兮紫坛，播芳椒兮成堂；桂栋兮兰橑，辛夷楣兮药房；罔薜荔兮为帷，擗蕙櫋兮既张；白玉兮为镇，疏石兰兮为芳；芷葺兮荷屋，缭之兮杜衡。合百草兮实庭，建芳馨兮庑门。九嶷缤兮并迎，灵之来兮如云。捐余袂兮江中，遗余褋兮澧浦。搴汀洲兮杜若，将以遗兮远者；时不可兮骤得，聊逍遥兮容与！

李公麟小篆《九歌·湘君》

君不行兮夷犹，蹇谁留兮中洲？美要眇兮宜修，沛吾乘兮桂舟。令沅湘兮无波，使江水兮安流。望夫君兮未来，吹参差兮谁思？驾飞龙兮北征，邅吾道兮洞庭。薜荔柏兮蕙绸，荪桡兮兰旌。望涔阳兮极浦，横大江兮扬灵。扬灵兮未极，女婵媛兮为余太息。横流涕兮潺湲，隐思君兮陫侧。桂棹兮兰枻，斫冰兮积雪。采薜荔兮水中，搴芙蓉兮木末。心不同兮媒劳，恩不甚兮轻绝。石濑兮浅浅，飞龙兮翩翩。交不忠兮怨长，期不信兮告余以不闲。朝骋骛兮江皋，夕弭节兮北渚。鸟次兮屋上，水周兮堂下。捐余玦兮江中，遗余佩兮澧浦。采芳洲兮杜若，将以遗兮下女。时不可兮再得，聊逍遥兮容与。

至汉代，史学家司马迁在《史记·秦始皇本纪》中则明确指出湘君为女性，分别是娥皇和女英。根据他的记载，秦始皇二十八年（前219年），秦始皇在第三次东巡回程途中渡江前去供奉湘水神的庙宇湘山祠时，适逢大风，几不得渡。问博士“湘君何神”，博士答道：尧的女儿、舜的妻子，葬于此。文学家刘向在《列女传》中持同一观点，认为舜的“二妃死于江湘之间，俗谓之湘君”。但文学家王逸在为《九歌·湘夫人》作注时则认为娥皇和女英是指湘夫人：“尧二女娥皇、女英，随舜不反，没于湘水之渚，因为湘夫人。”对此，晋张华在《博物志》赞同道：“尧之二女，舜之二妃，曰湘夫人。”这一时期的神话体系将湘君、湘夫人与娥皇、女英联系在一起，湘江水神完成了由自然神转变为人神的过程。

《离骚图》中的湘君、湘夫人图（[清]萧云从）

至唐代，关于湘君、湘夫人究竟是谁又有新的说法和依据。韩愈在《黄陵庙碑》中指出：“湘君、湘夫人……尧之长女娥皇为舜正妃，故曰君；其二女女英自宜降曰夫人也。故《九歌》辞谓娥皇为君，谓女英帝子，各以其盛者推言之者。”韩愈以封建帝王的后宫等级制附会于远古时代的君王，将湘君、湘夫人分别与娥皇、女英二妃相对应，这一看法得到后世的普遍认同。

综上所述，历代以来，虽关于湘君和湘夫人究竟是谁颇有争议，但毋庸置疑的是，无论持何种观点者，都一致认同湘君和湘夫人为湘水水神。

娥皇、女英（《百美新咏图传》）

湘君涉江图（傅抱石）

3.1.5　洞庭湖水神

洞庭湖除了与其重要支流湘水拥有共同的水神外，还有自己的水神，即洞庭神君柳毅与龙女。柳毅作为洞庭湖水神的故事起源较晚，至唐代才出现，这与洞庭湖的形成与演变相吻合。

洞庭湖为中国第二大淡水湖，位于素有“九曲回肠”“万里长江，险在荆江”的长江险工段荆江南岸，汇集湘、资、沅、澧四水，接纳松滋、太平、藕池、调弦四口吞吐的长江汹涌洪波。今洞庭湖区在地质时代为河网交错的平原地貌，后在地质活动的作用下，随着荆江金堤的兴筑、荆江三角洲的扩展、北部云梦泽的萎缩等，至唐代，湖面不断扩展，方圆七八百里，号称“八百里洞庭”，水深则达历史最大，夏秋水涨时深可数十尺。洞庭湖的浩瀚恢弘和潋滟澄澈，一方面激发文人墨客的无限诗情，涌现出许多空前绝后的佳句，如孟浩然的“气蒸云梦泽，波撼岳阳城”，杜甫的“吴楚东南坼，乾坤日夜浮”等；另一方面也给过往舟船带来一定程度的安全风险，洞庭湖水神应运而生。

在这种背景下，唐代著名作家李朝威（约766—820年）创作传奇小说《柳毅传》。该故事讲的是唐仪凤年间（676—679年），落第书生柳毅在回乡途中路经泾阳，遇见龙女在荒野牧羊。攀谈中，当龙女得知柳毅回乡途中会路经洞庭湖后，便向他诉说了遭受丈夫泾川君次子和公婆虐待的情形，托柳毅带信给她的父亲洞庭君。柳毅激于义愤，替她投书。洞庭君之弟钱塘君闻知此事后大怒，飞向泾阳，吞杀泾川君次子，救回龙女。洞庭君深感柳毅为人高义，欲将龙女嫁于他，但遭到柳毅的婉言拒绝。柳毅出宫后，倾慕柳毅的龙女扮成渔家姑娘，追随而出，并最终与他结为夫妻，婚后道破装扮实情，与柳毅重返洞庭水府，柳毅被封为洞庭神君。

萬壽祺畫柳毅逢龍女圖

柳毅逢龙女图（万寿祺）

《柳毅传》将柳毅的正直磊落、龙女的一往情深与钱塘君的刚直暴烈刻画得颇为鲜明，对龙女和柳毅的心理描写尤为淋漓尽致，因而至晚唐时广为流传。唐末裴铏曾在其所著《传奇 · 萧旷》中指出，“近日人世或传柳毅灵姻之事”。唐末传奇小说《灵应传》被称为《柳毅传》的姊妹篇，讲述的主要是洞庭龙女后代九娘子的故事，其中也讲到钱塘君与泾阳君之间的大战。

龙宫水府图（[元]朱玉）

据故宫博物院专家考证，该图取材于“柳毅传书”的情节。作者选取柳毅下马揖见、龙王率侍从出门迎请的一瞬，形象地描绘出龙宫宫阙上下翻腾起伏的海浪及其与凡间环境的迥异，并成功地刻画出柳毅的平静与龙王的恭谨等人物性格和心态。

至元代，著名戏曲作家尚仲贤在《柳毅传》的基础上写成杂剧《柳毅传书》。书中通过第三者电母之口，把钱塘君与泾河小龙的一场搏斗描写得神奇怪谲、变化无穷、色彩斑斓，开中国神话故事剧之先河。此后明代戏曲作家黄惟楫的《龙绡记》、江苏苏州名流许自昌的《橘浦记》、清代戏曲作家李渔的《蜃中楼》等都取材于《柳毅传》。直到现代，这一动人的人神相爱故事仍是不同剧种的传统经典剧目之一，如评剧《张羽煮海》、越剧和京剧《龙女牧羊》等。

柳毅传书（2004年特种邮票《民间传说》之一）

该套邮票共4枚，内容分别为“龙女托书”“传书洞庭”“骨肉团聚”“义重情深”。

除谦谦君子的形象外，洞庭神君还有其暴虐的一面。这可能源于洞庭湖风平浪静时赐人以福祉、狂风巨浪时给人以灾害的特点。据清蒲松龄《聊斋志异·织成》文末的记载：柳毅继位洞庭君后，龙王担心柳毅外表文弱，难以慑服水怪，便送给他一幅鬼面面具，白天遮面，晚间摘除。久而久之，柳毅习以为常，忘记摘除，鬼面面具遂与其面部合而为一。柳毅照镜看到后深以为耻，所以每当湖上行人以手指物时，就会疑心是在指着嘲笑自己；每当行人以手覆额时，就会疑心是在不怀好意地窥视自己。恼羞之余，往往掀起风浪，致舟覆没。又据清东轩主人《述异记》记载：“洞庭神君相传为柳毅。其神立像，赤面，獠牙，朱发，狞如夜叉，以一手遮额覆目而视，一手指湖旁，从神亦然。舟往来者必临祭，舟中之人不敢一字妄语，尤不可以手指物及遮额。不意犯之，则有风涛之险。”于是人们便在洞庭湖君山上修建洞庭庙，过往洞庭湖的人都会入庙祭拜，祈求平安。洞庭庙至今仍屹立于君山秋月岭山麓，气势恢宏。

在洞庭湖龙口和龙舌山尾部有一口柳毅井。据《巴陵县志》记载，井边原有一棵大桔树，柳毅当年就是从该处下水入龙宫送信的。该井建于何时已难考证，今日所见的柳毅井为1979年重修。

3.1.6 长江诸水神

长江是中国最长的河流，全长6300余公里，东西横贯11个省、自治区和直辖市，沿途聚集众多民族；长江还是中国水量最为丰富的河流，水系发达，汇集大小支流千余条。长江干流分为上、中、下三段：宜昌以上为上游，汇入的支流主要包括北岸的岷江、嘉陵江和南岸的乌江；宜昌至湖口为中游，汇入的支流主要包括南岸洞庭湖水系的湘、资、沅、澧四水和鄱阳湖水系的赣、抚、信、修、饶五水，北岸则有汉江，且最为著名的险工段荆江也位于中游；湖口以下为下游，汇入的支流主要包括南岸的青弋江、水阳江水系、太湖水系和北岸的巢湖水系。因此，长江水神的产生与演绎带有显著的地域和民族特点。自源头至入海口，各段都有自己的水神。除最为知名的湘水水神和洞庭湖水神外，还有其他水神。

1. 长江上游的水神

长江上游的江神中以奇相最为知名。

据宋代学者张唐英《蜀梼杌》记载，奇相为上古部落首领震蒙氏的女儿，因偷窃黄帝即位加冕时九天玄女所赐上古异宝玄珠而被沉江，死后化为江神。

根据《一统志》记载，奇相生于今四川省汶川县，“马首龙身”曾相助大禹治理长江。当地人为感念她的功绩，立祠祭祀。

秦统一天下后，在岷江上游立有专门的江渎祠或江渎庙，祭祀“四渎”之一长江水神。汉代，多次遣官祭祀。对此，《史记 · 封禅书》有详细记载：“江水，祠蜀。”《汉书 · 郊祀志》也有类似记载：“秦并天下，立江渎庙于蜀。”

2. 长江中游的水神

长江中游的水神以湘水水神和洞庭湖水神最为知名，此外还包括萧公爷爷、晏公爷爷和汉江水神等。

萧公爷爷和晏公爷爷原是长江中游江西省流传最为广泛的水神，至明初因朝廷推崇而成为全国性水神，各地纷纷立庙奉祀。

（1）萧公。又称萧公爷爷，为临江府大洋洲人（今江西省吉安市新干县）。据《三教源流搜神大全》记载，萧公爷爷姓萧，名伯轩，龙眉蛟发，美髭髯，面如童，为人刚正自持，言笑不苟。宋咸淳年间去世，化而为神。据说，萧公生前常有令人不解的举动，如与人喝酒之际，往往会突然伏案沉睡，醒来后告知众人，刚刚江中有船只沉溺，他正前去解救。众人中有好事者即刻跑去萧公所说之处，果见有船只沉溺江中，

楚三闾大夫屈原画像（清殿藏本）

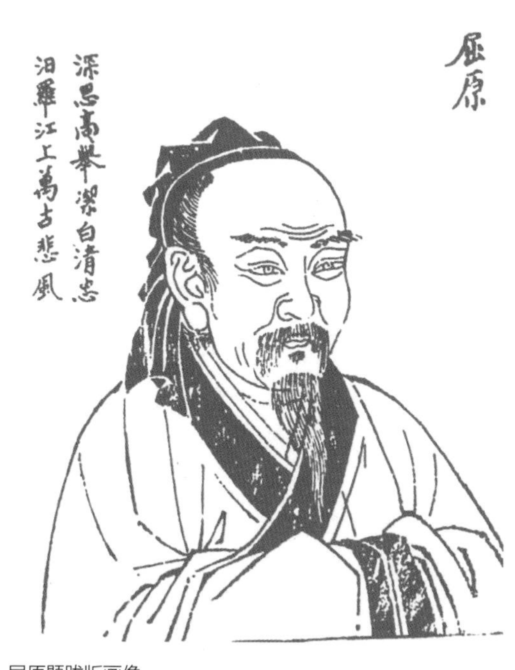

屈原题跋版画像

而被救之人正在江边哭泣。类似灵异事件多次得到验证后，萧公名声大振，82岁时无疾而终。萧公刚去世时，许多人尚不得知。传说有一船户在江中遇到萧公，萧公请其将一锭铁锚捎回萧家。该铁锚在临江大洪水时被冲走，搬运时沉重异常，但将其置于舱内后，它却变得非常轻便，丝毫不影响船只的行速。当船户将铁锚送至萧家时，才得知萧公已去世。萧公生前和事后所展现的各种灵异现象，使当地人对他极为尊崇，并将其视为水神，立庙祭祀，祈求他保佑行船平安，每每有求必应。

元末，朱元璋与陈友谅曾在鄱阳湖大战，最后以朱元璋的胜利而告终。据说，正当两军酣战之际，数万天兵天将从天而降，前来帮助朱元璋，其战旗上均书“萧公”二字。明朝建立后，朱元璋感念萧公的功德，封其为“水府灵通广济显应英佑侯”，并遣官祭祀。至此，明朝军队驻地往往立有萧公庙宇或安置其神位，漕运官兵对他的奉祀也极为虔诚。

萧公爷爷（《三教源流搜神大全》）

外国人眼中的萧公爷爷（禄是遒《中国民间信仰研究》）

萧公的子孙死后都成为其下辖的阴官阴兵，专门负责搭救江中船翻落水的行人。因此，在今江西省新干县的萧公庙中，不仅设有萧公的神位，还有其子萧祥叔、其孙萧天任的神位。一家三代，同祀一庙，这在神话体系中是非常少见的。农历四月初一为萧公诞辰日，每年这一天，江西民间都会举行隆重的祭祀活动。

（2）晏公。江西临江府还有一位称晏公的水神，为清江镇人（今樟树市）。因为他与萧公为同乡，人们常将二人共祀一庙，称萧晏二公庙。据《三教源流搜神大全》记载，晏公名戍仔，浓眉虬髯，面如黑漆，平生疾恶如仇，被视为作恶之人的克星和正义的化身。当地人稍做不善之举，必有人向其发出警告式质疑，“晏公得无知乎”，可见人们对他的敬惮。

元初，晏公以人才应选入官，为文锦局堂长。后因病归乡，刚登上船只便溘然而逝。他的随从便按照当地风俗将其收敛入棺，送归故里。抵达故里之前，乡邻曾见他驰马奔向旷野。一个月后，当运送棺椁的船只抵达时，乡邻才知晓他的死讯，惊骇之余，经询问得知见到晏公骑马而去之日正是他实际去世之时。打开棺盖，棺内根本不见尸身。众人知其已飞升为仙，便立庙祭祀。从此，晏公便显灵于河湖，凡遇风涛汹涌，商贾有所求时，必显神通，保护其水途安妥，舟航稳载。明洪武初年（1368年），朱元璋诏封晏公为显应平浪侯。据说，农历十月初三为晏公诞辰日，每年这一天，人们都会举行祭奠晏公的活动。

晏公爷爷（《三教源流搜神大全》）

外国人眼中的晏公爷爷（禄是遒《中国民间信仰研究》）

（3）汉江女神。汉江女神传说最初与《诗经·周南·汉广》中的“汉有游女”有关，后来演绎出“汉女解佩”的故事。据东晋王嘉所著神话志怪小说集《拾遗记》记载，汉水女神有二，一名延娟，一名延娱，为东瓯献给周昭王的掌扇侍女。周昭王在南巡期间溺死汉水，当时二女与周昭王同乘一船，“夹拥王身，同溺于水”，死后化为神女。“数十年间，人于江汉之上犹见王与二女乘舟戏于水际”。由此，《后汉书·马融传》记载道：“湘灵下，汉女游。”注曰：“汉女，汉水之神女。”传说二女成仙后还曾将好色的周朝人郑交甫戏弄一番。据《列仙传》记载，西周时期，郑交甫前往楚国，途经汉水之滨，遇见江妃二女，很喜欢她们。郑交甫不知二女是神女，以言语进行挑逗，并请求她们以所戴玉佩相赠。神女机智善意地答复了郑交甫的问题，并解下玉佩送给他。郑交甫把它们珍藏在怀中，但转身刚走几步，再看怀中，玉佩已不翼而飞，回头看二女，也不见踪影。汉代文学以赋著称，许多赋作中都留下“汉水女神”的芳姿。如扬雄在《羽猎赋》中写道：“汉水女潜，怪物暗冥不可惮形。”东汉王逸在《楚辞·九思》中写道：“周徘徊兮汉渚，求水神兮灵女。”张衡在《南都赋》中写道：“耕父扬光于清冷之渊，游女弄珠于汉皋之曲。”三国时，曹植在《洛神赋》中也发出感慨：“愿交甫之弃言兮，怅犹豫而狐疑。”“从南湘之二妃，携汉滨之游女。”在《七启》中又写道：“讽汉广之所求，觌游女于水滨。”此后，“交甫解佩”“游女弄珠”便成为典故，在文学作品中屡被引用。

《列仙传》中的江妃二女（[明]王世贞）

颐和园长廊彩画中的“江妃二女”（《颐和园长廊彩画故事全集》）

3. 长江下游的水神

长江下游的水神主要有扬子江三水府和大姑小姑等。

（1）扬子江三水府，又称水府三官。长江下游俗称扬子江，民间将其分为上、中、下三段，分设三水府，各水府均有水神主持。其中，上水府在马当山，中水府在采石山，下水府在金山。据《五代史》记载，三水府之神始于五代。南吴乾贞二年（928年）封上水府为广佑宁江王，中水府为济远定江王，下水府为灵肃镇江王，三水府均设庙宇供人致祭。北宋大中祥符二年（1009年）八月，改封上水府为福善安江王，中水府为顺圣平江王，下水府为昭信泰江王；三水府神遂与江渎神并存。

扬子江三水府（《三教源流搜神大全》）

（2）大姑、小姑女神。二位女神分别由大孤山、小孤山转音附会而来。据乾隆《江南通志》记载，小孤山位于安徽省宿松县东南，在长江北岸鄱阳湖口处，与“南岸澎浪矶相对，江流至此湍激如沸”。元天历年间（1328—1330年），立铁柱于山，曰“海门第一关”。又据陆游《入蜀记》记载，小孤山对岸的彭浪矶，“舟过矶，虽无风亦浪涌”。大孤山与小孤山相距不远，唐代诗人顾况曾以“大孤山尽小孤出”的诗句形象地描述了二山之间的位置关系。这一带的航行条件如此险峻恶劣，至迟到魏晋时期大小姑水神已在当地兴起，分别于大小孤山设立大姑庙、小姑庙。南宋绍兴五年（1135年）八月，宋高宗赐额“惠济”，大小姑女神开始得到官方认可。

小孤山（《三才图会》）

20世纪初的小孤山（《亚细亚大观 第三辑》）

3.1.7 济水水神

济水水神并无确指。古时济水与长江、黄河、淮水合称四渎，是列入国家祭祀的河流。以其“水清莫如济，故济以清名”，唐代封为“清源公”，宋代封为“清源王”，元代封为“清源汉济王”。明洪武二年（1369年），朱元璋颁布《太祖改正岳渎神号诏》：“朕以礼祀神之意，四海称东海之神，南海之神，西海之神，北海之神。四渎称东渎大淮之神，南渎大江之神，西渎大河之神，北渎大济之神。”据此可知，明代将其封为北渎大济之神。清康熙帝和乾隆帝分别为济渎庙亲书“沇济灵源”“流清普惠”的匾额。

由于济水水神并无确指，所以关于他的事迹传说很少，只在唐代小说《酉阳杂俎》中有所记载。约在十六国南燕时期，今山东平原县长白山上居住着一位名叫邵敬伯的人。一天，有人请他代吴江神送信给济水神，并告知他只要在济水边松树林中摘片叶子扔进河中，就会有人来接。最终，邵敬伯被带到一座富丽堂皇的水底宫殿，一位长者坐在水晶床上，身边侍卫身穿铠甲，圆目怒睁，气象森严。长者接过吴江神的信，看过后预言道：“裕兴超灭。”果然，宋武帝刘裕当年即灭掉慕容超的南燕王朝。

《大明诏旨碑》碑侧济水水神雕像拓片

济渎庙寝宫中正在卧睡的济水水神（杨其格）

今河南省济源市济渎庙的寝宫正中供奉着济水水神及其三位夫人，济水水神正在塌上卧睡。据说只要济水水神酣睡，天下就会风调雨顺。

济渎庙寝宫及其楹联（杨其格）

门外楹联为“河神高枕农无患，黎庶安康民长歌”。

3.1.8 运河水神

运河之神为金龙四大王、由南宋末年爱国书生谢绪所化。元代京杭运河全线贯通后，沿线的杭州、北京、天津、嘉兴、邳州等地多建有“金龙四大王庙”。

谢绪，南宋钱塘县（今浙江杭州）人，南宋末年宋理宗谢皇后之侄。面对金元等外族的不断入侵，谢绪十分悲愤，隐居钱塘金龙山。德祐二年（1275年），元军攻占临安城（今浙江杭州），谢太后和五岁的小皇帝宋恭帝被俘，押解北上。谢绪四方奔走，联络抗元，但大势已去，终难挽回，国破君辱，绝望之余，投身苕溪自尽。相传谢绪因“忠愤不舒，壮志未酬，尸体竟逆流而上”，人们崇敬其高尚的气节和情操，在苕溪北立庙祭祀。

金龙四大王像

京杭运河全线开通后，自今江苏徐州至淮安间的运道需借助黄河河道，其间吕梁洪段最为险峻。据传，元末朱元璋曾与元军战于吕梁洪，元军占据上游，明军居下游，形势对明军极为不利。这时，忽见风涛大作，卷黄河水倒流，元军大败。当晚，朱元璋梦见一儒生素服前来拜见道：“臣为宋人谢绪，特来助真人破敌。”次日，朱元璋即封谢绪为金龙四大王。之所以赐此封号，因谢绪曾隐居金龙山，且在兄弟中排行第四，其庙遂称四大王庙。

明永乐帝重开会通河时，谢绪也来相助，在维护漕运方面也屡显灵异。景泰年间，开始将金龙四大王纳入国家祭祀体系，并于会通河沿线常受黄河北决侵扰的沙湾建金龙四大王祠。清顺治二年至光绪五年间（1645—1879年），经历代皇帝颁赐，他已拥有“显佑通济昭灵效顺广利安民惠孚普运护国孚泽绥疆敷仁保康赞翊宣诚灵感辅化襄猷溥靖德庇锡佑国济”共四十四字的封号，“金龙四大王”在明清时期的地位之高由此可见一斑。

金龙四大王（禄是遒《中国民间信仰》）

山东聊城山陕会馆中的金龙四大王谢绪雕像（魏建国、王颖）

3.1.9 海神

东、西、南、北四海与大川、名源、渊泽、井泉一样，是国家祭祀体系的重要组成部分。由于在宇宙和地理概念等方面认知的局限性，古人认为他们居住的大陆四面被海水包围。换言之，四海是古人基于“中国”“天下”的构架而设想出来的，有“四方”“四边”之谓。国家和地方专庙对四海海神的祭祀目的，除保佑海上航船和沿海居民安全外，更多地在于利用四海海神的护佑功能，祈求风调雨顺，保障社稷安宁和政权稳定，即强调四海在国家政治地理空间中的意义，所谓“天子宅中，以临四海”。

1. 四海海神的形象与神性

中国地势西高东低，呈阶梯状分布，导致大江大河自西向东奔流入海，海洋成为“众水之所聚”。古人按方位将其分为东、南、西、北四海。最早的四海海神分别为：东海海神禺虢、南海海神不廷胡余、西海海神弇兹、北海海神禺疆（又称禺京、禺强）。

有关四海海神形象与称谓的记载最早见于《山海经》，相关内容分别如下。

《大荒东经》记载的东海之神："人面鸟身，珥两黄蛇，践两黄蛇，名曰禺虢。黄帝生禺猇，禺猇生禺京。禺京处北海，禺猇处东海，是为海神。"

《大荒南经》记载的南海之神："人面，珥两青蛇，践两青蛇，曰不廷胡余。"

《大荒西经》记载的西海之神："人面鸟身，珥两青蛇，践两赤蛇，名曰弇兹。"

《大荒北经》记载的北海之神："人面鸟身，珥两青蛇，践两赤蛇，名曰禺疆。"

根据上述记载可知，四海海神中，东海海神禺猇与北海海神禺疆为父子关系。四海海神中，东海、西海、北海三位海神的形象基本相同，都是人面鸟身，耳挂两蛇，脚踏两蛇。仅南海海神例外，它耳挂两蛇、脚踏两蛇的特征与其他海神一致，也同为人面，但非鸟身。从早期海神大多为鸟身且耳挂两蛇、脚踏两蛇的神性特征看，它们应为东夷鸟图腾部落的后裔。

自"四海"的概念出现后，其称谓曾出现不同的说法。西周吕尚所著的《太公金匮》认为，"东海之神曰句芒，南海之神曰祝融，西海之神曰蓐收，北海之神曰玄冥"。除北海之神外，这些称谓恰与《山海经》中的四方称谓相一致，是将四海海神与四方神混淆的结果，四方之神的形象与称谓分别如下。

《海外东经》："东方句芒，鸟身人面，乘两龙。"

《海外西经》："西方蓐收，左耳有蛇，乘两龙。"

《海外南经》："南方祝融，兽身人面，乘两龙。"

《海外北经》："北方禺疆，人面鸟身，珥两青蛇，践两青蛇。"

南海海神（《山海经》）

西海海神（《山海经》）

北海海神（《山海经》）

根据上述记载可知，与前述四海海神相比，这些四方之神神性特征的最大变化在于由脚踏两蛇变成乘坐两龙。

东方句芒（《山海经》）

西方蓐收（《山海经》）

南方祝融（《山海经》）

北方禺疆（《山海经》）

随着东夷族的不断被征服和佛教的传入，早期海神信仰逐渐衰弱，四海龙王开始出现并逐渐取而代之（详见“龙王”一节）。一般认为，大的龙王有四位，掌管东、西、南、北四方之海，称四海龙王；小的龙王存于一切水域。在此后的神话故事中，四海全部由龙王掌管，四海龙王成为海中之王、水族统帅和海洋世界的最高统治者。

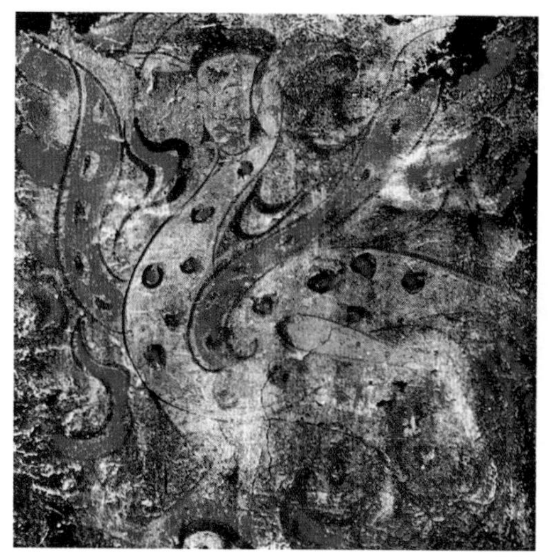

句芒图（《中国出土壁画全集》5）

该图出土于河南省洛阳市烧沟村西卜千秋墓，现存洛阳古墓博物馆。图中，句芒人面鸟身，头上绾髻，双足做行进状。

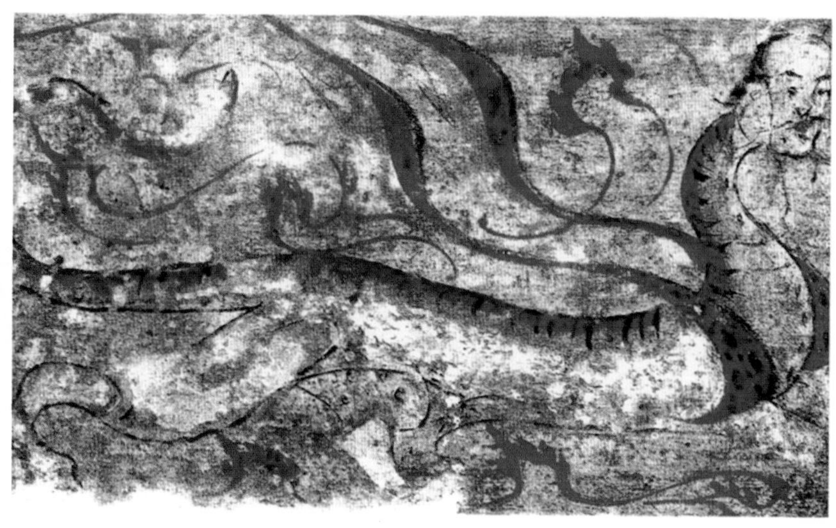

蓐收图（《中国出土壁画全集》5）

该图出土于河南省洛阳市金谷园村汉墓，现存洛阳古墓博物馆。图中，蓐收人面虎身，秃顶，粗眉朱唇，八字胡须。身绘条形虎斑纹，双翅振羽，虎尾上翘，四爪做奔走状。

2. 妈祖

妈祖，又称天妃、天后、天上圣母、妈祖婆、辅斗元君和娘妈等称谓，是海上保护神。这是因为古代海上航行经常遭遇逆风而行或受到飓风骇浪的袭击而船覆人亡，为祈求顺风而行和航程安全，他们把希望寄托于神灵的保佑。于是，在海外贸易最为发达的宋元时期，妈祖应运而生，并逐渐成为全国性的海神，并远播海外。

据说，妈祖的真名为林默，小名默娘，故又称林默娘，福建莆田县湄洲岛人，诞生于宋建隆元年（960年）三月二十三日，雍熙四年（987年）九月初九日去世。林默从小聪颖过人，读书过目成诵，16岁时即能通晓变化，妙用玄机。曾应县令之请，登坛祈雨，获降甘霖，还常在大海怒涛狂澜之时救护过遇难船只，屡显神

天后娘娘（禄是遒《中国民间信仰》）

破惊涛遂救严亲（《天后圣母事迹图志册》）

异。死后被奉为海神，保护航海人的安全。

传说中的妈祖显圣，始于北宋宣和四年（1122年）。据《湄洲屿志略·卷二·封号》和《三教源流搜神大全》记载，这一年，给事中路允迪率船队出使高丽，途中遭遇大风，船队几乎被海浪吞没，情急之下，求助妈祖。妈祖果然降临，“明霞散绮，见有人登樯竿旋舞，持舵甚力，久之获安济”。路允迪“感神功，奏上”，宋徽宗命“立庙江口祀之”，并赐“顺济”匾额。

《三教源流搜神大全》还记载了妈祖显灵救助遭遇海难的同胞兄弟的故事。据说，妈祖有兄弟四人，常年经商，奔波于各海岛之间。有一天，妈祖突然陷于沉睡，被惊慌不已的父母喊醒后懊恼不已。原来，当时她的四位兄弟正遭遇海难，沉睡中的妈祖刚将三位兄弟救出，就被父母喊醒，导致一位兄弟未能得救。妈祖的父母原以为她在说梦话，结果仅有三位脱险的兄弟回家，证实妈祖所言非虚。

除了护佑航海之人外，妈祖在其他方面也有求必应，屡屡显圣。

一是协助漕运。元代定都大都（今北京）后，漕粮一度实行海运，至天津后再转内河和陆运至大都。在《天后圣母事迹图志》中绘有一幅“波涛中默佑漕船”图，其文字说明记载道：天历元年（1329年），海运漕船遭遇大风浪，“七昼夜不息”，船员祷告于妈祖，“见神灵陟降，少顷，怒涛顿平，运艘无失”。于是，上奏朝廷，朝廷令在浙江、福建等省沿海地区设置15处场所祭祀妈祖。另外，还有“垂神灯粮船有赖”图，记载的事迹与此类似。此后，为防止海运途中遭遇海难，多求助于海神妈祖护佑，海运所经之地也多建有天妃庙，如天津天后宫等，这些都是祈求妈祖保护漕运的产物。

二是布雨祈晴。在古代，遇到天旱，最初是祭祀雨师以求雨，后改为祭祀龙王以求其行云布雨，在沿海地区则向妈祖求雨。在《天后圣母事迹图志》中有一幅“祷苍穹雨济万民”图，描述的是福建莆田地区天旱祈雨

波涛中默佑漕船（《天后圣母事迹图志全集》）　垂神灯粮船有赖（《天后圣母事迹图志全集》）　祷苍穹雨济万民（《天后圣母事迹图志全集》）

的情形。根据文字记载，当时父老都建议请妈祖祈雨，妈祖同意后，“拟壬午申刻当雨”，“至期，大沛甘露，遂获有秋”。在《天后本传》中也有一幅“片云致雨”图，讲述的内容与此类似。

天旱求雨祭祀妈祖，久雨不晴也祈求妈祖。在《天后圣母事迹图志》中，有“止阴雨万民沾恩”图，相应的文字记载道：宋庆元四年（1198年），大旱，民不聊生，求助妈祖，“越三日，大霁”。另有“奉圣旨锁获双龙”图，相应的文字记载道：有一年自春至夏，福建莆田地区淫雨不止，省官上奏朝廷，朝廷命所在有司祭祀祈雨。众人求助妈祖，妈祖“为邑造福，见白虬奔跃，二龙游荡，后用灵符锁住白虬，遽有金甲神人追逐，二龙遁去，即大霁”。古代人们认为雨水过多为龙所致，要想晴天，必须求助妈祖唤龙止雨。

三是护佑海塘。南宋嘉熙元年（1237年），钱塘江潮冲塌海堤，潮水漫至艮山，人们求助妈祖后，水势倒流，百姓趁机修筑海堤。

有鉴于此，从南宋绍兴二十六年（1156年）起至清代，历代各朝先后30多次对妈祖进行册封，封号由2字累至64字。爵位由最初的夫人到妃、天妃、圣妃、天后，最后为天后之神，由人及神，妈祖的神格提至极限。历代朝廷还为天后御赐题匾，宋元明三朝各赐一匾额，清代则赐匾额30余次，其中同治、光绪朝就有20次。清代，还对妈祖实行春秋两祭，几乎把天后与孔子、关帝并列。这些都说明历代朝廷对妈祖信仰的高度重视，也是妈祖信仰在全国不断扩大的有力见证。

海神妈祖不仅源于海外贸易最为发达的宋元时期，而且随着海外商贸的广泛开展而不断向海外传播，至明代则有郑和7次下西洋，此外还有大量移民为所去国家带去妈祖信仰，这些都有力地推动了妈祖信仰在海外的传播。

止阴雨万民沾恩（《天后圣母事迹图志全集》）　奉圣旨锁获双龙（《天后圣母事迹图志全集》）　筑堤岸越水潮平（《天后圣母事迹图志全集》）

妈祖在历代各朝的封号情况表

朝代	历史纪年	公元纪年	封号
宋	宣和五年	1123年	宋徽宗赐“顺济”庙额
	绍兴二十六年	1156年	宋高宗封“灵惠夫人”
	绍兴三十年	1160年	宋高宗加封“灵惠昭应夫人”
	乾道二年	1166年	宋孝宗封“灵惠昭应崇福夫人”
	淳熙十二年	1184年	宋孝宗封“灵慈昭应崇福善利夫人”
	绍熙三年	1192年	宋光宗诏封“灵惠妃”
	庆元四年	1198年	宋宁宗封“慈惠夫人”
	嘉定元年	1208年	宋宁宗封“显卫”
	嘉定十年	1217年	宋宁宗封“灵惠助顺显卫英烈妃”
	嘉熙三年	1239年	宋理宗封“灵惠助顺嘉应英烈妃”
	宝祐二年	1254年	宋理宗封“灵惠助顺嘉应英烈协正妃”
	宝祐四年	1256年	宋理宗封“灵惠协正嘉应慈济妃”
	开庆元年	1259年	宋理宗封“显济妃”
	景定三年	1262年	宋理宗封“灵惠显济嘉应善庆妃”
元	至元十五年	1278年	元世祖封“护国明著灵惠协正善庆显济天妃”
	至元十八年	1281年	元世祖封“护国明著天妃”
	至元二十六年	1289年	元世祖封“护国显佑明著天妃”
	大德三年	1299年	元成宗封曰“辅圣庇民明著天妃”
	延祐元年	1314年	元仁宗加封“护国庇民广济明著天妃”
	天历二年	1329年	元文宗封“护国庇民广济福惠明著天妃”
	至正十四年	1354年	元惠宗（元顺帝）封“辅国护圣庇民广济福惠明著天妃”
明	洪武五年	1372年	明太祖封“昭孝纯正孚济感应圣妃”
	永乐七年	1409年	明成祖封“护国庇民妙灵昭应弘仁普济天妃”
清	康熙二十三年	1684年	清圣祖封“护国庇民妙灵昭应仁慈天后”
	乾隆二年	1737年	清高宗封“妙灵昭应宏仁普济福佑群生天后”
	嘉庆五年	1814年	清仁宗封“护国庇民妙灵昭应弘仁普济福佑群生诚感咸孚显神赞顺垂慈笃祐天后”
	道光十九年	1839年	清宣宗封“护国庇民妙灵昭应弘仁普济福佑群生诚感咸孚显神赞顺垂慈笃祜安澜利运泽覃海宇天后”
	咸丰七年	1857年	清文宗封“护国庇民妙灵昭应弘仁普济福佑群生诚感咸孚显神赞顺垂慈笃祜安澜利运泽覃海宇恬波宣惠道流衍庆靖洋锡祉恩周德溥卫漕保泰振武绥疆天后之神”

妈祖信仰从产生至今，经历了1000多年，起初作为民间信仰，后成为历朝历代国家祭祀的对象，其延续之久、传播之广、影响之深，是其他民间信仰所不曾有过的。历代皇帝的尊崇和褒封，使妈祖由民间神提升为官方的航海保护神，而且神格越来越高，传播的面越来越广，由莆田到泉州，再走向五湖四海，达到无人不知、无神能替代的程度。

3. 潮神

海神中，除了上述的四海海神、四海龙王、妈祖外，还有潮神。潮神中，以钱塘江潮神伍子胥最为知名。

相传春秋时期，楚国人伍子胥的父亲和兄弟都被楚平王杀害，于是他逃到吴国。智勇双全的伍子胥受到吴王阖闾的重用，在伍子胥的帮助下，吴国灭掉楚国和越国，伍子胥也随之报了父兄被杀之仇。吴王阖闾死后，太子夫差即位，但他不仅不念伍子胥的功绩，反而听信谗言，将伍子胥赐死。临死之际，伍子胥悲愤地对儿子说：我死后，你将我的眼睛挖出挂在城门上，我要亲眼看着越国大军杀来；然后再用鲶鱼皮裹住我的尸体投入钱塘江中，我会在朝暮时分随潮而来，亲眼看着吴国走向灭亡。此后，每当伍子胥心中的怨气喷发时，强大的怨气就会驱使着江潮铺天盖地、汹涌澎湃而来，犹如万马奔腾，势不可挡。八月十八日是伍子胥的生日，因此这一天的涌潮之势最大。

对于涌潮的成因，古人无法加以科学的解释，于是将其想象成伍子胥屈死的冤魂驱使潮水而来。直到东汉时期，王充在《论衡》中驳斥了这种说法，认为“涛之起之，随月盛衰”，人们才逐渐认识到潮汐是由月亮引起的。

伍子胥半身像

伍子胥苏州石刻像

3.1.10　井泉之神

井神是中国古代神话中掌管水井出水水量和水质的神祇。

早在六七千年前，中国已出现水井，浙江余姚河姆渡文化遗址中出土的木构水井是迄今发现的最早水井遗址。东汉王充在《论衡 · 感虚篇》中引用尧时的击壤歌记载道：“吾日出而作，日入而息，凿井而饮，耕田而食，帝何力于我哉？”据此可知，尧时已有水井，主要用来提供生活饮水。后来，逐渐发展出不同规模的井灌工程。水井在人们生产生活中的作用日益增强。

有关祀井的记载最早见于《淮南子 · 时则训》：“其祀井，祭先肾。”注曰：“井水给人，故祀也。”由此可见，随着凿井技术的发展和井灌在农田园圃中的推广应用，“井神”应运而生，并受到相应的祭拜。目前流传下来的诸多传说，大多源于将挖井人或有关名人视为井的守护神这一习俗。

井神（禄是遒《中国民间信仰》）

风、雨、雷三神（《三教源流搜神大全》）

民间最有名的井神，要数柳毅。柳毅井位于洞庭湖君山龙口部位。据《巴陵县志》记载，这里是当年柳毅传书进入洞庭龙宫时的入水之处。柳毅传书给龙君，接回受到虐待的小龙女后，龙君招其为婿，并将其留居洞庭水府，主管洞庭水府与人界的进出口，即柳毅井。由此，柳毅成为当地广为传颂的井神。

元代有传说认为井神为一女子，负责保护井水的水质。据《湖海新闻夷坚续志后集》记载，宜兴人吴湛住在荆溪边，居所旁有一泉，清澈甘美，许多人都来此取水。为避免脏物入井，吴湛编制竹篱加以遮护，由此感动泉神。有一天，吴湛在泉侧捡到一白螺，回家后放到瓮里养着。自此，每次外出归来，家中厨房都放有做好的饭菜。吴湛感到很奇怪，便在某一天外出后偷转回家窥看，但见一女子从螺壳中出来做饭。吴湛突然闯入，女子大窘，并如实相告，她是泉神，因吴湛敬护泉源，且又独居，便来为他做饭，吃过她做的饭菜的人便会得道成仙。说罢，忽然不见。该故事是当地广为流传的“螺女故事”的变体。井中有泉源，故泉神也作井神。该则故事也反映出当地人对井水水质保护的重视。

据明代首辅朱国祯的《涌幢小品》记载，井神乃一人鬼，为解决当地干旱问题，违背龙王旨意在井上求雨而死，死后成为井神。相传宋初，江西贵溪县大旱，郭姓神巫在井上求雨，所吹白牛角忽然掉到井里。郭巫下井去取，见水中有楼台，一老翁坐在当中，两旁侍卫森列，他的白牛角正放在窗间。郭巫要求归还他的牛角，老翁道：“大旱乃天数，这一方的雨旱并不由我独自做主，你们不修诚意以感动上天，却在这里昼夜吵闹，实在可厌！故把夺你的牛角。”但在郭巫的恳请下，老翁最终还是命人将白牛角归还于他。此后，当地又大旱。大家又要郭巫在井边求雨，期间他的白牛角又落入井中，郭巫下去取，但这一次没能再活着上来。五日之后，他的尸体漂浮在山前潭水中，僵坐不仆，并托梦给乡亲：“我乃郭巫，前几天入井取白牛角时，龙王（即井中老翁）说既然我再入冥间，便不许回至阳世，命我掌此井之祠。”乡人为他立祠，有祷则应，很是灵验。

3.2 气象之神

气象崇拜的核心神祇为雨神，因为雨直接影响农业生产，其他自然现象如风、云、雷、闪电等都与降雨有关，因而同样受到崇拜。中国古代以农业立国，为祈求风调雨顺，一直对这些自然神祇保持着虔诚的信仰。

主风主雨主雷主电风伯雨师众水陆画轴（《山西珍贵文物档案》第3册）

山东嘉祥武氏祠画像石中的风伯（《中国汉画造型艺术图典》）

风伯（《敦煌石窟全集》23）

该图中，风伯怀抱大风囊，跣足奔跑，飘带上扬。

3.2.1 风神

中国古代神话中主司刮风的神为风伯，又称风师、飞廉、箕伯。风是常见的自然现象，无形无影，风向飘忽不定，风力时大时小，性情有时温和、有时狂暴，有利也有害，古人由此认为在冥冥中有某种看不见的神灵在主宰，风神的观念与传说便应运而生。

自然界中的风常与雷、电、云、雨相随为伴，传说中的风伯常与雨师、雷公同时出现，尤其是风伯和雨师，二者起源最早。据《周礼·大宗伯》记载："以燎祀司中、司命、风师、雨师。"自然界中的风常以台风、飓风、龙卷风等形式出现，过境之处，往往伴随着大雨、暴雨，拔树毁屋，人畜伤亡，破坏力巨大。

中国地域辽阔、民族众多，对风伯的崇拜起源较早且分布广泛，风伯的形象呈现出丰富多样的特点，同时随着时代的变迁而不断发展、演变。

1. 以箕星为风神

最早的风神称箕星或箕伯。箕星即箕宿，是古代二十八宿中东方苍龙七宿的最后一宿，共4颗，因其连线状似簸箕而得名。古人认为当箕星出现在天空并特别明亮时，就预示着即将起风，所以，以箕星为风神。箕星风神主要发源并流传于中原一带。

《尚书·洪范》云："庶民惟星，星有好风，星有好雨。"文中的"好风"之星即箕星。据说生活在渭河流域的周人在观察星空时发现，约在立春前后，月亮便会从东北运行至箕星附近，这时正值多风季节，加之箕星连线后的形状宛如簸箕，而簸箕为黄河流域常用农具，具有簸扬生风的功能，故称其为箕星。

至东汉，学者应劭在《风俗通义》中指出："风师者，箕星也。箕主簸扬，能致风气，故称箕伯。"蔡邕在《独断》中也明确提出："风伯神，箕星也。其象在天，能兴风。"古人以箕星作为风神，是在长期农事活动中对气象规律认识和天象观测相结合的结果。由于当时人不了解上述自然现象的科学依据，于是便认为季风与箕星之间存在某种神秘的内在因果关系。

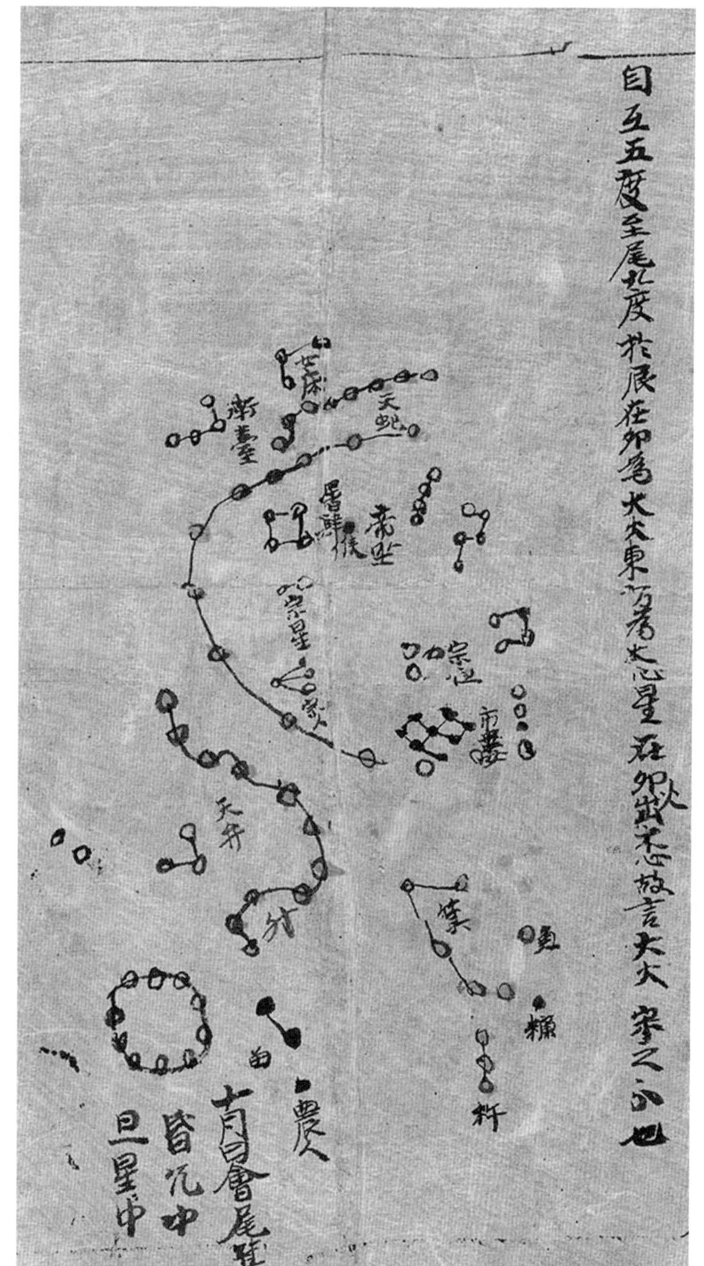

箕星在东方苍龙七宿中的位置图（李淳风《唐代天象图》，现藏于大英图书馆）

风伯、雨师及其星宿图（现藏于陕西省考古研究院）

该图中，白色兽首者为风伯，手持风袋，风从中涌出；云中身穿绿衣者为雨师，端坐其中。

箕星（[明]仇英《五星二十八宿神形图卷》）

2. 以飞廉为风神

先秦时期，开始称风伯为“飞廉”，又称“蜚廉”。飞廉主要发源并流传于古楚国所辖地区。

最早记载飞廉的是楚国诗人屈原，其诗歌《楚辞·离骚》云：“前望舒使先驱兮，后飞廉使奔属。”大意为：月神望舒在前面开道，风神飞廉在后面奔跑。宋代学者洪兴祖在补注《楚辞》时援引东汉学者应劭的话：“飞廉，神禽，能致风气。”又引晋人晋灼的话：“飞廉，鹿身，头如雀，有角而蛇尾，豹文。”这一时期，飞廉是较为原始的禽兽形态的风神，以鸟为其形象主体，同时综合其他动物的特征。古人之所以以鸟作为风神，大约是基于鸟在天空中快速飞翔时能使周围的空气产生流动这一自然现象。因此，东汉学者王逸在《楚辞》注中明确指出：“飞廉，风伯也。或曰驾乘龙云，必假疾风之力，使奔属于后。”

关于飞廉的具体形象，文献记载各不相同。其中，西汉时期的著作《淮南子·俶真训》首先以真人骑着飞廉游历的场景记载了飞廉的“神禽”特点：“骑蜚廉而从敦圄，驰于方外，休乎宇内，烛十日而使风雨。”至东汉，学者高诱在注释上文时对飞廉的形象进行了描述：“飞廉，兽名，长毛，有翼。”后来的《三教源流搜神大全》对飞廉的形象进行了更为详细的记载：“身似鹿，头似爵，有角，尾似蛇，大如豹”。《历代神仙通鉴》也有类似记载，即飞廉为鹿形、蛇尾、爵头、羊角。虽然不同文献的记载会有差异，但在楚地，飞廉的形象一直被视为“鹿身雀头”。

传说风廉为蚩尤的师弟，二人拜一真道人为师，在祁山修炼。期间，飞廉发现对面山上有块大石，每遇风雨便飞起如燕，天晴即安伏如故。于是留心观察，一天半夜，见大石转瞬变成状如布囊之物，从地上深吸两口气后仰天喷出，顿时，狂风骤发，大石也随之飞旋。飞廉一跃而上，将其逮住，方知它是“掌八风消息，通五运气侯”的风母。此后，飞廉从“风母”处学会致风、收风的奇术。

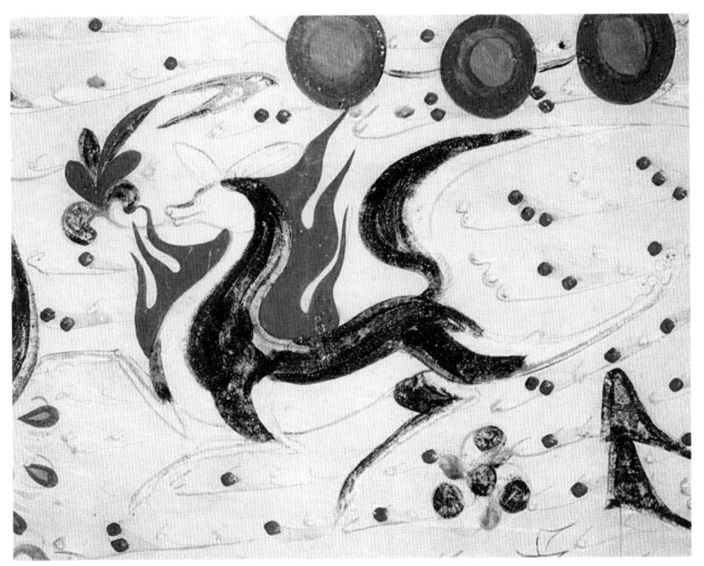

飞廉（《敦煌壁画全集》2）

该图中，飞廉为鹿身，背有翼，飞腾如风。

飞廉与开明（《敦煌石窟全集》19）

该图中，开明龙身，有十三首，均人面。其上方为飞廉，鹿身，有翼。

3. 以犬为风神

将风神与犬联系起来，可能与商代以来以犬祭祀风神的习俗有关。

据商代甲骨卜辞记载：“于帝史风，二犬。”郭沫若阐释认为，这是“视风为天帝之使，而祀之以二犬”。相关的卜辞还有“宁风，北巫犬”；“宁风，巫九犬”。大意都是商代时人们为祈求风停风息而杀狗祭祀。商代之所以产生杀狗止风的习俗，可能源于对带来强降温的大风或导致冬季更为寒冷的西北风的恐惧，祈盼其能够逐渐停止，转而风和日暖。据东汉《风俗通义》记载，“戌之神为风伯，故以丙戌日祀于西北”。戌的方位，西而偏北，这基本上与中国大陆冬季寒流的方向相一致。

有传说认为风伯的形象为犬首。据《物理小识》记载：“风伯像犬。”《七修类稿》也明确指出：“风伯之首像犬。”此后，以犬为主体加上其他形象，使风伯的特点更为丰满。正如《元史·舆服志》所载，风伯“神人犬首，朱发，鬼形，豹胯，朱袴，负风囊，立云气中”。

犬首风神1（《敦煌石窟全集》25）

该图中，上下两尊均为犬首风神。上尊双手擎举风袋，风袋鼓鼓地飘在其头上，作鼓风状；下尊则努嘴而吹，鼓起大风。

犬首风神2（《敦煌石窟全集》25）

该图中，风神犬首，臂上有翼，正高举双臂飞奔。

另有传说认为风伯人首犬身，这一记载首见于《山海经 · 北山经》。狱法之山“有兽焉，其状如犬而人面”，“其行如风，见则天下大风”。

4. 人格化的风神

秦汉以后，风神的形象日渐人格化。人格化后的风神既有男性，也有女性。

男性风神的形象比较固定。据《集说诠真》记载：“白须老翁，左手持轮，右手执箑，若扇轮状，称风伯方天君。”

女性风神以风姨影响为最大。“风姨”之名首见于《北堂书钞》引《太公金匮》，认为“风伯名姨”。此后，风神由男性之“伯”演变成女性之“姨”，又称封夷、封家姨、十八姨、封十八姨。历代各朝许多文学作品中，都能见到风姨的踪影。如宋范成大《嘲风》诗：“纷红骇绿骤飘零，痴騃封姨没性灵。”清纳兰性德《满江红》词：“为问封姨，何事却排空卷地。又不是江南春好，妒花天气。”

山东省沂南县北寨画像石中的犬首风伯（《中国汉画造型艺术图典》）

正在用嘴鼓风的风伯（山东省济南长清孝堂山画像石）

河南省武陟县嘉应观中的风神塑像（聂鸣）

外国人眼中的风伯（禄是遒《中国民间信仰》）

四川大足石刻中的风伯（李代才）

另一位女性风神为孟婆，源于江南地区。据明代文学家杨慎的《丹铅总录》记载，北齐人李騊駼来到江南，曾好奇地询问陆士秀：“江南有孟婆，是何神也？”陆士秀答道：“《山海经》，帝之女游于江中，出入必以风雨自随。以帝女，故曰孟婆。”从二人的对话中可知，早在南北朝时期，江南地区已将孟婆视为风神。

杨慎在《丹铅总录》中还提到这样一则风俗：“江南七月间有大风，甚于舶棹。野人相传，以为孟婆发怒。”文中的“舶棹”，即诗人笔下常用的“船棹风”，相当于今气象学中的东南季风；文中的“大风”应是台风。从这一则风俗可知，江南地区常把台风的来袭视为孟婆的发怒。

从南北朝到宋代，孟婆的影响不断扩大，逐渐成为全国知名的风神。如宋徽宗曾作过一首《戏作小词》，其中有一句：“孟婆，孟婆，你做些方便，吹个船儿倒转。”对此，杨慎在《升庵诗话》中解释道：“孟婆，宋汴京勾栏语，谓风也。”明末文学家褚人获在《坚瓠集》中则明确指出：“古称风神为孟婆。”

风伯的主要职能是配合雨神滋润万物生长，所以历代各朝都虔诚祭祀。据《风俗通义 · 祀典》记载：“易巽为长女也，长者伯，故曰风伯。鼓之以雷霆，润之以风雨，养成万物，有功于人，王者祀以报功也。”因为他能带来雨以滋养万物，所以，《周礼》规定“以禬燎祀风师”。秦汉时，将风伯纳入国家祭祀体系。至唐代，将风伯纳入国家祭祀体系的中祀。据《唐会要》记载，“诸郡各置一坛”，与王同祀。此外，道教宫观中也大多设殿供奉风伯、雨师、雷公、电母。

风姨（《敦煌石窟全集》25）

该图中，风姨束高髻，戴冠，身穿花铠装，怀抱花风囊，正跣足奔跑。

3.2.2 雨神

中国古代神话中主司降雨的神为雨师，是起源最早且供奉最多的气象神之一。这是因为中国古代以农耕文明为主，降雨过多或过少，往往会引发洪灾或旱灾，从而影响农业收成，只有风调雨顺，才有望获得丰年。雨师又称如蓱、萍翳、屏翳、玄冥、赤松子、商羊、毕星等。

雨师（禄是道《中国民间信仰研究》）

雨师与风伯、电神（《新刻出像增补搜神记》，缘紫舞提供/FOTOE）

在众多气象神祇中，唯独雨神称“师”。之所以如此，根据《周易·师卦》的说法，“师者，众也”。据此，《风俗通义》对“雨师”称谓的来源进行过详细解释：“土中之众者莫若水，雷震百里，风亦如之。至于太山，不崇朝而遍雨天下，异于雷风，其德散大，故雨独称师。”

雨师布雨之时，常与其他气象神结伴而为。它有时与风伯同时出现，有时与风伯、雷公三者同行，有时则与风伯、云神、雷公、电母等结伴而行。屈原在《楚辞·远游》中曾记载过雨师与雷公结伴而行的场景：“左雨师使径侍兮，右雷公以为卫。”在汉画像石中，现存大量描绘雨师布雨场景的图像。在这些图像中，雨师常与风伯、雷公一起出现，其形象大多为手持罐钵向下倾倒雨水，且出现的雨师常常不止一位，有时为二至四位。

关于雨师的身份。相传，他曾是蚩尤的属臣，参与过蚩尤与黄帝的大战。这在《山海经·大荒北经》中有明确记载：“蚩尤作兵伐黄帝，黄帝乃令应龙攻之冀州之野。应龙蓄水，蚩尤请风伯、雨师，纵大风雨。”

在中国神话体系中，拥有布雨职司的还有龙王。二者相较，雨师是地位崇高的神，早在秦汉时期已列入国家祭祀体系；龙王则在唐、宋以后才逐渐取代雨师的位置。

河南省南阳市汉画像石的雨师图（《中国画像石全集》6，河南）

该图中，雷公端坐在雷车上，前有三位羽人拽挽；后为风伯，赤身跽坐，正张口吹风；左下为四位雨师，每人双手抱罐，罐口向下，倾倒雨水。

1. 以毕星为雨神

毕星为二十八宿中西方白虎七宿的第五宿，共有8颗。《诗经》云：“月离于毕，俾滂沱矣。”古人认为当月亮靠近毕星时，就预示着天将降下滂沱大雨，所以以毕星为雨神。东汉文学家蔡邕在《独断》中明确指出：“雨师神，毕星也。其象在天，能兴雨。”这是古人在长期农事活动中对气象规律认识和天象观测相结合的结果，也是古人对降雨原因与规律的较早探索。

古人在以星宿附会气象之神时，往往把雨师与风伯相提并论，以箕星为风伯，以毕星为雨师。正如《尚书·洪范》所云：“萁星好风，毕星好雨。”

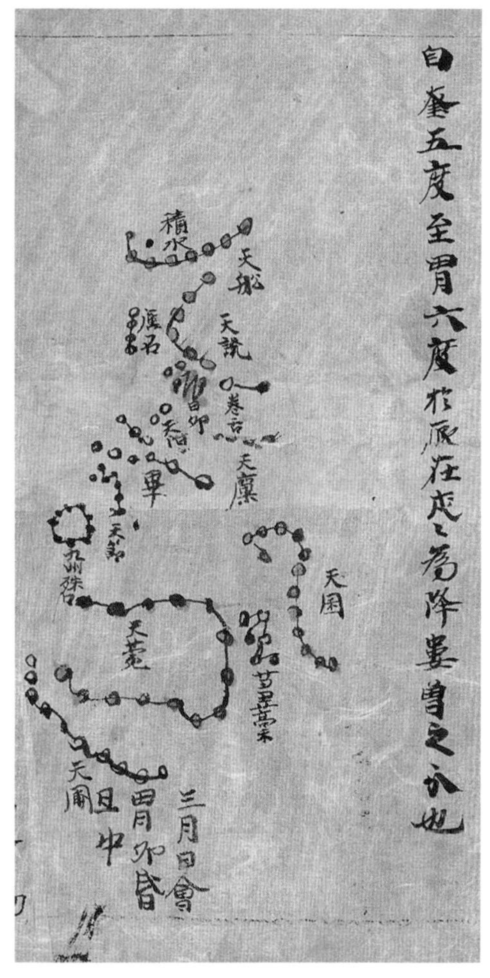

毕星及其西方白虎七宿中的位置（李淳风《唐代天象图》，现藏于大英图书馆）

毕星（[明]仇英《五星二十八宿神形图卷》）

陕西省西安市出土的毕星图（《中国出土壁画全集》6）

该图位于主墓顶部壁画两通心圈之间正西方，图中一人正在奔跑，左手持由七颗星连成的毕星，右手连接另一颗星，在追捕一只逃命的兔子。

2. 以商羊为雨神

商羊为传说中的神鸟，每当大雨来临之际，它都会曲起一只脚跳舞。对此，东汉学者王充在《论衡 · 变动》中有明确记载：“商羊者，知雨之物也。天且雨，曲其一足起舞矣。”民间也有类似谚语：“天将大雨，商羊鼓舞。”因而，后人以商羊为雨师，这源于《三教源流搜神大全》的记载：“雨师者，商羊是也。商羊，神鸟，一足，能大能小，吸则溟渤可枯，雨师之神也”。

值得注意的是，“商羊鼓舞”更多预示着“大雨”即将到来，由此作为雨神的“商羊”应指特大暴雨。这可从《孔子家语 · 辩证》中的一则故事得到，据说，孔子入齐后，齐景公殿前出现一种怪兽，曲其一足起舞。景公派使臣请教孔子，孔子回复道：该兽为商羊，它的起舞预示着大雨即将来临，即民谚所谓的“商羊知雨”。因此，应尽快组织百姓修筑堤防，疏通沟渠，以防洪灾。那年夏季果然大雨，周边国家都遭遇了严重洪灾，唯独齐国因提前预防而得以避免。至清代，诗人沈树本在《大水叹》则发出“今岁商羊舞，沉浸连千村”的哀叹。

《孔子圣迹图》中的商羊知雨

3. 人格化的雨师

人格化的雨师主要包括玄冥、赤松子和陈天君等人。

（1）玄冥。东汉学者应劭在《风俗通义》中明确指出：“玄冥，雨师也。”正如汉张衡在《思玄赋》中所言，“前长离使拂羽兮，委水衡乎玄冥”。水衡即水官，水与雨相通，故以玄冥为雨师。据《春秋左氏传》记载，玄冥为共工之子。

（2）赤松子。又名赤诵子，相传为神农氏的雨师。有关赤松子的记载首见于《淮南子 · 齐俗》，但内容较为简单，仅提到赤松子能够“吹呕呼吸，吐故纳新”“以游玄眇，上通云天”。《列仙传》则对其神性特点进行了详细记载，认为赤松子为神农氏时期的雨师，曾教给神农氏祛病延年之法，能跳入火中焚烧而不受伤，常去昆仑山，住在西王母石殿中，能随风雨上下玩耍。至高辛氏执政时，曾经充当雨师布雨。

在《历代神仙通鉴》中，以故事的形式详细记载了神农氏首次见到赤松子时他的奇特形象和不同寻常的言行举止：“有一野人，形容古怪，言语癫狂”“上披草领，下系皮裙，蓬头跣足，指甲长如利爪，遍身黄毛覆盖，手执柳枝，狂歌跳舞”。接着，该“野人”对神农氏一行道：“予号赤松子，留王屋修炼多岁，始随赤真人南游衡岳。真人常化赤色神首飞龙，往来其间，予亦化一赤虬，追蹑于后。朝谒元始众圣，因予能随风雨上下，即命为雨师，主行霖雨。知子有忧民之心，故来施请雨之法。”

（3）陈天君。在人格化的雨师中，人们较多祭祀的为陈天君。黄斐默在《集说诠真》中对其姓名和形象做了详细记载：“雨师名冯修，号树德，又名陈华天。”其塑像大多为“乌髯壮汉，左手执盂，内盛一龙，右手若洒水状。”

春秋战国后，雨师被列入国家祀典，享有专庙。隋代首次将风伯、雨师祭祀列入国家祭祀体系，为小祀。据《隋书·志第一》记载：“昊天上帝、五方上帝、日月、皇地祇、神州社稷、宗庙等为大祀，星辰、五祀、四望等为中祀，司中、司命、风师、雨师及诸星、诸山川等为小祀。”唐玄宗天宝四年（745年），将风伯、雨师上升为国家祭祀体系中的中祀。“所祭各请用羊一，笾、豆各十，簠、簋俎一，酒三斗”。唐代时期，朝廷规定各郡均须设置一坛，与王同祀。有的道教宫观也设殿供奉风伯、雨师、雷公、电母。至近代，雨师崇拜逐渐被龙王崇拜所取代，专门奉祀雨师的祭典已不多见，只在道教大型斋醮仪礼上设置雨师的神位，随众神受拜。

赤松子（《列仙传》）

江苏省徐州市画像石中的雨师赤松子（《中国汉画造型艺术图典》）

山东省枣庄市画像石中的雨师与风伯（《中国汉画造型艺术图典》）

该图中，雨师与风伯一同出现。中间为雨师，左手执盂，一龙飞出，伴随上空。风伯跟随身后，正用嘴鼓风。

3.2.3 云神

中国古代主司行云的神称云神，又称云中君。云与雨之间关系密切。空气中的水蒸气遇冷凝结成极小的水珠，大量的水珠在高空中形成云；云中的小水珠相互凝聚，越聚越大，下降形成雨。先人对云的崇拜实际是对雨的崇拜。

云神名丰隆、屏翳。据王逸《楚辞章句·云中君》注释，“云中君，云神，丰隆也，一曰屏翳”。丰隆是云在天空堆集的形象，屏翳则是云兼雨的形象。因为降雨时云在天空堆集得更厚，甚至遮蔽日光，使天空显得晦暗不明，所以称屏翳。

有雨必有云，行云布雨的自然现象和降雨规律，很早已被人们观察认识到。如早在商代的甲骨卜辞中已有不少卜云问雨的记录，如“贞，兹云其雨”。大意为：有了这块云，天会下雨吗？也有卜雷问雨的记录，如“贞，兹雷其雨”。

《九歌图》中的云中君（[元]张渥）

《易·乾》中说：“云行雨施，品物流行”。《小雅·信南山》认为“上天同云，雨雪雰雰”。《庄子·天运篇》问道：“云者，为雨乎？雨者，为云乎？孰隆施是？孰居无事淫乐而劝是？”《论衡·说日篇》则描述道：“雨之出山，或谓云载而行，云散水坠，名为雨矣。夫云则雨，雨则云矣。初出为云，云繁为雨。”所以，古人祭祀云，实际是为了求雨。

关于云中君的形象，有说法认为是男性，也有人认为是女性。约在商周时期，云神已经人形化，云中君是广为流传的名字。屈原《九歌》中专设“云中君”一章，生动地描绘了其华美的形象与高洁的气质：“浴兰汤兮沐芳，华采衣兮若英。灵连蜷兮既留，烂昭昭兮未央。蹇将憺兮寿宫，与日月兮齐光。龙驾兮帝服，聊翱游兮周章。灵皇皇兮既降，猋远举兮云中。览冀洲兮有余，横四海兮焉穷。思夫君兮太息，极劳心兮忡忡。”《史记·封禅书》和《汉书·郊礼志》则将其与五帝、东君等男性神祇并列，即“晋巫祠五帝、东君、云中君”。上述记载中，云中君当为男性。云中君为女性的传说主要源于她与东君是相对的二元神。在人们看来，既然东君为男性神，身为其搭档的云中君就应是女性。

随着雨神、龙王等水神崇拜的逐渐推广，尤其是唐代龙王地位确立后，云神崇拜逐渐淡化，但并未彻底消失，仍以演化的形式存在民间，如吴县“扫晴娘”等习俗即承袭于此。

《九歌传》插图中的云中君（[清]萧云从）

3.2.4 雷公

中国古代神话中主司天庭之雷的神为雷公，又称雷师或雷神。雷鸣是一种自然现象，常与闪电相伴而生，电闪雷鸣之后，往往会降下大雨，所以，古人认为雷鸣能够带来雨水，在赋予雷神各种功能时，以其司水的功能最为重要。又因雷声轰鸣或雷电交加之际，声势巨大，震天动地，撼人心魄，古人对雷神的崇拜仅次于天帝。

云中君（傅抱石）

李公麟小篆《九歌》之云中君

雷公之名始见战国时期楚国诗人屈原的《远游》篇中：“左雨师使径侍兮，右雷公以为卫”因雷为天庭阳气，故称“公”。雷师之名也见于屈原的《离骚》篇中：“鸾皇为余先戒兮，雷师告余以未具。”雷鸣与闪电往往相伴而生，传说雷公和电母是一对夫妻。在一些规模较大的道观和庙宇中，常有雷公、电母的供奉。

雷神崇拜在中国非常普遍，不同地区传说中的雷神形象不一，且随时代发展而不断演化。早期的雷神多为兽形或半人半兽，传说中的体形有时为龙，有时为人或兽；脸形有时为人头，有时为猴头或猪头、鬼头。归纳起来，雷神的形象主要包括以下几种。

1. 龙形或牛形雷神

以龙和牛为主体的雷神起源较早。

以龙为主体的雷神首见于《山海经·海内东经》：“雷泽中有雷神，龙身而人头，鼓其腹。”这种半人半兽、雷神与龙结合起来的形象创造，主要基于以下两方面的原因：一是古人相信雷与降雨有关，雷鸣在天，龙亦飞腾在天，且龙是司雨之神，将龙作为雷神的主体形象，便会产生雷雨；二是雷鸣常伴有闪电，古人有时把闪电视为雷的外形，而闪电之形与龙类似，因此，便将龙视为雷的化身。

夔牛为一足奇兽，以其为主体形象的雷神首见于《山海经·大荒东经》。雷神“状如牛，苍身而无角，一足，出入水则必风雨，其光如日月，其声如雷，其名曰夔”。若以其皮为鼓，以其骨做鼓槌，敲击时可“声闻五百里”。又据《绎史》引《黄帝内传》记载，黄帝战蚩尤之际，玄女为其制夔牛鼓80面，“一震五百里，连震三千八百里”。

外国人眼中的雷公（禄是道《中国民间信仰》）

雷神 龍身人頭而鼓其腹在吳西

雷神（清康熙六年版《增补绘像山海经广注》）

夔 狀如牛蒼身而無角一足出入必有風雨出流波山

夔牛（清康熙六年版《增补绘像山海经广注》）

2. 猪首雷神

古人曾以“豖首鳞身”作为雷神的形象，这在文献中有明确记载。

《易 · 说卦》云：“坎为豖。”“坎者，水也。”

《诗经 · 小雅》曰：“有豖白蹢，烝涉波矣。月离于毕，俾滂沱矣。”《毛传》释曰：“天将久雨，则豖进涉水波。”这两则记载的大意为：当夜半有黑气相连形成所谓的黑猪渡河时，或当月亮靠近毕星时，都预示着天将降雨。

《酉阳杂俎》认为雷公“猪首，手、足各两指，执一赤蛇啮之”。

猪首雷公（日本江户时代，俵屋宗达）

猪首雷公（徐操）

宋代三彩陶雷神（现藏于四川绵阳博物馆，杨兴斌）

大足石刻中的猪首雷公（无锡cs35车友会《大足石刻之宝顶山——自驾游》）
该图中，正中为雷公，正持锤击打连鼓；左为电母，双手持镜；右为风伯，手持风囊。

3. 鸟形雷神

鸟形雷神曾广为流行。

《广异记·雷斗》中记载有一则雷公与鲸相斗的故事。根据记载，唐开元末年，数十位雷公与鲸在雷州一带进行搏斗，它们“在空中上下，或纵火，或诟击”，历时七日方罢。该处雷公纵火的功能显然源于雷电触击房屋树木引起大火的自然现象。

甘肃省民乐县童子寺中的壁画雷神（唐国增）
该壁画虽有损毁，但能大致看出鸟形雷公的形象，蓝色的脸，鸟喙，双翅。

山东省邹城县出土的鸟形雷公（《中国汉画造型艺术图典》）

该图中，雷公与风伯、电母同时出现。上方正腾空飞跃、鼓动双翼的为雷公；左下侧为风伯，正在用嘴鼓风；右下侧为电母，正在发出闪电。

江苏省徐州市画像石中的雷公（《中国汉画造型艺术图典》）

该图中，雷公肩扛绳索，绳索上拴着五面连鼓，雷公拉着连鼓奔跑，地面高低起伏，连鼓似乎正发出隆隆声响。

鸟形雷神的形象在壮族的民间传说中较为完整：蓝色的脸，鸟喙，双翅，翅下有手，左手可以招风，右手可以招雨。飞行时，鼓动双翼，便发出隆隆的雷声。口中拥有巨大的蛇信，一伸一缩便生成一闪一闪的闪电。今广东省南海县的雷神塑像仍是鸟喙雉翼，福建漳泉一带的则为鸡头人身，手臂兼为两翼，两手执有金锤。

4. 人格化的雷神

人形雷神是在龙形和鸟形基础上逐渐演化而来的。

据东汉哲学家王充《论衡》的描述，人形雷公“若力士之容，谓之雷公，使之左手引连鼓，右手推椎，若击之状。其意以为雷声隆隆者，连鼓相扣击之也。其魄然若敝裂者，椎所击之声也”。

清代《集说诠真》中所述雷神“状若力士，裸胸袒腹，背插两翅，额具三目，脸赤如猴，下颏长而锐，足如鹰鹯，而爪更厉，左手执楔，右手执槌，作欲击状。自顶至旁，环悬连鼓五个，左足盘蹑一鼓，称曰雷公江天君”。此时雷神最明显的特征是猴脸、尖嘴，民间因此有“雷公脸”“雷公嘴”的说法。

上述两则记载，较为集中地反映了古人对于雷神形象与神性的重新认识。当雷神还处于以动物为其主体形象时，古人认为雷鸣之声为龙鼓腹或鸟振翼所发出。伴随着雷神的人格化，古人对雷鸣现象进行了重新解释，认为是雷神击打天鼓所为，连续的隆隆雷声是雷神左手拉动连环鼓，连环鼓依次相碰发出的声音；不连贯的炸雷或霹雳雷声则是雷神右手用锥或锤击鼓所发出的声音。

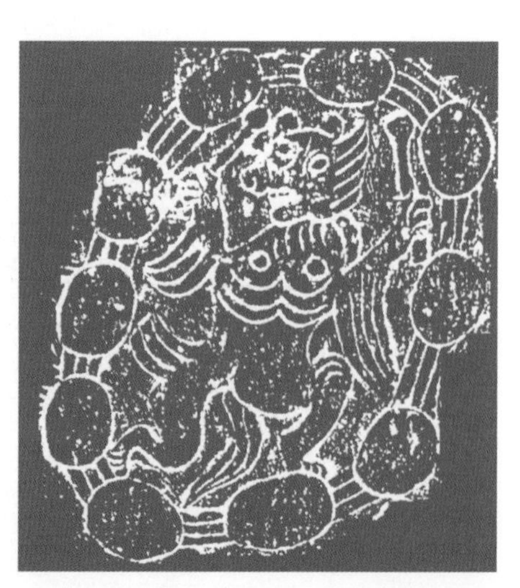

山东省临沂市画像石中的雷公击连鼓（《中国汉画造型艺术图典》）

元明清时期，为解释闪电的成因，古人又为雷神增加了持斧的形象。这可能源于闪电落地时往往能够斩断大树、劈裂房屋的现象。古人据此认为闪电是雷神用斧子劈物时发出的火花，所以这一时期的雷神一手持锤，一手持斧，锤仍然用来击鼓做雷鸣，斧则用来发出闪电。《梦溪笔谈》曾记载道：“世人有得雷斧、

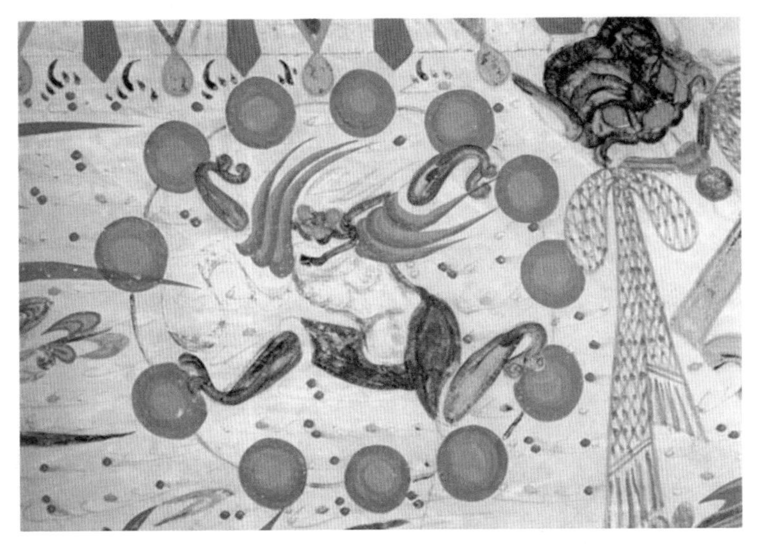

雷公击连鼓（西魏，《敦煌石窟全集》16）

该图中，雷公兽面人身，正腾空飞跃，手脚并用地击打连鼓。连鼓由12面小鼓组成，鼓身竖立，串联成圆形。

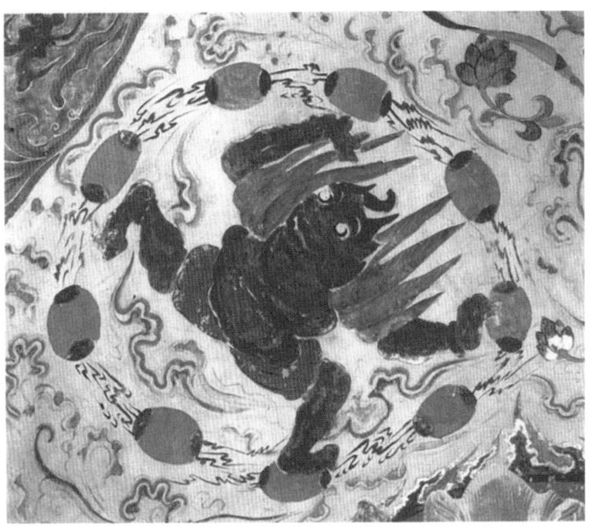

雷公击连鼓（唐代，《敦煌石窟全集》25）

20世纪30年代大连真武庙中的雷神像（佚名/FOTOE）

雷楔者，云雷神所坠，多以震雷之下得。”能够击动天鼓、挥动天斧的雷神，必为壮汉，所以古人又据此创造出“裸胸袒腹”的大力士雷神。

综上所述，古人对雷神的理解主要表现在以下几个方面：①雷声是某物滚动的声音；②雷声是天鼓；③雷声是天与地之鼓；④天上有石鼓在滚动，雷声是它与各种物体撞击的声音，范围超过几千里，这是上天威严的表现；⑤古代画作中常用一串连鼓来象征雷声的范围之大和声势之巨，雷公则为大力士，左手拿鼓，右手拿着木槌敲打，发出的鼓声可杀死人类。

雷公出行的形象。据《淮南子·览冥训》描述，“乘雷车，服驾应龙。”汉画像石中的雷公出行图所表现的形象与此基本一致，乘坐雷车，车上皆树有建鼓，或以龙虎作为牵引，或以人牵挽，雷车车轮多作云气纹。

雷神崇拜，起源很早。汉代盛极一时，晋以后逐渐衰落。宋代，随着道教的兴盛而恢复了昔日的辉煌。元明时期，雷神的地位大为提高，雷神崇拜遍及全国。虽然雷神地位仅次于天帝，掌管事务众多，但司水仍是其主要职责，因为它的产生与传承始终与农业生产生活紧密相连。

道教神话中，雷神具有完善的组织体系，最高神为“九天应元雷声普化天尊”，称雷祖，主要职责是“主天之灾福，持物之权衡，掌物掌人，司生司杀”，总部为神雷玉府，下设三十六内

山东省临沂市五里堡雷公出行图（武利华《汉画像石中的“天神”》）该画中部有三龙驾车，车上有华盖，上系连鼓，垂落车尾，连鼓共有八面，连鼓后有三位雷公，正持槌击鼓。

院中司、东西华台、玄馆妙阁、四府六院及诸各司，各分曹局。兰州金天观中设有雷坛，专门供奉雷祖，左右分列十大雷神、雷公、电母、风伯、雨师，侍立其下。

3.2.5 电母

电母又称金光圣母、闪电娘娘，是神话传说中雷公的配偶，也是其部属，主要掌管闪电。它是古人在对闪电这一自然现象无法做出科学解释的情况下逐渐演绎而来的。

外国人眼中的电母（禄是遒《中国民间信仰》）

电母是从雷神信仰中分化出来的神祇。早期雷神兼管闪电，有“雷公电父”之称。直至汉代，仍有电父之说。大约到唐代，人们按照阴阳对立、男女配对的心理特征，开始将雷与闪电的职责分由两位神祇职掌。其中，以雷公为司雷之神，属阳，故称公；以电母为司电之神，属阴，故称母。至明代，有人曾用易经理论来解释“电母”之所以称“母”的原因：“易离为电，为中女阴也，而电出地之阴气，故云母。”古人之所以将雷公、电母视为夫妇，因为他们并不了解雷电是云层中的正负电荷相互摩擦的结果，认为是雷公和电母在云里打架，从而形成雷电。

“电母”之称至迟出现于唐代，诗人崔致远曾在《桂苑笔耕集 · 补安南录异图记》中大胆想象道：“然后使电母雷公凿外域朝天之路。”至宋代，诗人苏轼则在《次韵章传道喜雨》中写下“常山山神信英烈，麾驾雷车呵电母”的诗句。宋元以后，电母开始拥有名姓。据清代姚福均《铸鼎馀闻》记载：“电母秀使者，名文英。”

关于电母的形象，《元史·舆服志》中有明确记载。根据记载，元代军队中有“电母旗”，旗上绘有“纁衣朱裳白裤，两手运光”的女神。元杂剧《柳毅传书》中也提到雷公、电母，认为二人是夫妇。其中，电母双手各持一面镜子，用来打闪，所以有记载认为电母是“两手运光”。明代小说《封神演义》《西游记》等都提到“电母”，称“金光圣母”，也是双手持镜的形象。至清代，民间大多将电母塑成容貌端雅的女子，两手各执一镜，号为电母秀天君。这可能与明代小说有关。

与风伯、雷公一样，民间信仰中多将电母与他气象神合祀。

河南省郑州市画像石中的电神（《中国汉画造型艺术图典》）

敦煌壁画中的电神（《中国敦煌壁画全集》2）

3.2.6 旱魃

旱魃是中国古代神话传说中引起旱灾的怪物。

旱魃又名“狢”“旱母”或“旱妖”。关于它的记载最早见于《诗经·大雅·云汉》：“旱既太甚，涤涤山川，旱魃为虐，如惔如焚。”

旱魃最初以天女的形象出现，是仙而非妖。据《山海经》记载，旱魃原为天女，黄帝大战蚩尤时，蚩尤请来风伯、雨师助战，风雨大作，黄帝军队遭受重大损失。危急时刻，黄帝请来天女——女魃驱散风雨，由此扭转战局并战胜蚩尤。然而，战后女魃因耗尽功力而无法回归天庭，所到之处赤旱千里，黄帝只好将其安置在远离人类的“赤水”之北。传说中，赤水是西北荒漠地区的一条大河。古人将今西北地区视为旱魃所居之地，这是其对于西北干旱气候长期观察和初步了解的结果。

自汉中期后，旱魃的形象由天女转变成丑陋的山鬼。根据文献记载，此时的旱魃“长二三尺，袒身而目在顶上，走行如风”，“一足反踵，手足皆三指”，“秃，无发”。旱魃的形象一变而为矮小、一足且反踵、手足俱三指、眼睛长于头顶的秃头坦身小鬼。传说旱魃被黄帝安置于赤水之北后，偶尔会离开该地，所到之处往往赤地千里。除其“所居之处天不雨”“所见之国赤旱千里”外，旱魃还“好盗伐木人盐，炙石蟹食。人不敢犯之，能令人病及焚居”。“女魃入人家，能窃物以出；男魃入人家，能窃物以归。”旱魃已由天庭女神变为一个人人避之的山鬼群体，有男有女甚至怪兽。

明代中期以后，旱魃由山鬼形象逐渐向僵尸形象演变。据《阅微草堂笔记》记载：“近世所云旱魃则皆僵尸，掘而焚之，亦往往致雨。”明清时期，人们往往认为旱魃为死后100天内的尸体所变，变为旱魃的尸体不会腐烂，只有把它焚烧干净，天才会下雨，由此衍生出“打旱骨桩”“焚旱魃”等求雨习俗。据《明史》记载，每遇干旱，人们便发掘新葬墓冢，将尸体拖出，残其肢体，称作“打旱骨桩”。虽然明朝多次下令禁止，但直至清代，此风仍在有些地区存在，且由“打旱骨桩”发展为焚烧尸骨。

清末，旱魃化犼之说出现。据袁枚《续子不语》记载：“尸初变旱魃，再变即为犼。”

在古代，面对极端干旱带来的灾害，人们往往无法抗御，便误认为有鬼作祟，于是便将干旱与女魃联系起来，并试图借助驱走旱魃的方式减缓灾情。因此，常以日晒、水淹、虎食等方式对其进行驱逐，达到驱旱求雨的目的。“虎食旱魃”是典型的驱旱方式，在河南洛阳、南阳、焦作等地出土的汉墓中常可见到有关图案。

虎吃女魃图（《中国画像石全集》6，河南）

虎食旱魃图（《山阳印记——汉代陶仓楼综合研究》）

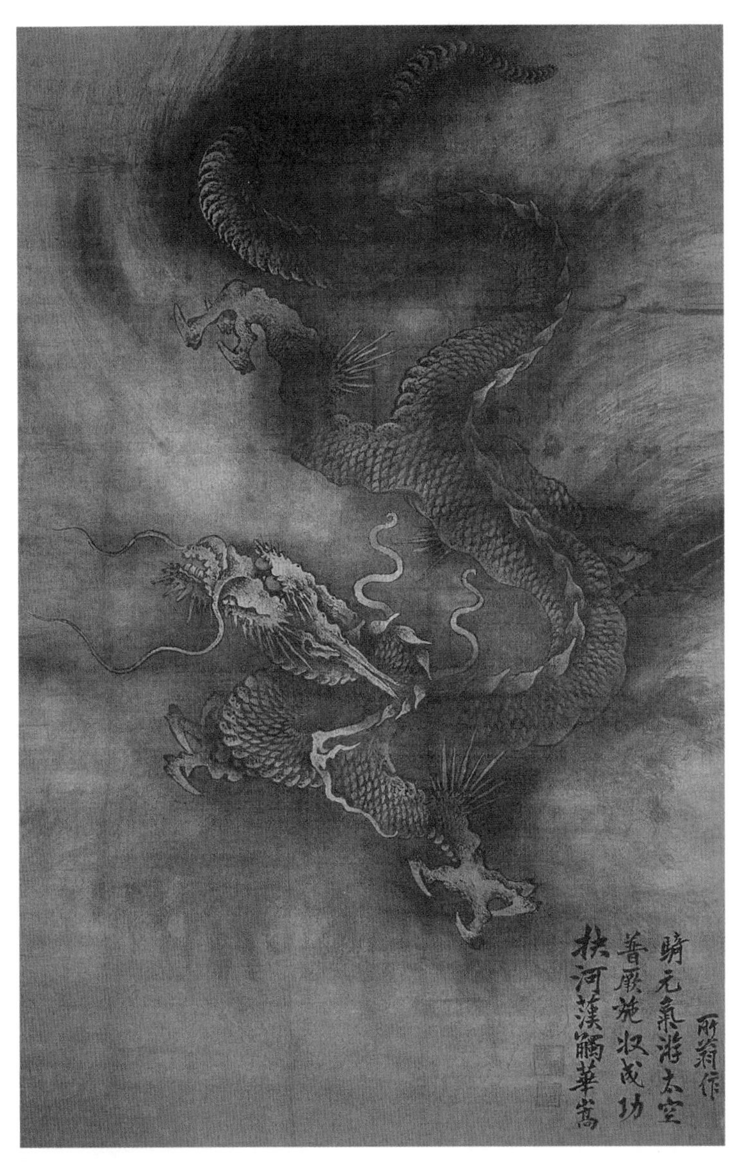

云龙图（[南宋]陈容）

3.3　龙王

龙王是神话传说中在水里掌管水族生灵、在人间掌管兴云布雨的王，也是神话传说中的四灵（麟、凤、龟、龙）之一。

龙的形象并非一出现就完全确定，而是经过历代各朝的不断演绎，由多种水神动物和一些非水神动物的局部特征融合、组合而成。对于龙的组合形象，以下两则记录比较典型：

一是宋代罗愿《尔雅翼·释龙》的记载：“龙，角似鹿，头似驼，眼似兔，项似蛇，腹似蜃，鳞似鱼，爪似鹰，掌似虎，耳似牛。”

二是清代类书《渊鉴类函》的记载：“画龙有三停九似之论。”所谓“三停”，“自首至膊，膊至腰，腰至尾，皆相停”；所谓“九似”，“角似鹿，头似驼，眼似兔，项似蛇，腹似蜃，鳞似鲤，爪似鹰，掌似虎，耳似牛”。

从上述记载中可以看到，龙的组合中主要包括以下三种水神动物。

1. 鱼与鱼神

龙鳞似鱼。鱼生活在水中，是最为普遍和悠久的水神动物之一。

在距今约6000年的西安半坡仰韶文化遗址出土的彩陶上，绘有大量鱼纹，既有写实的，又有抽象的，最为突出的是人面鱼纹。把鱼的图形描绘在彩陶上，并与人面放在一起，生动地记录了半坡人对鱼的崇拜图景。

文献记载中有许多关于以鱼为主体，融合其他动物特征而形成的水神动物。《山海经》中记载了以下三种能引起干旱的鱼类：

一是鮹鱼。据《东山经》记载："子桐之山，子桐之水出焉，而西流注于馀如之泽。其中多鮹鱼，其状如鱼而鸟翼，出入有光，其音如鸳鸯，见则天下大旱。"

二是鱄鱼。据《南山经》记载："鸡山……黑水出焉，而南流注于海。其中有鱄鱼 ，其状如鲋而彘毛，其音如豚，见则天下大旱。"

三是薄鱼。据《东山经》记载："女烝之山，其上无草木。石膏水出焉，而西注于鬲水。其中多薄鱼，其状如鳣鱼而一目，其音如欧，见则天下大旱。"

《山海经》中还记载了一种能引起洪水的鱼类。据《西山经》记载："邽山…… 濛水出焉，南流注于洋水。其中多黄贝、蠃鱼，鱼身而鸟翼，音如鸳鸯，见则其邑大水。"

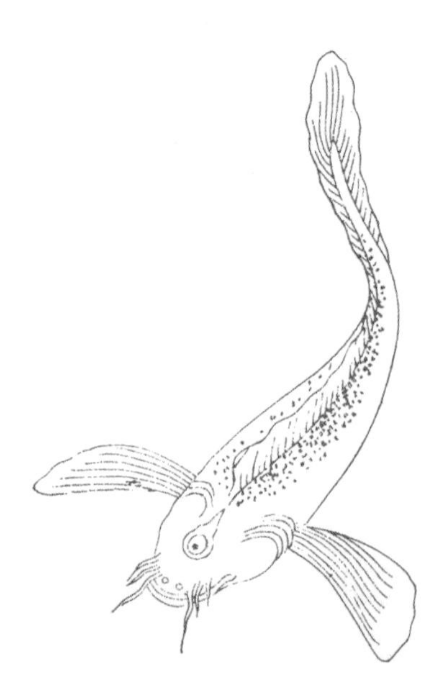

《山海经》中的鮹鱼和薄鱼

上述几则记载说明：在以鱼为主体的动物中，有的被古人视为引起干旱的怪兽，如鲔鱼、鱄鱼和薄鱼；有的则被视为引起洪水的怪兽，如蠃鱼、黄贝等。实际上，因为鱼类的生存太过依赖水，所以对干旱的发生和对水位、水流等的变化都比较敏感，这可能是古人将它们视为引起旱灾或洪水的怪兽的主要原因。

至秦汉以后，鱼神逐渐人形化，称“鱼伯”或“水君”。据东晋葛洪《抱朴子》记载：“鱼伯识水旱之气。”鱼既然为水神，在许多地区的民俗中逐渐成为吉祥物，是丰收富裕的象征。至清代，又逐渐附会上“年年有余”等含义，广为流传。

2. 蛇与蛇神

龙项似蛇。大部分蛇具有习水的习性，尤其是水蛇，所以古人常将其奉为神灵。

《山海经》中的蠃鱼

文献记载中也有许多关于以蛇为主体，融合其他动物特征而形成的水神动物。《山海经》中记载了以下三种能够引起干旱的蛇。

一是鸣蛇。据《中山经》记载：“鲜山，多金玉，无草木。鲜水出焉，而北流注于伊水。其中多鸣蛇，其状如蛇而四翼，其音如磬，见则其邑大旱。”

二是肥遗。据《西山经》记载：“太华之山，削成而四方，其高五千仞，其广十里，鸟兽莫居。有蛇焉，名曰肥遗，六足四翼，见则天下大旱。”

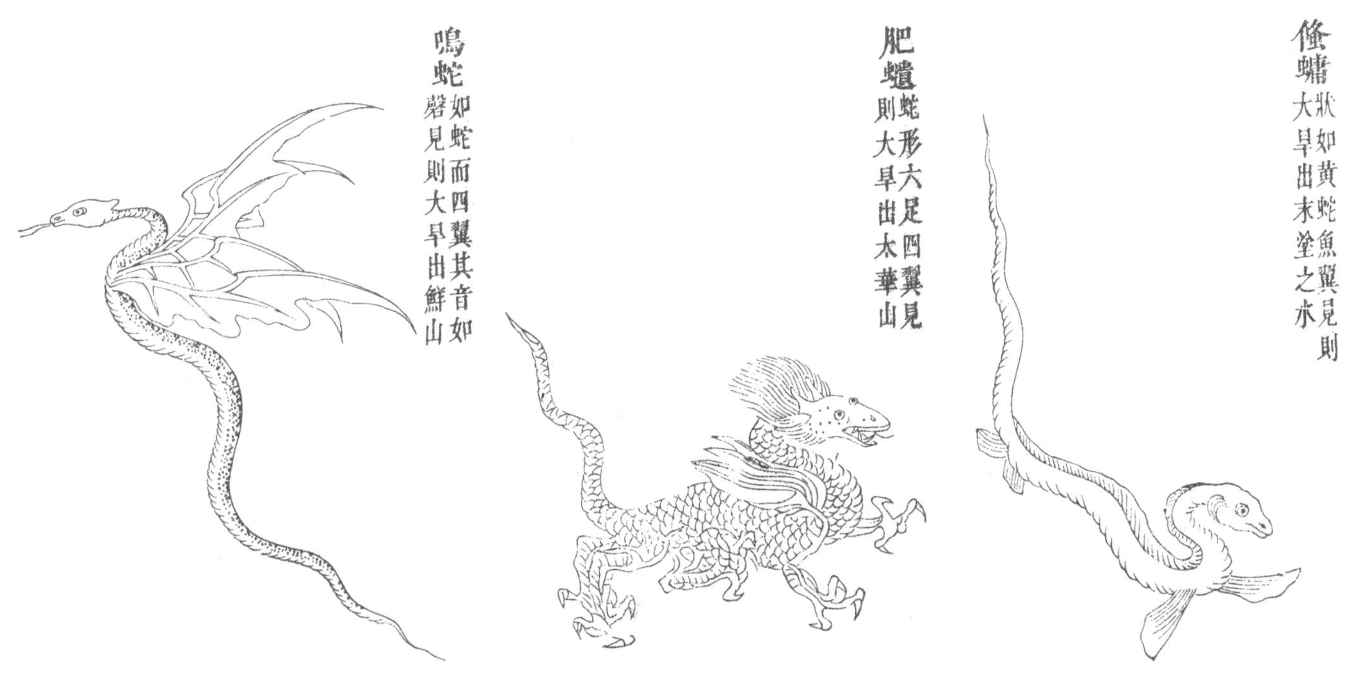

《山海经》中的鸣蛇、肥遗和鯈鳙

三是鯈鳙。据《东山经》记载："独山，其上多金玉，其下多美石。末涂之水出焉，而东南流注于沔。其中鯈鳙，其状如黄蛇，鱼翼，出入有光，见则其邑大旱。"

《山海经》中还记载了能引起洪水的蛇。据《中山经》记载："阳山多石，无草木。阳水出焉，而北流注于伊水。其中多化蛇，其状如人面而豺身，鸟翼而蛇行，其音如叱呼，见其邑大水。"

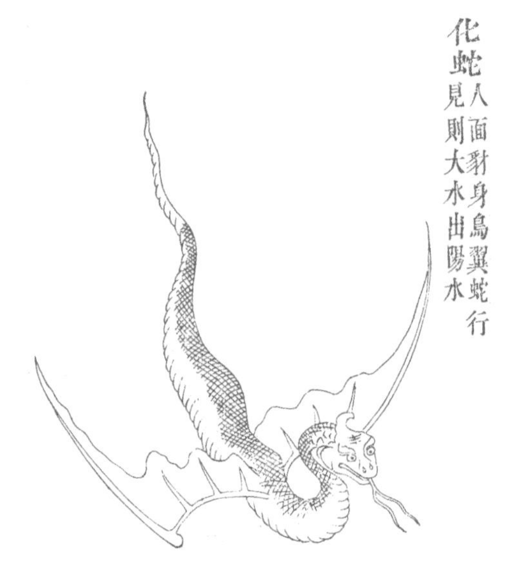

《山海经》中的化蛇

除上述以《山海经》所记各类蛇神外，在以蛇为主体形成的其他水神动物中，以蛇与龟组合而成的玄武最为出名。据《楚辞·远游》洪兴祖补注记载："玄武谓龟蛇，位在北方，故曰玄；身有鳞甲，故曰武。"又据《文选》注记载："龟与蛇交为玄武。"由此可见，古人很早便将玄武封为水神。《后汉书·王梁传》的记载印证了这一点，"玄武，水神之名"。

与鱼类一样，可能因为蛇对干旱和洪水比较敏感，并有所反应，所以古人常常将以蛇为主体组成的动物视为成能引起干旱或洪水的怪兽。

3. 牛与牛神

龙耳似牛。古人对牛的崇拜最初源于野牛尤其是犀牛，犀牛鼻子长有一角或两角，性习水，常被古人视为水神动物。

犀牛能在水中行走，巨大的身躯能劈开水面，划起波浪，所以，古人认为犀牛具有劈水的神力， 这一神力则来自它的角。据清代类书《渊鉴类函》记载："海中出离水犀，似牛，其出入有光，水为之开。""通天犀……得其角一尺以上，刻为鱼而衔以入水，水常为开方三尺，可得息气水中。"

犀牛既然是水神，又能劈水，便能制服水怪，起到阻止河水泛滥的镇水作用。所以，古代很早便在大江大河的不同位置放置石牛、铁牛以镇水。据《艺文类聚》记载，战国末期，"江水为害，蜀守李冰做石犀五枚，二枚在府中，一枚在市桥下，二枚在水中，以厌水精"。长江荆江大堤上铸有镇水铁牛，黄河蒲州段设有唐开元铁牛，淮河则在今淮安和江都等地均发现有镇水铁牛，其他大江大河甚至一些较小的河流也都发现有镇水神牛。

《山海经》中记载了两种以犀牛为主体创造出的牛神。一是夔牛神。据《大荒东经》记载，夔牛居于东海流波山上，状如牛，一足，苍身无角，"入海声如雷"，"出入水则必风雨"，因而又称"雷兽"。传说黄帝得到夔牛后，用其皮制成鼓、骨头制成鼓槌，鼓声可响彻五百里外，震慑敌兵，威服天下。二是軨軨。据《东山经》记载："空桑之山……有兽焉，其状如牛而虎文，其音如钦，其名曰軨軨，其鸣自詨，见则天下大水。"由上述两则记载可知，牛神皆是鸣叫如雷的怪兽。因为野牛在山谷中鸣叫如雷，古人便将其与自然现象中的雷联系起来，以为是雷的神灵。既然是雷兽，便能操纵风雨、带来风雨。

龙的组合中，除了上述水神动物外，还包括一些非水神动物。实际上，在龙的复杂组合及其演绎过程中，存在相互融合的现象。龙的各个局部，很难说仅仅取自某种动物，往往由多种动物同一局部的形象混合组成，如龙头似驼，又似马，似牛，似鳄，似虎；龙身似蛇，又似鳄，似鱼；龙鳞似鱼，又似鳄，似蛇；龙角似牛，

应龙布雨（《山阳印记——汉代陶仓楼综合研究》）

又似鹿，似犀；龙爪似鹰，又似虎，似鳄等。所以，龙的形象融合的动物越多，彼此之间的混合性就越强，就越容易使人浮想联翩。

古人根据龙的局部特征对其进行了较为明确的分类。据《广雅》记载：“有鳞曰蛟龙，有翼曰应龙，有角曰虬龙，无角曰螭龙。”同时根据龙的形体大小将之区分为龙和蛟，称大者为龙，小者为蛟。

近年来的考古发掘成果从另一侧面证实了龙的形象演变。1970年，在河南濮阳发现距今约7000～5000年的仰韶文化遗址，其中出土了一条用蚌壳堆砌而成、长2米多的龙雕，与一只用蚌壳堆砌的虎雕一起安置在主人两侧。可见，当时龙与虎已成为地位和身份的象征。

1971年，在内蒙古翁牛特旗出土的距今约五六千年前的红山文化遗址中，发现一枚墨绿色玉龙，全身卷曲成C形，龙首较短小，嘴紧闭，吻前伸，略上撅；鼻端前突，上翘起棱，端面截平，有并排两个鼻孔；颈上有长毛，尾部尖收而上卷。另有一种类似于猪形的玉龙，有学者称其为“玉猪龙”，它们有着与猪一样的吻和鬓毛，但身躯却是“龙”形。

河南省濮阳市仰韶文化遗址中的蚌壳龙

红山玉龙（现藏于中国国家博物馆）

至迟在南北朝时期，开始出现人格化的“龙王”形象，这是中外交流尤其是中印文化交流的产物。这一时期，随着佛教的传入，印度的龙即那伽的形象逐渐传入中国。那伽曾是婆罗门教、印度教中的神，后来皈依佛教。传说释迦牟尼诞生时，有难陀、跋难陀龙王为其沐浴。据《过去现在因果经》记载，二人“于虚空中，吐清净水，一温一凉，灌太子身”。当时传入中国的那伽形象是头部背后长有多只眼镜蛇蛇头的人格化形象。

那伽龙王传入中国后，逐渐与中国人崇龙的观念和对龙的形象理解相互融合渗透，至唐代形成中国本土化的龙王。唐玄宗时，诏祠龙池，设坛官，以祭雨师之仪祭龙王。可见，这一时期，龙王开始逐渐取代江河海神的地位。正如宋代赵彦卫在《云丽漫钞》中所说：“自释氏书入中土，有龙王之说而河伯无闻矣。”

外国人眼中的南海与东海龙王
（禄是遒《中国民间信仰》）

外国人眼中的北海与西海龙王
（禄是遒《中国民间信仰》）

四海龙王诸神众水陆画轴（《山西珍贵文物档案》3）

宋代沿用唐代祭五龙之制。大观二年（1108年），宋徽宗诏天下五龙皆封王爵。封青龙神为广仁王，赤龙神为嘉泽王，黄龙神为孚应王，白龙神为义济王，黑龙神为灵泽王。此后，龙王常以官员或帝王的形象流传开来。从元代画家朱玉的《水府龙宫图》中可以看出，这一时期的龙王已是典型的中原帝王形象，身穿通天冠服。在山西省博物馆收藏的明代《水陆画四海龙王》中，龙王也是头戴冠冕，手持青圭，身穿通天冠服。

在中国道教中，有比较明确的关于龙神的描述。在道教典籍中，按职能将龙神大致分为天龙神、地龙神和海龙神等。其中，天龙神辅佐雷部众神、雷公电母、风伯、雨师等行云施雨；地龙神辅佐后土皇地祇、南极长生大帝、五岳大帝等孕育并管理大地上各区域的阴阳、物产，管理山陵、江河、平原、高地等；海龙神则辅佐妈祖管理海洋生灵，是航海者和渔民等的保护神。同时设四海龙王，分别为东海龙王、南海龙王、北海龙王、西海龙王，管理海洋中的生灵，在人间则司风管雨。明末吴承恩在其小说《西游记》中将四海龙王分别称为：东海敖广、西海敖钦、南海敖润、北海敖顺，它们的形象都是龙首人身。

由此可知，在古代无论是佛教还是道教，无论皇家还是民间，龙王的职责都是兴云布雨。于是，龙王成为人们普遍信仰的神祇，各地供奉龙王的庙宇与治水之神大禹庙一样普遍。每当风雨失调、久旱不雨或久雨不止时，百姓大多会去龙王庙祈雨祈晴，并表达自己对风调雨顺的期盼。

3.4 人物水神

3.4.1 黄帝

黄帝，号轩辕氏，是远古神话中掌管雷雨的神。

黄帝本姓公孙，后改姬姓，故称姬轩辕，居轩辕之丘，建都有熊，故又称有熊氏。黄帝以征服东夷、九黎各族而统一中华民族的功绩名著史册。在位期间，播种百谷草木，发展生产，制衣冠、建舟车、制音律、创医学等，是远古时代华夏民族的共主，也是五帝之首。

黄帝作为华夏民族共主的传说流传深远，但神话体系中的黄帝形象则渐渐湮没，更是甚少将他与水神联系起来。

黄帝（[清]《帝王圣贤名臣像》）

神话中黄帝的出生和神职都与雷有关。据《河图稽命征》记载，黄帝的母亲附宝见大电绕北斗权星，照耀郊野，感而怀孕，生黄帝轩辕。《河图帝通纪》中也认为“黄帝以雷精起”。《太象列星图》则指出：“轩辕十七星在七星北，如龙之体，主雷雨之神。”综合上述记载可知，黄帝生于雷电，神职为主雷电。由于雷声之巨响彻天地，电闪之光撕天裂地，耀眼刺目，这些都对原始先民具有无与伦比的震慑之力，所以在古代雷神地位极高。

黄帝的形象与行为都带有龙的特征。据《山海经》记载，轩辕之国，“人面蛇身，尾交首上”。司马迁在《史记》“天官书”中记载道，“轩辕，黄龙体”；在“封禅书”中记载道，“黄帝得土德，黄龙地螾见”。按照中国古代五行论，炎帝在南方，为火德，尚赤色；黄帝在中央，为土德，尚黄色。黄帝打败蚩尤和炎帝之后，他的继任者也是土德。因此，黄帝被附会成土龙，即黄龙。黄龙在龙中地位最高，这种地位在中国历史中一直未变，而龙与雨之间则渊源深厚。

3.4.2 共工

中国古代神话中的共工既是一个人的名字，也是一个氏族的名称。共工和共工氏不同，前者是尧舜时期一个治水失败的人物；后者则是上古时期一个强大的氏族，居于今河南省辉县一带，拥有治水、平水土、掌百工等职责。前者被丑化；后者则被神话，且一度衍生出类似后世“司空”的职官。

据《春秋左传》记载：“共工氏以水纪，故为水师而水名。”杜预注：“共工以诸侯霸有九州者，在神农前、太昊后，亦受水瑞，以水名官。”又据《史记 · 律书》记载：“颛顼有共工之陈，以平水害。”《史记集解》也认为：“共工，主水官也。”《后汉书 · 张衡传》则明确指出：“共工理水。”上述记载表明，共工氏是上古时期主管水利、善于治水的强大氏族，也是治水世家。这可从该氏族在伏羲（见1.1）、颛顼直到尧舜时期的治水记载得到印证。

在少昊氏统治后期曾发生共工与颛顼争夺帝位的故事，后演变成共工怒触不周山的神话。传说共工氏由于治水功绩卓著，实力强大，威望极高。据《汉书》记载：当时的“共工氏伯九域。”又据《管子 · 揆度》记载：“共工之王，水处什之七，陆处什之三，乘天势以隘制天下。”随着少昊氏势力的逐渐衰微，日益强大的共工氏遂“秉政作虐，故颛顼伐之”。双方发生大战，颛顼利用民众迷信的心理，声称共工治水会“触怒上天”，导致共工失去支持，最终失败。

传说共工失败后，一怒之下，头撞不周山。对此，唐代学者司马贞补《史记 · 三皇本纪》中有明确记载：“诸侯有共工氏，任智刑以强霸而不王；以水乘木，乃与祝融战。不胜而怒，乃头触不周山崩，天柱折，地维缺。”不周山顶天立地，是撑天巨柱。共工头撞不周山的初衷在于，向各部落表明即便自己头撞撑天巨柱，也不会“触怒上天”，以此捍卫自己氏族的治水大业。然而，不幸的是，撑天巨柱被拦腰撞断，天地随之发生巨变：一方面，西北天穹因失去支撑而倾斜，使拴系在北方天穹的日月星辰挣脱束缚，朝低斜的西北天空滑去，形成今日所见的日月星辰运行线路；另一方面，悬吊大地东南角的巨绳被剧烈的震动崩断，东南大地随之塌陷下去，形成今日中国西北高、东南低的地形地势，以及大江大河自西向东汇流入海的水系分布格局。

颛顼（[清]《帝王圣贤名臣像》）

共工氏长期掌管治水，逐渐掌握了当时各种土木工程技术，并发明筑堤蓄水的方法，“共工”逐渐演变成与后世“司空”类似的官职。据《史记 · 五帝本纪》记载：“舜曰：谁能驯予工？皆曰：垂可。于是以垂为共工。”对于“以垂为共工”，《史记集解》解释认为是以垂“为司空，共理百工之事”。《周礼注疏》也明确指出：“百工，司空事官之属，于天地四时之职亦处其一也……唐虞以上曰共工。”《续汉书 · 百官志》对司空的职责解释得更为清晰明确：“掌水土事。凡营城起邑、浚沟洫、修坟防之事，则议其利，建其功。凡四方水土功课，岁尽则奏其殿最而行赏罚。凡郊祀之事，掌扫除乐器，大丧则掌将校复土。”由此推测，共工之职由最初的“掌水土事”逐渐扩展为掌管“百工”。

唐尧时期，共工氏仍然负责治水。这一时期，发生世纪大洪水，共工采用筑堤堵水的方法，结果失败。对此，《国语 · 周语》有详细记载：“昔共工弃此道也，虞于湛乐，淫失其身，欲壅防百川，堕高堙庳，以害天下。皇天弗福，庶民弗助，祸乱并兴，共工用灭。”

治水失败后，共工的形象演变成一个阳奉阴违、貌似恭敬但却制造洪水危害天下百姓的反面人物。对此，《史记 · 五帝本纪》中详细记载了尧对共工的类似评价，“共工善言，其用僻，似恭漫天”，由此认为他不可用。《淮南子 · 本经训》更是毫不客气地指出共工失败的严重后果：“舜之时，共工振滔洪水，以薄空桑，龙门未开，吕梁未发，江、淮通流，四海溟涬，民皆上丘陵，赴树木。”

四凶服罪图（[清]《钦定书经图说》）

因为这些劣迹，在舜执政时，共工作为“四凶”之一遭到流放。据《史记 · 五帝本纪》记载：“讙兜进言共工，尧曰不可，而试之工师，共工果淫辟。四岳举鲧治鸿水，尧以为不可，岳彊请试之，试之而无功，故百姓不便。三苗在江淮、荆州数为乱。于是舜归而言于帝，请流共工于幽陵，以变北狄；放驩兜于崇山，以变南蛮；迁三苗于三危，以变西戎；殛鲧于羽山，以变东夷。四罪而天下咸服。”

总而言之，作为治水官员，共工采取堵塞的方法，未能达到治水效果。于是，颛顼和帝尧震怒，百姓不满，在口耳相传中，共工成为“振涛洪水”从而成为引发世纪大洪水的罪魁祸首。

除治水外，共工氏的后代还总管土地资源。据《国语 · 鲁语》记载：“共工氏之伯九有也。其子曰后土，能平九土，故祀以为社”。又据《汉书 · 郊祀志》记载：“自共工氏霸九州，其子曰句龙，能平水土，死为社祠。有烈山氏王天下，其子曰柱，能殖百谷，死为稷祠。故郊祀社稷，所从来尚矣。”这些记载表明，共工氏的儿子因为“能平水土”而被后人“祀以为社”，与教民耕稼的“稷”一起组成“社稷”，成为国家的象征与代表。这充分表明作为农业社会的古代中国对平治水土的重视程度。

3.4.3 相柳

中国古代神话中的相柳是引起涝灾、渍灾或水体污染的怪兽，又名相繇，是共工的臣属。

最早记载相柳的文献为《山海经》。相关记载主要包括以下两则。

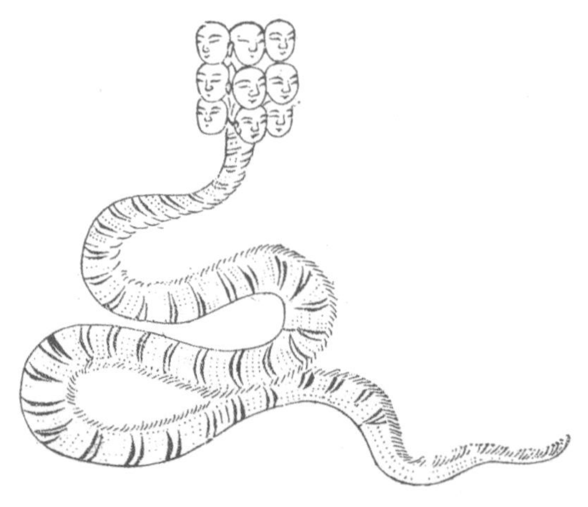

相柳（清乾隆朝刻本《山海经》）

一是《海外北经》的记载：“共工之臣曰相柳氏，九首，以食于九山。相柳之所抵，厥为泽溪。禹杀相柳，其血腥，不可以树五谷种。禹厥之，三仞三沮，乃以为众帝之台。在昆仑之北，柔利之东。相柳者，九首人面，蛇身而青。不敢北射，畏共工之台。台在其东。台四方，隅有一蛇，虎色，首冲南方。”

二是《大荒北经》的记载：“共工臣名曰相繇，九首蛇身，自环，食于九山。其所歍所尼，即为源泽，不辛乃苦，百兽莫能处。禹湮洪水，杀相繇，其血腥臭，不可生谷。其地多水，不可居也。禹湮之，三仞三沮，乃以为池，群帝因是以为台，在昆仑之北。”

根据上述两则记载可知，相柳的形象是人面蛇身，长有九颗脑袋，即“九首蛇身”，形体巨大，可同时在九座山头上猎食，即“食于九山”或“食于九土”。

相柳的神性应为引起涝灾、渍灾或污染水体的怪兽。一方面，凡相柳抵达、停留或喷吐之处，尽成泽国，且水体苦涩，即所谓“相柳之所抵，厥为泽溪”“其所歍所尼，即为源泽，不辛乃苦”。另一方面，相柳之血“腥臭”，所洒之地“不可以树五谷种”“不可生谷”，似乎是水体的污染。对此，清代诗人黄景仁曾叹曰：“汪罔（即防风）骨轴专车抛，相柳血洒谷不苞”。再者，相柳形体巨大，寓意他能造成大面积的类似灾害。这反映了远古时期人们已经发现除洪水能够带来灾难外，有时河湖水体会受到严重污染，发出腥臭的味道；有时地表积水长期无法排除，会导致作物减产甚至颗粒无收，或者形成大片五谷不生的盐碱地。因此，他们试图通过相柳的神性来解释这些现象的成因。

面对这样一位凶神，大禹治水期间，运用神力将其杀死。据传相柳死后，其血液所到之处又腥又臭，五谷不生；所在之地尽成泽国，人类无法居住。大禹试图用泥土将该片土地覆盖，但屡填屡陷，只好将其辟为水池，用挖出的泥土在池畔筑起高台，称“众帝之台”，据传该台位于昆仑山北。

3.4.4　禹

禹又称夏禹、大禹，是上古神话中的治水英雄，以治理世纪大洪水而著称，因治水成功而获舜禅让为帝，开创中国行政区划和贡赋制度之先河。其子启继承父位，建立起中国历史上第一个中央集权制国家，由此掀开华夏民族历史的第一页。

汉代画像石中的大禹（山东嘉祥县武氏祠出土）

大禹治水的故事在中国几乎家喻户晓。传说大禹治水的足迹遍及黄河、长江、济水、淮河四渎，有关他治水的故事遍及各地且世代相传，祭祀他的庙宇也遍及全国。人们祭祀他，除了祈求降雨、风调雨顺外，还期盼获取根治水患的神力。对于大禹的治水功绩，《左传》赞道：“美哉禹功，明德远矣。微禹，吾其鱼乎！”2011年5月，禹的传说被列入第三批国家级非物质文化遗产名录。

禹，姒姓，夏后氏，名文命，字高密，史称大禹、帝禹，为夏后氏首领、夏朝第一任君王，因又称夏禹。其父名鲧，被帝尧封于崇，称“崇伯鲧”，其母为有莘氏之女修己。

据传大禹治水的时间约在公元前21世纪，当时已进入农耕文明时代，黄河中下游分布着广阔肥沃的土地，居住着众多氏族部落。至尧、舜执政时期，黄河流域出现特大洪水，滔天的洪水淹没平原，包围丘陵山岗，百姓深受其害。据《尚书·尧典》记载，当时“汤汤洪水方割，荡荡怀山襄陵，浩浩滔天，下民其咨”。

大禹（[清]《帝王圣贤名臣像》）

特大洪水面前，尧召开部落联盟议事会议，先是任命共工治水，共工采取削山填谷、筑堤堵水的方法，但最终失败。尧又任命禹的父亲鲧负责治水，鲧采用修堤拦水的措施，作三仞之城。据《国语》和《吕氏春秋》记载，“鲧障洪水”“鲧作城”。据说为更快地修筑堤埂，鲧还盗来天庭中能自动生长土石的“息壤”。结果历时9年，洪水仍未得到控制，鲧也因盗窃天庭“息壤”而触犯天条，被斩杀在羽郊。共工和鲧治水失败的原因在于他们只知用堤防拦阻洪水，却不知当时所筑堤防只是简单的围堤，在人们“择丘陵而处”、遇到一般洪水时采用这种堤防是有效的，但用来防御特大洪水就很难成功。

鲧治水失败后，舜任命鲧的儿子禹继续治理水患。禹吸取其父鲧失败的教训，虚心向有经验的人请教，同时邀请伯益和后稷作为助手。经过实地考察，禹决定改堵为疏，采取以疏为主、疏堵结合的治水方略。也就是说，一方面，以疏通河道为主，将洪水沿西高东低的地势导流入海。用《淮南子·泰族训》的话就是：“决江浚河，东注之海，因水之流也。”而所谓“因水之流”就是根据水往低处流的特性，疏通水的去路，加速洪水的排泄。另一方面，禹继承和发展前人和其父以堤挡水的方法，修复堤埂作为必要的辅助手段。

治水方略已定，禹又开展以下两项工作。

一是“分列疆土，以立施治之纲”。洪水泛滥之际，弥漫无际，疆土、区域几乎无法分辨。于是，禹把当时的中国初步划分为冀、兖、青、徐、扬、荆、豫、梁、雍九个州域。“州域既判”，在疏通去路、因势利导引水入海时，“可以知所先后”。

试鲧治水图（[清]《钦定书经图说》）

《禹贡》九州图

二是“行山表木，定高山大川”。州域判定后，尚需勘定九州边界，了解地形水势情况，以便疏浚排水去路。据《史记·夏本纪》记载，禹“陆行乘车，水行乘舟，泥行乘橇，山行乘檋，左准绳，右规矩，载四时，以开九州，通九道，陂九泽，度九山”。“准绳”和“规矩”就是今日所谓的铅垂、圆规和角尺等。另外，《尚书·皋陶谟》中将“行山表木”作“随山刊木”。其中，“表木”，唐司马贞《史记索隐》注释为“刊木立为表记”，这大约是原始的水准测量。也就说，早在四千多年前中国已开始使用“准绳”“规”“矩”等测量工具。在治水期间，禹翻山越岭，淌河过川，拿着这些工具，测量地形的高低和水位的深浅，并树立标杆，据此规划需要疏通的水道。

在上述工作基础上，禹率领众多部落百姓，在伯益和后稷的帮助下，浩浩荡荡地展开大规模的艰苦卓绝的导山、导水活动。他们沿着河流而行，沿途开凿山脉以除其障，砍伐树木以通其路，然后导水东流入海。根据《尚书·禹贡》的记载，大禹治水期间主要对黄河、淮河、长江及其主要支流，以及西北弱水、黑水等内陆河流进行了疏导。由于大禹治水的过程非常艰难，由此演绎出很多动人的传说故事。

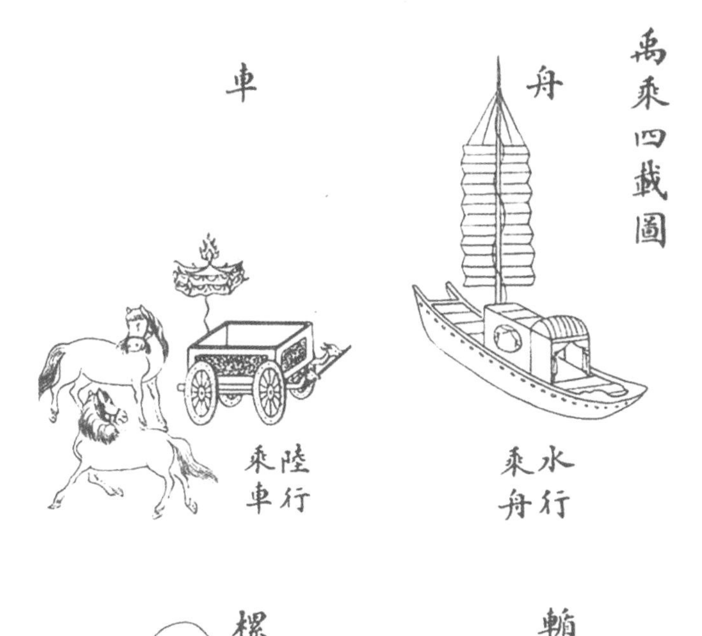

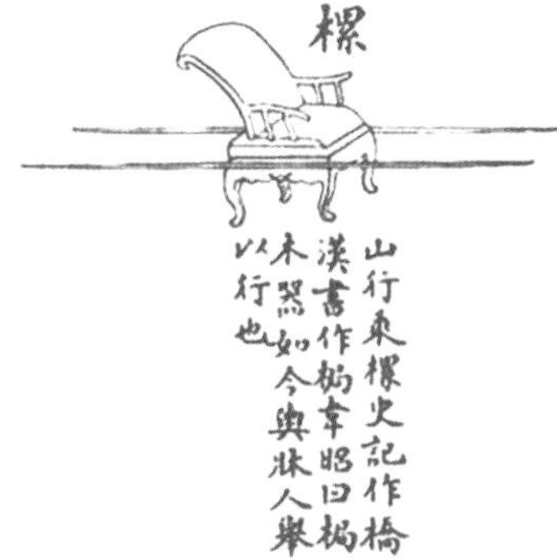

禹乘四载图（[清]《钦定书经图说》）

《帝王道统万年图》大禹治水（[明]仇英）

禹疏导河水，采用“因水为师”的理念。据《淮南子 · 原道训》记载，“禹之决渎也，因水以为师”，即大禹通过总结水流运动的规律，利用水往低处流的特点，因势利导，疏浚排洪。据《尚书 · 皋陶谟》记载，大禹“决九川，距四海，浚畎浍距川”。即大禹率众集中力量将主干河道疏浚畅通，加速洪水的排泄入海，然后在两岸加开排水沟，使漫溢洪水迅速回归河槽，从而实现了“水由地中行，然后人得平土而居之”的治水目标。

自黄河右岸远眺龙门（1946年，《黄河上中游考察报告》）

经过禹和诸部落的艰苦努力，最终将洪水引归入海。洪水退去后，人们“降丘宅土”，从丘陵高地搬到肥沃的平原生活。后世人赞颂禹的功绩，“洪水茫茫，禹敷下土方”。

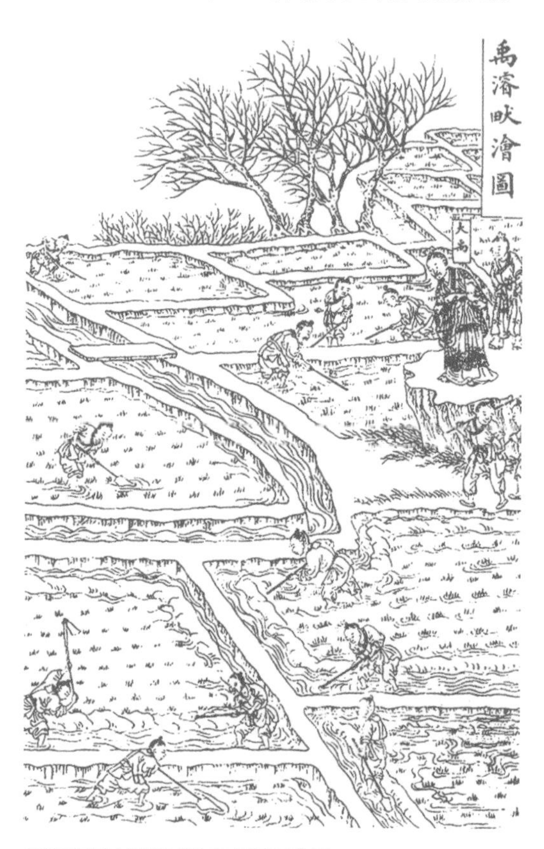

禹浚畎亩图（[清]《钦定书经图说》）

据《尚书 · 禹贡》记载，禹治水成功后，受舜禅让、继承帝位后，“别九州，随山浚川，任土作贡”。即将中国划分为九州，依据各地土地、物产等具体情况，确定贡赋的品种和数量；根据各地的山川河流、水土肥瘠、物产概况、收获多少和运输线路，确定中原各州向朝廷纳贡的数量、种类与路线；依据土地的肥瘠，分各地土地为上、中、下三等，每等再分上、中、下三级，各按等级纳贡。在禹的“别九州”和“任土作贡”基础上后来逐渐演变出行政区划和贡赋税收制度，并在历代各朝的国家治理中得到推行。

禹因治水有功而威望极高，死后其子启以武力征伐伯益并将其击败后继位，由此成为中国历史上不再经由“禅让制”而是通过“世袭制”成为帝王的第一人。启还是中国历史上被公认的第一位帝王，他建立的夏朝则是中国历史上第一个中央集权制国家，由此掀开中国历史的第一页。

禹死后安葬于浙江绍兴会稽山上，现仍存禹陵、禹庙和禹祠。

3.4.5 伯益

伯益是舜、禹执政时期功绩卓著的人物，曾辅助大禹平治水土。

伯益，名益，偃姓，伯为爵称，又名伯翳、柏翳、柏益、伯鹭，大费。皋陶之子，嬴姓诸国的始祖。

启画像

据《史记·五帝本纪》与《夏本纪》记载，伯益在舜执政时期，被任命为“虞”官，负责掌管山丘草泽、调驯鸟兽等事务。在世纪大洪水泛滥之际，辅佐禹平治水土。治水成功后，取姚姓玉女为妻，获赐嬴姓，成为秦人的始祖。禹执政后，成为禹的左膀右臂，尤其在其父皋陶早逝后，一度被禹选定为继承人。伯益的治水活动及其政绩主要包括以下三个方面。

伯益画像

一是担任虞官，执掌山林川泽。据《史记·五帝本纪》记载：“舜曰：谁能驯予上下草木鸟兽？皆曰：益可。于是以益为朕虞。益拜稽首，让于诸臣朱虎、熊罴。舜曰：往矣，汝谐。遂以朱虎、熊罴为佐。”于是，“益主虞，山泽辟。”也就是说，舜执政期间，曾任命伯益担任虞官，即山泽之官，主要负责管理山林、川泽、鸟兽等事宜，这些职责与后世的农、林、牧、渔、矿、水利等领域皆有关系。

二是大禹治水时，辅助大禹平治水土。尧、舜时代发生世纪大洪水，尧命鲧治之，结果9年未成。舜执政时，又命鲧之子禹主持治水。禹邀请伯益、后稷作为助手，吸取其父以堵之法治水失败的教训，采用以疏为主、疏堵结合的方法，“披九山，通九泽，决九河”。于是，“众民乃定，万国为治”。在此期间，伯益所做工作主要有：

（1）治水过程中，伯益与后稷分工，后稷负责导水，伯益则负责导山以确保导水更为通畅。对此，《孟子·滕文公上》记载道：“舜使益掌火，益烈山泽而焚之，禽兽逃匿。”“禹掘地而注之于海，驱蛇龙而放之菹，水由地中行，江淮河汉是也，险阻既远，鸟兽之害人者消，然后人得平土而居之。”

（2）导山过程中，伯益教民渔猎，利用鸟兽鱼鳖之肉充饥；导水后，一旦农田涸出，伯益便教当地百姓耕种，即所谓伯益“教民播种”。粮食不足，再以鸟兽鱼鳖之肉补充，正如《尚书·益稷》所记载的，禹“乘四载，随山刊木，暨益奏庶鲜食。予决九川距四海，浚畎浍距川，暨稷艰食鲜食。”

（3）平治水土后，伯益因地制宜地按照土地的高亢与卑湿，种植不同的作物，“予众庶稻”，使民众安居乐业。

正是由于上述功绩，大禹才对伯益发出“非予能成，亦大费为辅”的由衷赞叹。

三是发明凿井技术。据《说文》记载：“古者伯益初作井。”又据《吕氏春秋·勿躬篇》记载：“伯益作井。”根据上述两则记载可知，井的出现当与伯益有关。考古发掘成果表明，龙山文化遗址中曾发现水井，而龙山时代与尧舜执政时期不远。凿井技术的发明具有重大的意义，在此之前，为获得生产生活必需的水源，人们不得不逐水而居，而这又面临河水泛滥的威胁。凿井技术发明后，人们可以自由地获取水源，从而离开大江大河等，向更为广阔的平原地区迁移定居，平原地区逐渐得到开发。

會安橋

4 诗歌

山水诗是中国古代诗歌的重要题材之一，以描写山水景物为主要内容。它形成于东晋时期，繁盛于南北朝、唐代和宋代。其中，以唐代山水诗的创作最为鼎盛。这些诗歌大多并非纯写山水，而是通过描述山水的状貌声色之美，表达诗人对大自然的热爱、寄情山水的志趣和追求高洁品质的理念情怀等。尽管如此，仍可从一些山水诗中了解到不同时代的山川状况，尤其是一些大江大河。

4.1 描写长江的诗歌

早发白帝城

［唐］李白

朝辞白帝彩云间，千里江陵一日还。

两岸猿声啼不住，轻舟已过万重山。

该诗主要描述长江上游白帝城至江陵段水流湍急、舟行若飞的景致，唐代著名诗人李白作于乾元二年（759年）。当时李白因永王李璘案而被流放夜郎（今贵州正安西北），取道四川赶赴谪所，行至今四川奉节县东白帝城时收到赦免消息，惊喜之余，即刻乘舟东下湖北江陵，同时写下这首流传千古的诗歌。

该诗首二句以“彩云间”写长江上游白帝城地势之高，借此表现长江上中游落差之大，为下文水流之湍急和船行之迅速做铺垫；以“千里”和“一日”表现出诗人“一日”而行“千里”的快感。三峡流急滩险，可以想见，当诗人溯流而上赶赴谪所时，不仅行船艰难，而且心情滞重，一个“还”字，不仅表现出诗人回程时日行千里的畅快，也隐隐透露出遇赦后的喜悦。

后二句，“轻舟”写船行之快，诗人除了用猿声、山影来烘托外，还给船的本身添上了一个“轻”字，别有一番意蕴。回程时，伴随着两岸的猿声一路而下，猿声犹在耳际，而船已穿过三峡重重叠叠的绝壁，进入平原地带。行船之迅速，心情之愉悦，洋溢于字里行间。

四川奉节白帝城（《长江三峡工程水库水文题刻文物图集》）

三峡瞿塘图（[元]盛懋）

三峡瞿塘图（陆俨少）

灯影峡（《西洋镜：一个英国风光摄影大师镜头下的中国》）

由于该诗是作者在流放途中收到赦免消息、心情由悲滞突转激荡时写就而成，且作者当时正乘船自滩险流急的长江三峡顺流而下，全诗给人一种锋棱挺拔、空灵飞动之感，在雄峻迅疾中蕴含着豪情和欢悦，快船快意，给人无限想象的空间，读来回味悠长。

后人对这首诗好评如潮，如杨慎《升庵诗话》认为“惊风雨而泣鬼神矣”。清乾隆帝在御定《唐宋诗醇》时则赞叹道：“顺风扬帆，瞬息千里，但道得眼前景色，便疑笔墨间亦有神助。三四设色托起，殊觉自在中流。”《诗境浅说续编》的评价尤为中肯：“四渎之水，惟蜀江最为迅急，以万山紧束，地势复高，江水若建

西陵峡（钱松嵒）

瓴而下，舟行者帆橹不施，疾于飞鸟。自来诗家，无专咏之者，惟太白此作，足以状之。诵其诗，若身在三峡舟中，峰峦城郭，皆掠舰飞驰，诗笔亦一气奔放，如轻舟直下；惟蜀道诗多咏猿啼，李诗亦言两岸猿声。今之蜀江，猿声绝少，闻猱玃皆在深山，不在江畔，盖今昔之不同也。”

望天门山

［唐］李白

天门中断楚江开，碧水东流至此回。

两岸青山相对出，孤帆一片日边来。

该诗描述的是长江中游的景致，为李白初出巴蜀、乘船赴江东、经当涂（今属安徽）途中行至天门山，初次见到该山时有感而作。

天门山位于安徽省和县与芜湖市境内的长江两岸，北岸为西梁山，南岸为东梁山（古代又称博望山）。据《江南通志》记载：“两山石状晓岩，东西相向，横夹大江，对峙如门。”“天门”由此得名。

该诗首句，写浩荡东流的江水冲破天门山奔腾而来的壮阔气势。诗人以“中断”一词，写舟行江中远望天门山的悬崖绝壁、雄奇险峻之势，似乎是汹涌的江流将原本为整体的天门山冲断而成南北两山；以“楚江开”点明山与水的关系，写江水至此自两山间喷薄而出、不可阻遏的气势。

望天门山（[清]石涛）

第二句，写夹江对峙的天门山对汹涌奔腾的江水的约束和反作用。以“回”字点明江流流向与山势走向间的关系，明写江水的激荡回旋，暗写天门山山势的蜿蜒盘旋，给人以震撼的感觉。

第三句，写近观天门山的景象。以“出”字，写乘舟顺流而下、驶近天门山时，天门山似乎正扑面而来的喜悦之感，“相对”二字则赋予原本静止的天门山以动感之美，赋予原本无生命的天门山以生命和情感。

第四句，写长江水势的浑阔茫远。以“日边来”极言船来处之高远和江水之绵远，不直接写水而写水上的船，以孤帆自“日边来”的画面引人去想象，笔触酣畅淋漓。

这首诗意境开阔，气魄豪迈，画面色彩鲜明，通过对天门山景象的描述，赞美了长江景象的神奇壮丽，表达了作者初出巴蜀时乐观豪迈和自由洒脱的精神风貌。

长江芜湖归帆（1927年）

黄鹤楼送孟浩然之广陵

［唐］李白

故人西辞黄鹤楼，烟花三月下扬州。

孤帆远影碧空尽，唯见长江天际流。

该诗是李白出蜀仕游时的作品。唐开元十五年（727年），时年27岁的李白东游归来，寓居湖北安陆，结识了年长12岁的诗人孟浩然。孟浩然对李白非常赞赏，两人成为挚友。开元十八年（730年）三月，李白得知孟浩然要去广陵（今江苏省扬州市），便约孟浩然在江夏（今湖北省武汉市武昌区）相会。几天后，在孟浩然即将乘船东下扬州之际，李白亲至江边送行，写下这首诗歌。

黄鹤楼位于今湖北武汉市武昌蛇山的黄鹄矶上，传说三国时期的费袆于此登仙乘黄鹤而去，故称黄鹤楼。原楼建于三国时代吴黄武二年（223年），已毁，现存楼为1985年修葺。

黄鹤楼（《西方的中国影像》）

黄鹤楼（1926年）

黄鹤楼（《三才图会》）

黄楼拜苏（[清]麟庆《鸿雪因缘图记》）

黄鹤楼图（[明]安正文）

该诗首二句，以“黄鹤楼”和“扬州”简单交代友人即将离别和前往之地，即武昌和扬州；以“辞”字，借用仙人驾鹤一去不复返的典故，寓意随着友人的离去，将唯有空荡荡的黄鹤楼相伴，点出诗人淡淡的惜别愁绪和孤寂心境，气概苍茫；接着诗人笔触一转，以“烟花”写阳春三月之际、友人沿长江一路东下时将有看不尽的繁花似锦，不禁为友人感到高兴，自己的心境随之由低迷转而欢欣，文字绮丽，感情真挚。

后二句，以“孤帆”“天际”写长江江面的浩瀚和与友人离去时自己的心境。长江岸边，孑然一身，注目送友，直到载着友人的帆船渐渐消失在碧空的尽头，唯见浩荡的江流接天连碧，无边无际，诗人怅望依依、帆影尽而离心不尽的心境隐然可见。

望洞庭湖赠张丞相

［唐］孟浩然

八月湖水平，涵虚混太清。

气蒸云梦泽，波撼岳阳城。

欲济无舟楫，端居耻圣明。

坐观垂钓者，徒有羡鱼情。

该诗是唐代孟浩然在都城长安遭到冷遇，回到今湖北襄阳游洞庭湖时，面对波澜壮阔的湖面，不禁激起经世致用之壮志，提笔写给张九龄的自荐诗。《西清诗话》评价道：“洞庭天下壮观，骚人墨客题者众矣，终未若此诗颔联一语气象。”

该诗首联一个“平”字，写出号称“八百里”的洞庭湖在秋汛时波涛汹涌、水天相接的景象；天空映照湖中，似为湖水包孕。“涵虚”，足见洞庭湖之大；“混太清”，足见洞庭湖之阔。

洞庭湖与君山

岳阳江景（1936年）

岳阳楼图（《三才图会》）

第二联是全诗中最为精彩的部分，一个“蒸”字，一个“撼”字，写出八月洞庭湖风云激荡、波涛翻涌的景象，古老的云梦泽似乎在惊涛中沸滚蒸腾，宏伟的岳阳城则在巨浪的冲撞下摇荡不已，气象雄浑，惊心动魄。

登岳阳楼

［唐］杜甫

昔闻洞庭水，今上岳阳楼。

吴楚东南坼，乾坤日夜浮。

亲朋无一字，老病有孤舟。

戎马关山北，凭轩涕泗流。

该诗与孟浩然《临洞庭上张丞相》齐名，人称“岳阳楼天下壮观，孟杜二诗尽之矣”。

岳阳楼位于湖南省岳阳市古城西门城墙之上，屹立于洞庭湖畔。据传其前身为三国时期东吴大将鲁肃的“阅军楼”，西晋南北朝时称“巴陵城楼”，中唐李白赋诗之后始称“岳阳楼”，与武昌黄鹤楼、南昌滕王阁同为文人登高远眺长江、洞庭湖和鄱阳湖的胜景。

唐大历三年（768年），杜甫沿长江由江陵、公安一路漂泊至岳州（今湖南岳阳）。登上神往已久的岳阳楼，凭轩远眺，面对烟波浩渺、壮阔无垠的洞庭湖，发出由衷的礼赞。继而想到自己晚年漂泊无定，国家多灾多难，不免感慨万千，写下该诗。

该诗首联，以“昔”和“今”展现时间的跨越，用“昔闻”为“今上”蓄势，并为后文描写洞庭湖酝酿气氛。

该诗颔联，以“吴楚”和“乾坤”代表地与天；一个“坼”字，一个“浮”字，写出洞庭湖之广大，地跨吴楚，包含日月，气象雄张，如在目前，真不知诗人胸中吞几云梦。

该诗颈联，诗人转回自身政治生活坎坷、漂泊天涯的心境，为从大到小的跨越；至尾联，又从个人身世遭遇扩展到对国家动荡不安、士人报国无门的哀伤，又完成从小到大的跨越，纵横开阔、意境高远。

岳阳楼（1926年）

岳阳楼下的江水

后人对该诗评价极高。宋刘辰翁在《唐诗品汇》中指出：（“吴楚”二句）“气压百代，为无言雄浑之绝。”清张谦宜评价道：“‘吴楚东南坼，乾坤日夜浮’，十字写尽潮势，气象甚大。一转入自己心事，力与之敌。”

4.2 描写黄河的诗歌

渡黄河

［南北朝］范云

河流迅且浊，汤汤不可陵。

桧楫难为榜，松舟才自胜。

空庭偃旧木，荒畴余故塍。

不睹行人迹，但见狐兔兴。

寄言河上老，此水何当澄？

该诗为南朝诗人范云在齐永明十年（492年）出使北魏途中所作。当时黄河位于北魏境内，北魏都城平城（今山西大同）位于黄河以北，南来北上者须渡过黄河。所以，该诗是作者北渡黄河时的亲身经历和有感而发，为南北朝时期写黄诗中的佳作。

该诗首二句，写初见之黄河。诗人开门见山，以“迅”“汤汤”写黄河水流之迅猛和水势之浩大；以“浊”字写黄河含沙量的之高；“不可陵”则极言横渡黄河之难。仅仅两句极其浅显的语言和几个常见的用词，便将诗人初次走近黄河、入眼所见的景象徐徐呈现于眼前。

接下来两句，写亲身渡黄之难险。以“难为榜”，写渡黄过程中操船的不易，隐喻渡黄之艰难；以“才自胜”，写战战兢兢渡过黄河后的放松又后怕的心境，衬托渡黄之危险。

山西石楼黄土陷穴群（《中国黄河》）

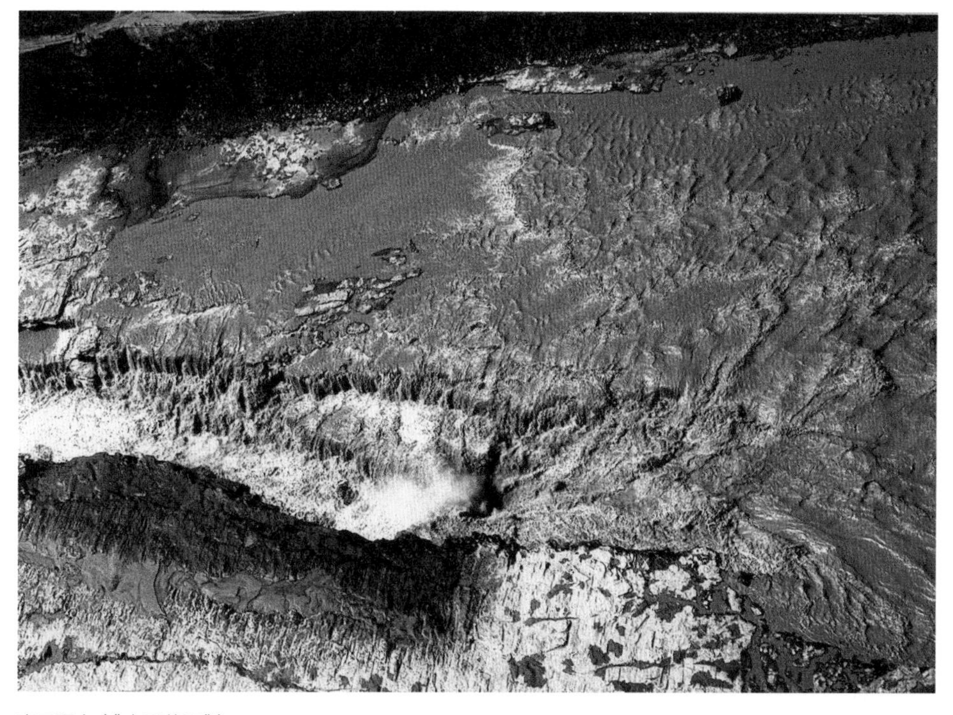

壶口瀑布（《中国黄河》）

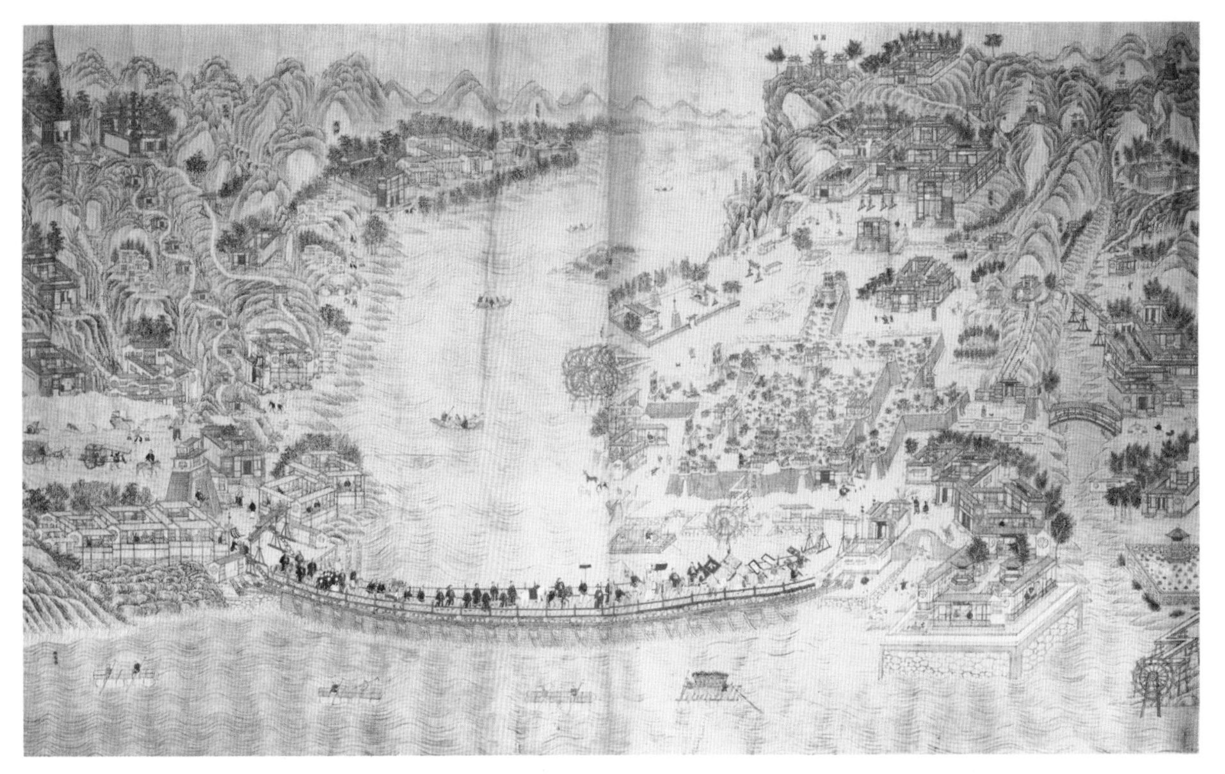
黄河兰州浮桥图(《河岳海疆》)

近代黄河兰州段乘坐羊皮筏(《黄河上中游考察报告》)

近代黄河上游的大型皮筏运输(《民国黄河史》)

近代航行于包头——河曲间的平底木船(《民国黄河史》)

近代黄河下游的帆船运输(《民国黄河史》)

接下来四句，写黄河北岸之衰败。渡过黄河后，诗人一路行来，但见废旧的庭户中朽木横斜，荒芜的田地中土埂偶见，狐兔的不时出没更显四周的空旷幽寂、人迹罕见。寥寥几笔，诗人面对国家分裂、社会凋敝、百姓困苦的悲痛与无奈之情令人感怀。

最后两句，写诗人之情怀。一句“此水何当澄”使诗歌高潮陡起，表达诗人期盼国家统一、政局稳定、百姓安居乐业的忧国忧民情怀和不同凡响的气骨，随着他的这一声质问扑面而来。

浪淘沙·九曲黄河万里沙

［唐］刘禹锡

九曲黄河万里沙，浪淘风簸自天涯。

如今直上银河去，同到牵牛织女家。

该诗主要写黄河气势之雄伟和河道之弯曲、含沙量之高。

该诗首二句，用“九曲”“万里沙”直观描绘黄河的蜿蜒曲折和高含沙量的河性。“自天涯”写黄河的源远流长，与李白《将进酒》中的“黄河之水天上来，奔流到海不复回”有异曲同工之妙，展现黄河发源于万里之外，一路乘风破浪、直奔而来的气魄。

该诗后两句，诗人驰骋想象自己迎着狂风巨浪，顶着万里黄沙，直上银河，寻访牵牛织女，诗情画意地表达出诗人愿逐波踏浪、知难而上、追寻传说中美好家园的情怀。

黄河黑山峡段（《中国黄河》）

陕西乾坤湾

黄河若尔盖段（《中国黄河》）

登鹳雀楼

［唐］王之涣

白日依山尽，黄河入海流。

欲穷千里目，更上一层楼。

该诗是最为著名的登鹳雀楼诗，可谓独步千古。

鹳雀楼位于山西省永济市蒲州古城西、黄河东岸，共6层，前对中条山，下临黄河，与武昌黄鹤楼、洞庭湖畔岳阳楼、南昌滕王阁一起被誉为中国古代四大名楼。该楼始建于北周（557—580年），因当时常有鹳鹊栖于其上而得名，楼体壮观，结构奇巧，是唐宋文人学士登楼赏景之地。

该诗所写为登上鹳雀楼所见之景象。

蒲州段黄河（《水道寻往》）

前两句写所见。首句写远景，写山，即诗人登上高楼后望见的远山景色；次句写近景，写水，即诗人在楼上目送渐远渐去的黄河景色。首句中，诗人登上鹳雀楼，遥望一轮落日向着眼前一望无际、连绵起伏的群山冉冉西沉，逐渐隐没，这是向西仰望天空、遥看远方之景；次句写诗人在楼上俯瞰黄河自上游咆哮而来，又目送其奔着大海东流而去，这是由仰望天空到俯瞰地面、由远望到近望再到遥看、由西到东、由静到动之景。这两句合起来，将上下、远近、东西和动静的景物全都容纳笔下，画面宽广辽远。同时，诗人又把目送黄河渐远的当前景与黄河流归天际大海的意中景合而为一，进一步增加了画面的广度和深度，达到缩万里于咫尺、使咫尺有万里之势的境界。

后两句写所想。写诗人追求无止境探求的精神。

鹳雀楼（[清]《永济县志》）

“千里”“一层”，都是虚数，是诗人想象中纵、横两方面的空间；“欲穷”“更上”则意味着对未来充满无限的希望和憧憬；收尾处一个“楼”字，起点题的作用，说明这是一首登楼诗。诗人认为要看得更远、看到目力所能及的地方，唯一的办法就是站得再高、更高，然后以平铺直叙的方式，写出登楼望远的这一过程，既展现出其向上进取的精神和高瞻远瞩的胸襟，也道出站得高才看得远的哲理，寓意深远，耐人探索，因而成为千古名句。

宋代文学家和科学家沈括在《梦溪笔谈》中曾指出，唐人所作鹳雀楼诗中，“惟李益、王之涣、畅当三篇，能状其景”。李益的诗是一首七律。畅当的诗是一首五绝，也题作“登鹳雀楼”，全诗如下：“迥临飞鸟上，高出世尘间。天势围平野，河流入断山。”诗境也很壮阔，不失为一首名作，但与王之涣的诗相较，终输一筹，不得不让王诗独步千古。

4.3 描写淮河的诗歌

渡淮

［唐］白居易

淮水东南阔，无风渡亦难。

孤烟生乍直，远树望多圆。

春浪棹声急，夕阳帆影残。

清流宜映月，今夜重吟看。

在描写淮河的诗词中，该诗首屈一指。

该诗首联，写近观之淮河，开门见山，直叹淮河之宽阔、横渡之艰难。

该诗颔联，写远眺之淮河，冉冉升起的一缕炊烟中，淮河河畔的村庄掩映于茵茵树丛中，悠远静谧。

该诗颈联，一个“急”字，写出辽阔湍急的淮河中，晚归人行色之匆匆、棹声之急急，点出晚归人归心似箭的心情；一个“残”字，写出随着晚归人帆船的渐离渐远，夕阳下的帆影被粼粼的波浪荡漾地支离破碎，用晚归人的归去衬托诗人的孤寂心境。

安淮晚钟（[清]麟庆《鸿雪因缘图记》）

洪泽归帆（[清]麟庆《鸿雪因缘图记》）

该诗尾联，写诗人面对如此清澈壮美的淮河，不禁涌起夜深人静时月下赏淮吟诗的期待，寓意未来之可期。

泗州东城晚望

［宋］秦观

渺渺孤城白水环，舳舻人语夕霏间。

林梢一抹青如画，应是淮流转处山。

该诗主要写淮河下游泗州段景象，作于宋元丰元年（1078年）。当时诗人秦观赴京应举，访苏轼于徐州，自徐州入汴河东归时过泗州入淮河。

宋代泗州城位于淮河左岸，与今盱眙隔河相望。1128年黄河夺泗入淮后，在泗州城下游逐渐形成洪泽湖。随着黄河淤积的日益严重，洪泽湖面积不断扩展，至清康熙十九年（1680年），泗州城沉入洪泽湖底。

该诗首二句，用“孤城”“环”二词，写出烟霭笼罩下清冷孤寂的泗州城被蜿蜒流淌的淮河环拥的悠远意境；以“人语”写犹如长带的淮河上归帆点点，人语若有若无，更加衬托境界的静谧。

该诗后二句，写诗人的目光投向远处的林梢，但见林梢尽头一抹青绿叠翠若隐若现，那是位于烟波渺渺的淮河转弯处的层山迭峦。

泗州城与淮河位置关系图

龟山问井（[清]麟庆《鸿雪因缘图记》）

盱眙望山（[清]麟庆《鸿雪因缘图记》）

淮河干流盱眙段（《筑梦淮河》）

淮河固始县三河尖乡（《淮河记忆》）

全诗层次分明，诗中有画，画中见诗，语言淡雅明丽，是写景诗中的佳品。

和淮上遇便风

［宋］苏舜钦

浩荡清淮天共流，长风万里送归舟。

应愁晚泊喧卑地，吹入沧溟始自由！

该诗首二句，以“天共流”一词，写出浩瀚的淮水融于长天、与长天共一色的雄浑壮阔气象；以“长风万里”写出诗人乘风破浪、一泻千里的快意，表达其豪迈壮阔的情怀和归心似箭的心境。

该诗后二句，以“愁”字写诗人借不愿停泊于喧哗卑湿之地，表达其追求宁静、高洁的情怀；以“始自由”一词，写诗人期盼乘长风、破白浪直驶大海，表达其欲冲决羁绊、无拘无束地遨游沧溟的强烈愿望和高远理想。

淮河息县长岭乡段（《淮河记忆》）

4.4 描写海河的诗歌

舟次直沽简彭彦实同寅

［明］丘浚

潞河澄彻卫河浑，二水交流下海门。

直北回看龙阙近，极东遥望蜃楼昏。

孤城近水舟多泊，列戍分耕野尽屯。

我有好怀无处写，欲沽尊酒对君论。

该诗为明代诗人丘浚所写，描绘的主要是南运河、北运河和海河在天津三岔口合流入海的景象。

该诗首联，以“澄彻”“浑”字写北运河即潞河、南运河即卫河二者之间截然不同的水质；以“交流”和“下”字，写南北运河与海河在天津三岔口交汇后东奔入海的景象。

天津三岔口（魏建国、王颖 摄）

该诗颔联，以“直北”“极东”写海河北邻都城北京、东至大海的优越地理区位，隐含海河对于都城北京发展和江南漕粮运输的重要作用。

该诗颈联，以“舟多泊”写三河交汇处的天津城内帆樯林立、水运发达的繁盛景象；以“野尽屯”写海河带来的灌溉之利，使沿线土地渐成沃壤，一派丰收在望、生机昂然的景象。

该诗尾联，用“无处写”“沽尊酒”写诗人见到此景后无法言说、无法抑制的欣悦之情。

白河繁华景象（《大清帝国城市印象》）

4.5 描写太湖的诗歌

过太湖

［宋］范仲淹

有浪即山高，无风还练静。

秋宵谁与期，月华三万顷。

该诗为宋代诗人范仲淹所作，主要写太湖在不同天气下呈现的不同景象。

范仲淹是江苏吴县人，生长于太湖湖畔，对于太湖非常熟悉。因此，该诗虽平实，但却是吟唱太湖诗歌中的佳品。

该诗首二句写不同的季节和气候下不同的太湖景象。以“山高”写风起之时，太湖涌浪犹如山高；以“练静”写无风之时，太湖湖面就好像布绢般平静。

后两句写诗人的感叹。如此秋夜良宵之际，可与谁共赏这万顷壮丽的月光美景，以“月华三万顷”更显诗人孑然之孤寂。

太湖图（《三才图会》）

钱塘湖春行

［唐］白居易

孤山寺北贾亭西，水面初平云脚低。

几处早莺争暖树，谁家新燕啄春泥。

乱花渐欲迷人眼，浅草才能没马蹄。

最爱湖东行不足，绿杨阴里白沙堤。

该诗是白居易在唐长庆二年（822年）七月被任命为杭州刺史时所作。钱塘湖是西湖的别名，诗中生动地描绘和赞颂了其在早春之际的明媚景色。

该诗首联总写湖水。前一句连用两个地名，点出西湖的方位和周边的著名景观；后一句正面写春水初涨之际，水面几乎与堤岸齐平，湖云相接，连成一片，展现西湖之水的充盈。

颔联以禽鸟写西湖春天的生机。以“几处”“谁家”写较早回归的少数黄莺和燕子，点明当时的西湖正值早春时节；以“争暖树”和“啄春泥”写它们回归后忙于筑巢的景象，展现西湖初春时的勃勃生机。

太湖胜景图轴（钱松嵒）

御览西湖胜景新增美景全图

（[清]容光堂 摹刻）

《西湖佳景》之柳浪闻莺

西湖全景十二屏绢本（局部）（[明]周尚文）

西湖白堤（1910年）

西湖八景之南屏晚钟（[清]董邦达）

颈联以花草写西湖的早春。以“乱”字写百花尚未盛开之际，零散盛开的早春之花；以“浅”写早春尚未丰茂的春草。以“渐欲”和“才能”写花草向荣的趋势，展现早春气象，给人以清新向上之感。

尾联略写诗人最爱的湖东沙堤。白沙堤横亘在西湖东西向湖面上，从断桥起，过锦带桥，至平湖秋月，全长一公里，静静地卧于两岸绿杨荫里和碧波之中，堤上游人如织，诗人置身其间，流连忘返。因以“行不足”写西湖自然景观的美不胜收，让人感觉余兴未阑，回味无穷。

饮湖上初晴后雨

［宋］苏轼

水光潋滟晴方好，山色空蒙雨亦奇。

欲把西湖比西子，淡妆浓抹总相宜。

该诗是苏轼于宋熙宁六年（1073年）正月、二月间所作。当时苏轼病后初愈，应杭州知府、诗友陈襄的邀请，在西湖上泛舟赏景，见西湖初晴后雨，景色动人，便写下这首脍炙人口的诗歌。苏轼曾于宋熙宁四年至七年（1071—1074年）任杭州通判，在此写下大量有关西湖景物的诗。

西湖苏堤南起南屏山麓，北到栖霞岭下，全长近3公里，是苏轼任杭州知州时疏浚西湖，利用挖出的葑泥构筑而成。南宋时，苏堤春晓被列为西湖十景之首，元代又称“六桥烟柳”，被列入钱塘十景。

西湖八景之苏堤春晓（[清]董邦达）

该诗首二句写西湖的水光山色和晴姿雨态。“水光潋滟晴方好”写晴天的西湖水光，在阳光映耀下，湖水荡漾，波光闪闪；“山色空蒙雨亦奇”则写雨天的西湖山色，在烟雨笼罩下，湖周群山一片空蒙，若有若无。诗人用“晴方好”和“雨亦奇”描述其对不同天气下湖山胜景的感受，可见西湖无论晴天还是雨中皆为胜景，也可见诗人乐观、开阔的胸怀。两句之间情景相对，西湖之美概写无余，诗人苏轼之情表现无遗。

后两句用空灵贴切的比喻写湖山的神韵。本体西湖与喻体西子即西施之间，同有一个“西”字，且二者在美丽魅力和风姿神韵方面都有可意会而不可言传的相似之处。正因西湖与西子都是其美在神，所以对西湖来说，晴也好，雨也好，对西子来说，淡妆也好，浓抹也好，都无改其美。

“西湖之美，自古难言”。该诗构思高妙，概括性强，重在对西湖的全面评价而非一处之景或一时之景，意境单纯而丰富，含义深广。

《西湖佳境》之苏堤春晓

苏堤春晓（1910年）

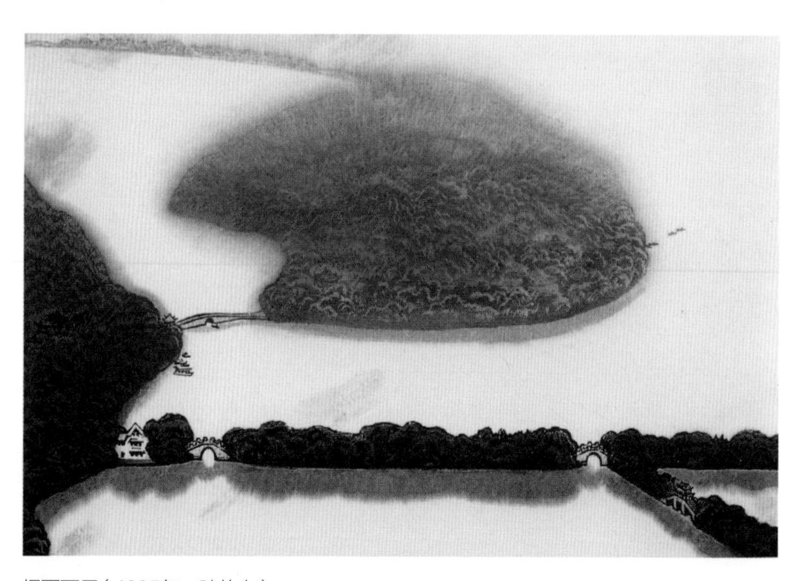

烟雨西子（1985年，陆放木）

4.6 描写大运河的诗歌

汴河怀古二首（节选）

［唐］皮日休

尽道隋亡为此河，至今千里赖通波。

若无水殿龙舟事，共禹论功不较多。

这是一首以大运河历史地位评价为主题的诗歌。

隋炀帝

隋代定都长安，隋炀帝即位后，开始营建东都洛阳，并开凿南北大运河，以缩短当时的政治重心和经济重心之间的距离，解决关东和江南地区的漕粮运抵洛阳的水运问题。大业元年（605年），隋炀帝在古汴渠河道基础上开凿通济渠。这一工程征调洛阳丁夫200万人，河南、淮北、淮南等地110万人，历时五个月完成。大业四年（608年）春，为伐高丽征辽东，隋炀帝又征调河北诸郡100多万人，开通永济渠。通济渠和永济渠的开通，标志着以长安和洛阳为中心的东西大运河的贯通。

通济渠开通当年，即605年秋，隋炀帝就率领20万人、乘坐豪华龙舟前往扬州巡游。龙舟高4层，上设宫殿百余间，装饰得金碧辉煌。这些龙舟加上宫妃、文武官员和士兵等人乘坐的船只，共有上万艘行驶于运河中，首尾相接长达200余里，岸上的纤夫有8万余人，还有骑兵护送，旌旗蔽日，气势非凡。隋炀帝在位期间，先后三次率领庞大的船队南下扬州巡游。

永济渠开通后，隋大业七年（611年），隋炀帝又乘龙舟自江都出发，走山阳渎、通济渠，渡黄河入永济渠，历时55天抵达涿郡。到达涿郡后，隋炀帝开始筹备辽东战役。此次战役，除粮草外，通过永济渠运输兵卒113万人，船舶首尾相接达千余里，军运规模空前。此后大业九年至十年（613—614年）又先后两次征伐高丽，每次都通过永济渠运送同样规模的军队和军需品。然而，隋炀帝三次东征高丽均大败。

开凿大运河和征高丽耗费隋朝大量的人力、财力和物力，加上隋炀帝骄奢暴虐，激起农民武装起义，致使大运河尚未发挥作用，隋朝即土崩瓦解。然而，从唐代开始，在大运河的基础上逐渐形成一个发达的全国水运网。大运河在国家统一、政局稳定和经济、社会、文化发展等方面发挥着巨大作用。

隋炀帝巡游图

该诗首句开门见山，从传言中的隋灭于大运河说起，第二句则反面设难，予以辩驳。首句以“尽道”二字，一方面写众人的认识，即众口一词地认为隋代因开凿大运河而灭亡；另一方面写诗人的认识，以一个“道”写出诗人认为隋代因开凿大运河而亡只是众人而非自己的观点，为下文的辩驳做铺垫；次句以“至今”二字，写大运河造福后世的时间之长；以“千里”写大运河开凿后受益的空间之广；以“赖”字展现大运河对国计民生不可缺少的地位，一反众人的消极论调而强调大运河的历史作用，使人耳目一新。

后两句中，以“若无”二字，写隋炀帝开凿大运河后，最受人谴责的是“水殿龙舟事”，即乘坐豪华龙舟巡游之事。最后，以大禹治水与隋炀帝开凿运河进行对比，甚至以之相媲美，用反诘句式再次强调隋炀帝开凿大运河的功绩，读来铿锵有力。

该诗立意新颖，议论精辟，巧妙地运用了翻案之法，是晚唐咏史怀古诗作中的佳品。

4.7 描写钱塘江的诗歌

浪淘沙·其七

[唐] 刘禹锡

八月涛声吼地来，头高数丈触山回。

须臾却入海门去，卷起沙堆似雪堆。

该诗是唐代诗人刘禹锡外放夔州（今重庆奉节）期间创作的组诗《浪淘沙九首》中的第七首，主要描写钱塘江涌潮气势磅礴的景象。

盐官钱塘江潮（《钱塘江志》）

钱塘江江口南北有龛、赭二山，二山对峙，使钱塘江口呈喇叭口状。潮水进入喇叭口后，由于水域变窄，海潮骤然增高，形成著名的钱塘江涌潮。每年农历八月十八日是钱塘潮最为壮观之时，潮水汹涌而来，潮头壁立，波涛汹涌，犹如万马奔腾，成为古往今来一大奇观，文人墨客多有诗句赞颂。

该诗首二句，首句写潮来之势，写所听。诗人以一个“吼”字，写钱塘江潮涌来之时最先感受到的由远而近、震雷般的呼啸之声。第二句，由听觉转到视觉，写潮水涌入喇叭口后，潮头骤然增高，撞击龛、赭二山后，又重重落回，并与后续潮水一起向钱塘江挺进的景象。这两句以“吼地来”和“触山回”相对照，从听觉和视觉写潮涨潮退的过程，衬托出潮势奔腾急遽的撼人景象。

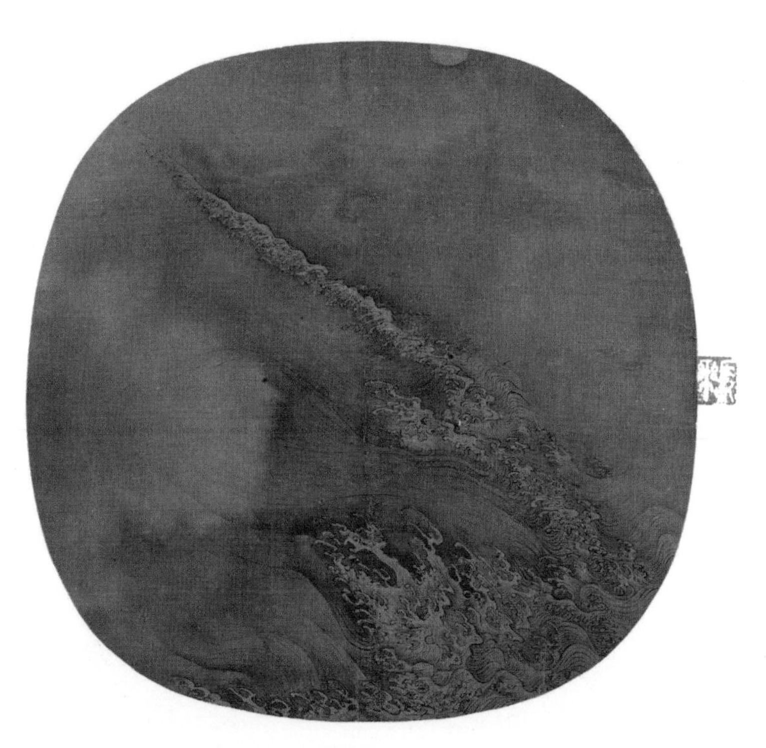

明月潮生图（[明]佚名，现藏于大都会博物馆）

后二句，以“须臾”写正当观者沉醉在潮浪排空、摧山击石的壮丽画面时，潮水却开始迅疾退却，这使人更加感觉潮水的来去须臾、变化无端。退潮后的沙滩，如激战后的战场，到处是被巨浪卷起的“断垣残壁”，在太阳照射下熠熠泛光，犹如堆堆白雪。这种由喧闹顿入平静、在视觉和听觉上造成巨大反差的写法，更加鲜明地烘托出钱塘江潮起潮落的壮观景象。

与颜钱塘登障楼望潮作

［唐］孟浩然

百里闻雷震，鸣弦暂辍弹。

府中连骑出，江上待潮观。

照日秋云迥，浮天渤澥宽。

惊涛来似雪，一座凛生寒。

该诗为唐代诗人孟浩然所作。

该诗首联，以先声夺人的手法写听潮。钱塘江潮未至，先闻其声，且声如雷震，震撼百里，诗人以弦声之喧嚣衬托潮声之撼势，充满力量感。

颔联，主要写观潮人之众。在壮观景象的感召下，即便钱塘令也暂时放下公务，与众人急速赶往江岸等待观潮，进一步渲染气氛。

颈联，以日光、秋云、天空烘托大潮来临前的景象。秋日秋云之下，海潮徐徐涌来，层层涨溢，天空似乎都被托浮起来，以此进一步衬托钱塘江潮的浩瀚之势。

尾联，正面写观潮之象。随着钱塘江潮的临近，惊涛滚滚，浪花怒卷，如同白茫茫雪阵直压而来，令人顿觉寒气凛冽，其气锋锐，大潮之势跃然眼前。

钱塘江潮（1910年）

浙江大潮（1910年）

會安橋

5
散　文

散文是一种抒发作者真情实感、写作方式灵活的记叙类文学体裁，产生于文字发明后，最早的源头可追溯至商代甲骨文，先秦时期逐渐成熟，但大多为诸子散文和历史散文。魏晋南北朝时期，一种新的散文体裁，即山水游记出现。唐宋以后，山水游记逐渐成熟发展。山水游记主要写作者登山临水时的所见所感，以描写自然景物为主，同时借山水以咏怀，借山水以抒发心中的情感，或借以体悟人生的哲理，或表达对社会的不满和对未来的憧憬与向往。

5.1 南北朝郦道元《水经注·江水·三峡》

自三峡七百里中，两岸连山，略无阙处；重岩叠嶂，隐天蔽日，自非亭午夜分，不见曦月。

至于夏水襄陵，沿溯阻绝，或王命急宣，有时朝发白帝，暮到江陵，其间千二百里，虽乘奔御风不以疾也。

春冬之时，则素湍绿潭，回清倒影。绝巘多生柽柏，悬泉瀑布，飞漱其间。清荣峻茂，良多趣味。

每至晴初霜旦，林寒涧肃，常有高猿长啸，属引凄异，空谷传响，哀转久绝。故渔者歌曰："巴东三峡巫峡长，猿鸣三声泪沾裳！"

郦道元（约470—527年），字善长，范阳涿州（今河北涿州）人，南北朝时北魏地理学家。所撰《水经注》不仅是一部地理著作，而且是《楚辞》后山水描写成果的荟萃，对后世山水游记散文的写作产生了极为深远的影响。

《水经注》中记述大小河流1252条、湖泊和沼泽500多处、泉水和井水等地下水200多处、伏流30余处、瀑布60多处、温泉31处。针对河流或湖泊的各种现象，作者均试图仔细分类，详加记载。如将湖泊分为湖、泽、海、陂、浦、渊、潭、池、薮、渚、塘、淀、沼等；将温泉按温度分为"暖""热""炎热特甚""炎热倍甚"和"炎热奇毒"等5个等级。作者还注重记载内容的可读性，因而许多篇章写景生动形象，富有情趣。如描述瀑布时，没有泛泛地称之为瀑，而是将泷、洪、悬流、悬水、悬涛、悬泉、悬涧、悬波、颓波、飞清等不同形态的瀑布加以生动展现。同时引经据典，记录下众多神话传说、人物典故、民俗物产、歌谣谚语等，堪称一部地理百科全书。

巫峡云涛（陆俨少）

瞿塘峡（吴镜汀）

《水经注·江水·三峡》主要描述长江三峡中的巫峡四季不同的壮丽景色和雄峻风貌，是一篇久负盛名的优美写景散文。据考证，该段文字主要引用了南朝文学家和史学家盛弘之的《荆州记》。盛弘之曾任刘宋临川王刘义庆的侍郎，撰《荆州记》3卷，记述荆州地区的郡县城郭和山水名胜，是典型的山水文学作品。该文约成于南朝宋元嘉十四年（437年），原书已散佚。

5.2 唐代柳宗元《小石潭记》

从小丘西行百二十步，隔篁竹，闻水声，如鸣珮环，心乐之。伐竹取道，下见小潭，水尤清冽。全石以为底，近岸，卷石底以出，为坻，为屿，为嵁，为岩。青树翠蔓，蒙络摇缀，参差披拂。

潭中鱼可百许头，皆若空游无所依。日光下澈，影布石上，佁然不动，俶尔远逝，往来翕忽，似与游者相乐。

潭西南而望，斗折蛇行，明灭可见。其岸势犬牙差互，不可知其源。

坐潭上，四面竹树环合，寂寥无人，凄神寒骨，悄怆幽邃。以其境过清，不可久居，乃记之而去。

同游者，吴武陵、龚古、余弟宗玄。隶而从者，崔氏二小生，曰恕己，曰奉壹。

柳宗元（773—819年），字子厚，河东（今山西运城）人，唐代著名文学家、思想家和政治家，唐宋八大家之一。唐顺宗永贞元年（805年）永贞革新失败后，柳宗元被贬为永州司马。在永州生活的10年间，他寓情山水而不忘国政，并与韩愈共同倡导古文运动。著有《永州八记》等六百多篇文章，是中国山水游记的创立者。

柳宗元画像

柳宗元的山水游记均写于被贬之后，其中以《永州八记》最具代表性、最为脍炙人口。“八记”主要包括《始得西山宴游记》《钴鉧潭记》《钴鉧潭西小丘记》《至小丘西小石潭记》《袁家渴记》《石渠记》《石涧记》《小石城山记》。在这些游记中，柳宗元选取永州境内非常普通的山水景物，从中捕捉自然的最妙之美，以独特的文笔和情怀创造出高于自然原型的意境，最终形成一幅蜿蜒数十里、或峭拔峻洁、或清邃奇丽的永州山水画卷，同时借永州山水景物折射自己的贬谪生涯及其不幸遭遇，表达自己在领略山水之美的同时心灵得以净化和升华、最终达到物我合一的境界，从而创造出借山水寓理于景的抒情方式。读《永州八记》，往往令人于平凡中得天地之大美，且文中涌荡着一种向往自然、向往崇高的人文情怀，透脱出一种深远脱俗的境界。正如宋代汪藻评价：“零陵一泉石，一草木，经先生品题者，莫不为后世所慕，想见其风流。”

《小石潭记》是“八记”中的代表作，文质精美、情景交融。全文共193字，用移步换景、特写和变焦等手法，有形、有声、有色地刻画出小石潭的动态美，写出了小石潭环境景物的幽美和静穆，抒发了作者贬官失意后虽孤凄但从容淡泊的情怀。

5.3 北宋范仲淹《岳阳楼记》

庆历四年春，滕子京谪守巴陵郡。越明年，政通人和，百废具兴，乃重修岳阳楼，增其旧制，刻唐贤今人诗赋于其上，属予作文以记之。

予观夫巴陵胜状，在洞庭一湖。衔远山，吞长江，浩浩汤汤，横无际涯；朝晖夕阴，气象万千。此则岳阳楼之大观也，前人之述备矣。然则北通巫峡，南极潇湘，迁客骚人，多会于此，览物之情，得无异乎？

岳阳大观轴（[清]王时翼）

若夫淫雨霏霏，连月不开；阴风怒号，浊浪排空；日星隐曜，山岳潜形；商旅不行，樯倾楫摧；薄暮冥冥，虎啸猿啼。登斯楼也，则有去国怀乡，忧谗畏讥，满目萧然，感极而悲者矣。

至若春和景明，波澜不惊；上下天光，一碧万顷；沙鸥翔集，锦鳞游泳；岸芷汀兰，郁郁青青。而或长烟一空，皓月千里，浮光跃金，静影沉璧，渔歌互答，此乐何极！登斯楼也，则有心旷神怡，宠辱偕忘，把酒临风，其喜洋洋者矣。

嗟夫！予尝求古仁人之心，或异二者之为，何哉？不以物喜，不以己悲，居庙堂之高则忧其民，处江湖之远则忧其君。是进亦忧，退亦忧。然则何时而乐耶？其必曰“先天下之忧而忧，后天下之乐而乐”乎！噫！微斯人，吾谁与归？时六年九月十五日。

《岳阳楼记》是北宋思想家、政治家和文学家范仲淹应好友巴陵郡太守滕子京之请，为重修岳阳楼而创作的一篇散文。作者通过描述登临岳阳楼后俯瞰不同天气下洞庭湖的不同景色和感受，表达了自己“不以物喜，不以己悲”的旷达胸襟与“先天下之忧而忧，后天下之乐而乐”的政治抱负。

该文写于“庆历新政”失败后范仲淹被贬河南邓州期间，即北宋庆历六年（1046年）。实际上，范仲淹并没有真正登临岳阳楼，而是根据滕子京给他观看的《洞庭晚秋图》撰写而成。

该文虽名《岳阳楼记》，但不专写岳阳楼，而是从登临岳阳楼、俯瞰洞庭湖的视角，以情景交融、动静结合的手法，巧用传奇体写出了洞庭湖浩瀚的气势与晴雨四季的景色变化，令人心旷神怡。同时将记事、写

岳阳楼图（[元]夏永）

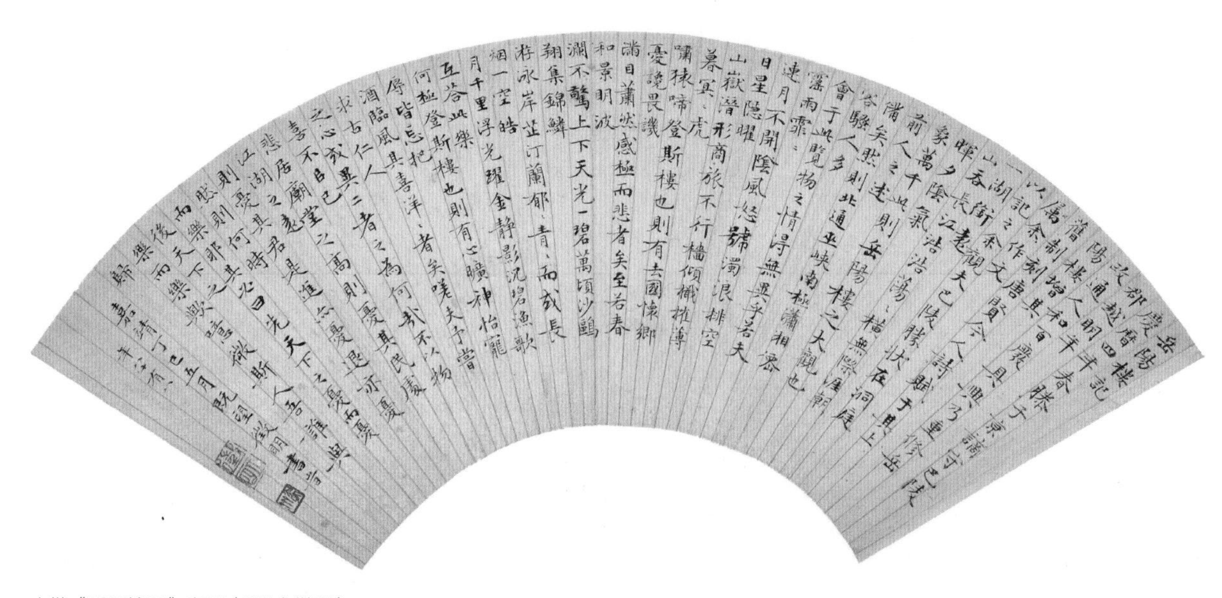

小楷《岳阳楼记》扇面（[明]文徵明）

景、抒情和议论融为一体。在文中，范仲淹跳出单纯描述楼观江湖的狭境，将自然界的阴晴景致、晦明变化和自己的赏景之心、览物之情结合起来，从而将文章的重心放到纵议理想情怀与政治抱负方面，深化了文章的境界。

5.4 北宋苏轼《前赤壁赋》

壬戌之秋，七月既望，苏子与客泛舟游于赤壁之下。清风徐来，水波不兴。举酒属客，诵明月之诗，歌窈窕之章。少焉，月出于东山之上，徘徊于斗牛之间。白露横江，水光接天。纵一苇之所如，凌万顷之茫然。浩浩乎如冯虚御风，而不知其所止；飘飘乎如遗世独立，羽化而登仙。

于是饮酒乐甚，扣舷而歌之。歌曰："桂棹兮兰桨，击空明兮溯流光。渺渺兮予怀，望美人兮天一方。"客有吹洞箫者，倚歌而和之。其声呜呜然，如怨如慕，如泣如诉，余音袅袅，不绝如缕。舞幽壑之潜蛟，泣孤舟之嫠妇。

苏子愀然，正襟危坐而问客曰："何为其然也？"客曰："月明星稀，乌鹊南飞，此非曹孟德之诗乎？西望夏口，东望武昌，山川相缪，郁乎苍苍，此非孟德之困于周郎者乎？方其破荆州，下江陵，顺流而东也，舳舻千里，旌旗蔽空，酾酒临江，横槊赋诗，固一世之雄也，而今安在哉？况吾与子渔樵于江渚之上，侣鱼虾而友麋鹿，驾一叶之扁舟，举匏樽以相属。寄蜉蝣于天地，渺沧海之一粟。哀吾生之须臾，羡长江之无穷。挟飞仙以遨游，抱明月而长终。知不可乎骤得，托遗响于悲风。"

苏子曰："客亦知夫水与月乎？逝者如斯，而未尝往也；盈虚者如彼，而卒莫消长也。盖将自其变者而观之，则天地曾不能以一瞬；自其不变者而观之，则物与我皆无尽也，而又何羡乎！且夫天地之间，物各有主，苟非吾之所有，虽一毫而莫取。惟江上之清风，与山间之明月，耳得之而为声，目遇之而成色，取之无禁，用之不竭，是造物者之无尽藏也，而吾与子之所共适。"

客喜而笑，洗盏更酌。肴核既尽，杯盘狼藉。相与枕藉乎舟中，不知东方之既白。

苏轼因所谓以诗文诽谤朝廷的罪行，从湖州知州任上被押解进京下狱，侥幸被释后，谪贬黄州团练副使。三年后，即元丰五年（1082年）七月和十月，他先后两次游览黄州附近的赤壁，写下两篇《赤壁赋》，后人称之为《前赤壁赋》和《后赤壁赋》。

《前赤壁赋》记叙了作者与朋友月夜泛舟游赤壁的所见所感，以作者的主观感受为线索，通过主客问答的形式，反映了作者由月夜泛舟的舒畅，到怀古伤今的悲咽，再到精神解脱的达观。全赋在布局与结构安排中映现了其独特的艺术构思，情韵深致，理意透辟，在中国文学史中拥有很高的地位，并对后世的散文产生了很大的影响。

5.5 南宋周密《观潮》

浙江之潮，天下之伟观也。自既望以至十八日为盛。方其远出海门，仅如银线；既而渐近，则玉城雪岭际天而来，大声如雷霆，震撼激射，吞天沃日，势极雄豪。杨诚斋诗云"海涌银为郭，江横玉系腰"者是也。

每岁京尹出浙江亭教阅水军，艨艟数百，分列两岸。既而尽奔腾分合五阵之势，并有乘骑弄旗标枪舞刀于水面者，如履平地。倏尔黄烟四起，人物略不相睹，水爆轰震，声如崩山。烟消波静，则一舸无迹，仅有"敌船"为火所焚，随波而逝。

赤壁賦

壬戌之秋七月既望蘇子與客泛舟游於赤壁之下清風徐来水波不興舉酒屬客
誦明月之詩歌窈窕之章少焉月出於東山之上徘徊於斗牛之間白露横江水光
接天縱一葦之所如凌萬頃之茫然浩浩乎如馮虛御風而不知所止飄飄乎如
遺世獨立羽化而登僊於是飲酒樂甚扣舷而歌之歌曰桂棹兮蘭槳擊空明兮泝
流光渺渺兮余懷望美人兮天一方客有吹洞簫者倚歌而和之其聲嗚嗚然如
怨如慕如泣如訴餘音嫋嫋不絶如縷舞幽壑之潛蛟泣孤舟之嫠婦蘇子愀然正
襟危坐而問客曰何為其然也客曰月明星稀烏鵲南飛此非曹孟德之詩乎西望
夏口東望武昌山川相繆鬱乎蒼蒼此非孟德之困於周郎者乎方其破荊州下江
陵順流而東也舳艫千里旌旗蔽空釃酒臨江横槊賦詩固一世之雄也而今安在
哉況吾與子漁樵於江渚之上侶魚蝦而友麋鹿駕一葉之扁舟舉匏樽以相屬寄
蜉蝣於天地渺滄海之一粟哀吾生之須臾羨長江之無窮挾飛僊以遨遊抱明月而
長終知不可乎驟得托遺響于悲風蘇子曰客亦知夫水與月乎逝者如斯而未嘗
往也蓋自其變者而觀之則天地曾不能以一瞬自其不變者而觀之則物與我皆
無盡也而又何羨乎且夫天地之間物各有主苟非吾之所有雖一毫而莫取惟江
上之清風與山間之明月耳得之而為聲目遇之而成色取之無禁用之不竭是造物
者之無盡藏也而吾與子之所共適客喜而笑洗盞更酌肴核既盡杯盤狼籍相與
枕藉乎舟中不知東方之既白

連日毒暑慵近筆研今雨稍涼戲寫此賦既老眼昏眊而楷穎適
皆不精殊益醜劣也嘉靖庚寅六月六日甲子徵明識

小楷《赤壁赋》（[明]文徵明）

赤壁夜游图（[明]张路）

东坡赤壁图（[北宋]王诜）

吴儿善泅者数百，皆披发文身，手持十幅大彩旗，争先鼓勇，溯迎而上，出没于鲸波万仞中，腾身百变，而旗尾略不沾湿，以此夸能。

江干上下十余里间，珠翠罗绮溢目，车马塞途，饮食百物皆倍穹常时，而僦赁看幕，虽席地不容间也。

周密（1232—1298年），字公谨，号草窗，又号四水潜夫、弁阳老人、华不注山人。祖籍山东济南，先人因宋南渡而迁至浙江。宋亡，入元不仕，隐居弁山。

周密曾任浙西帅司幕官，对于钱塘江非常熟悉。该文仅用200余字，分四个层次，写出钱塘江潮波澜壮阔的景象、水军迎潮演习的震撼场景、吴中健儿弄潮的高超技巧和观潮人纷至而来的盛况。

第一层，开篇即用“浙江之潮，天下之伟观”总领全文，先声夺人；接着交代江潮最盛也是观潮最佳的时间；然后从形、色、声、势四个方面对涌潮进行描绘，使人从不同感官体会江潮。

第二层，主要写水军迎潮演习的宏大场景。演习间，船只分列有序、阵势变化丰富、交战激烈酣畅；演习结束，瞬间偃旗息鼓，队伍撤出。由交战中的充满喧嚣到战后的猛然寂寥，就像潮来潮退，使人一惊而醒，回味无穷。

第三层，写弄潮儿的精彩表演。用“腾身百变，而旗尾略不沾湿”写弄潮儿在惊涛海狼中驾驭涌潮技术的娴熟，用“溯迎而上，出没于鲸波万仞中”写弄潮的艰险，进而写弄潮儿勇于应潮而上、敢于拼搏进取的精神。

最后，写观潮盛况，用“江干上下十余里间”“车马塞途”“席地不容间”写观潮之盛。

该篇散文无论从布局谋篇还是遣词造句上都是上乘之作，形象地写出了钱塘江大潮的雄壮气势和弄潮人知难而上的拼搏精神，读来如在目前。

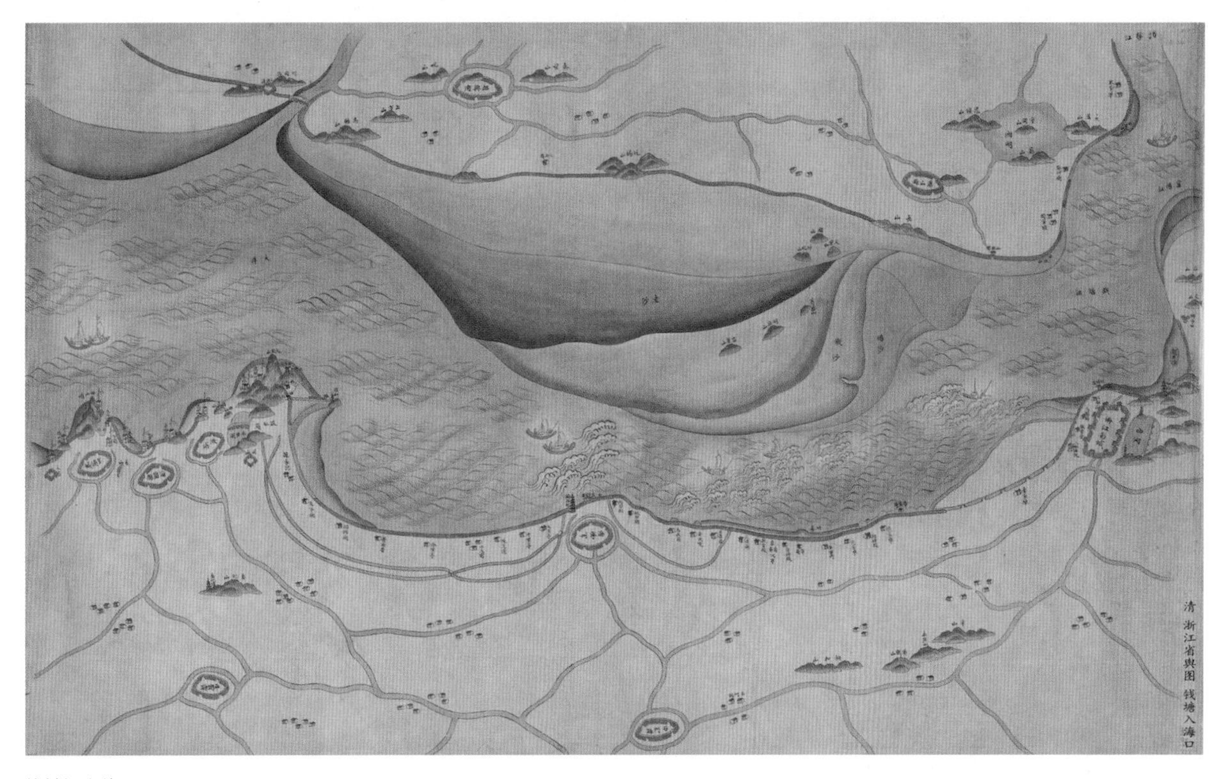

钱塘江入海口

高秋观潮图（[北宋]许道宁）

會安橋

6
游 记

古代游记是一种特殊的历史地理文献体裁，也是古代散文的一个门类，是地理和文学的结合体，以描摹山水、记述游踪风情为主要内容。古代游记中有众多山水游记，该类游记主要包括三个特点：一是作者对山水景致的描述基本上是客观真实的；二是大多为真实游踪的记述，且为作者亲历，这是山水游记区别于一般意义上历史地理文献和散文的主要特征；三是承载着作者的情感抒发或寄托。

6.1 唐代李翱《来南录》

唐代文学家李翱所著《来南录》是现存中国古代最早且较为完整的旅行日记，也是比较成熟的地学日记。

李翱（772—841年），字习之，陇西狄道（今甘肃临洮）人。先后师从古文学家梁肃和韩愈，主张文、理、义三者并重，对后世颇有影响。《来南录》是李翱在唐元和四年（809年）自东都洛阳远赴岭南幕府的途中所作，按时间逐日记载了其自一月启程至六月到达广州的行程以及沿途的所见与所闻，由此开游记体散文之先河。

根据记载，李翱此次行程的路线为：由洛阳入黄河，沿黄河至汴梁（今河南开封），转入汴渠；沿汴渠至泗州，入淮河；沿淮河至淮安，入楚扬运河；沿楚扬运河至扬州，过长江；至润州（今江苏镇江）入江南运河，再至杭州。此后，由杭州至广州的行程为水陆兼用。

《来南录》篇幅很短，以简洁、朴素的语言客观真实地记录了唐代的自然地理状况，其中一些内容与江河有关，这主要包括以下三个方面。

一是真实地记录了唐代汴渠的经行路线。根据文中“庚子，出洛下河，止汴梁口，遂泛汴流，通河于淮。辛丑，及河阴。乙巳，次汴州，疾又加，召医察脉，使人入卢。又二月丁未朔，宿陈留。戊申，庄人自卢又来，宿雍丘。乙酉，次宋州，疾渐瘳。壬子，至永城。甲寅，至埇口。丙辰，次泗州，见刺史，假舟转淮上河，如扬州”的记载，可推知唐代汴渠的经行地区主要包括洛阳、河阴（今河南广武）、汴州（今河南开封）、陈留、雍丘（今河南杞县）、宋州（今河南商丘）、永城、泗州等地。

二是真实地记录了唐代淮河与汴渠之间的关系。根据文中“庚申，下汴渠入淮。风帆及盱眙，风逆，天黑色，波水激，顺潮入新浦”的记载，可推知以下两则信息：①唐代大运河的汴渠和楚扬运河两大河段之间并非直接连通，其中的泗州至淮安段需要借助淮河河道行运；②唐代，海潮可通过淮河上溯至今盱眙一带。

三是真实地记录了唐代楚扬运河和江南运河的河流特点。根据文中“顺流，自淮阴至邵伯三百有五十里；逆流，自邵伯至江九十里。自润州至杭州八百里，渠有高下，水皆不流。”的记载，可清晰的了解当时楚扬运河和江南运河的水流方向与状态。

总而言之，在《来南录》中，李翱用极其概括的语言记录了其历时半年、途径6省的水陆行程，尤其是水路行程。其中，描绘山水胜景的文字很少，几乎淡化到可有可无，仅有“波水激”“怪峰直耸”等少数句子，但用大量篇幅如实记录了每日的行程路线及其自然特点，从而开日记体游记散文之肇始。

6.2 南宋陆游《入蜀记》

李翱开创的游记体散文在宋代得到进一步的发展，主要体现在日记体游记中，南宋著名文学家陆游的《入蜀记》为代表作之一。

南宋乾道五年（1169年）底，陆游领命出任夔州（今重庆奉节）通判。次年闰五月十八日自山阴（今浙江绍兴）启程前往，同年十月二十七日抵达。行程途中，陆游以日记体写成《入蜀记》，共6卷。《入蜀记》不仅是陆游散文创作中最引人注目的部分，而且是宋代日记体游记中不可多得的佳作。

陆游画像

根据记录，陆游此行的路线可分为两段。首先是乘船沿大运河北上，从山阴（今浙江绍兴）到临安（今浙江杭州），再经嘉兴、苏州、常州，至镇江后进入长江；然后乘船沿长江向上游行驶，途经地点主要包括建康（今江苏南京）、太平（今安徽当涂）、芜湖、池州（今安徽贵池）、江州（今江西九江）、黄州（今湖北黄冈）、鄂州（今湖北武汉）、岳州（今岳阳）、江陵（今荆州）、夷陵（今宜昌）、秭归、夔州等。

《入蜀记》仅用不足一卷的篇幅记录大运河之行，其余5卷均为长江之行的记录。这可能是因为大运河沿线的山川景物大多是陆游所熟悉的，而长江之行却在他面前展开一幅全新的画卷，两岸连绵不绝且变化无穷的自然景观、五彩斑斓的地域民族文化与风情，无不引起他的极大兴趣，于是满怀激情地在《入蜀记》中记录着其一路的所见所闻和所思所想。

与唐代李翱仅注重地理景观及其特点的写法不同，陆游在《入蜀记》中对沿途山川的描写是多角度的，除记录地理景观及其特点外，还包括地理沿革、地方物产、风俗民情、郡国利病等方面，观察细致，娓娓道来，富于文学意味。

《入蜀记》中与江河有关的内容主要包括以下三个方面：

一是记录长江沿线河流湖泊的自然特点及其形成的壮丽景观，以及依托河流湖泊形成的人文景观等。其中，有些记录往往只用寥寥数语便准确而又生动地描绘出当时所见到的景观及其特点。如“（七月）十四日晚，晴，开南窗观溪山，溪中绝多鱼，时裂水面跃出，斜日映之，有如银刀”。“十六日……城壕皆植荷花。是夜，月白如昼，影入溪中，摇荡如玉塔，始知东坡‘玉塔卧微澜’之句为妙也”。“二十二日，过大江，入丁家洲夹，复行大江。自离当涂，风日清美，波平如席，白云青嶂，远相映带。终日如行图画，殊忘道途之劳也”。

有些记录篇幅则较长，俨然一篇完整的游记佳作。如“八月一日，过烽火矶。南朝自武昌至京口列置烽燧，此山当是其一也。自舟中望山，突兀而已。及抛江过其下，嵌岩窦穴，怪奇万状，色泽莹润，亦与它石迥异。又有一石，不附山，杰然特起，高百余尺，丹藤翠蔓，罗络其上，如宝装屏风。是日风静，舟行颇迟。又深秋潦缩，故得尽见杜老所谓‘幸有舟楫迟，得尽所历妙’也。过澎浪矶、小孤山，二山东西相望。小孤属舒州宿松县，有戍兵。凡江中独山，如金山、焦山、落星之类，皆名天下。然峭拔秀丽，皆不可与小孤比。自数十里外望之，碧峰巉然孤起，上干云霄，已非它山可拟。愈近愈秀，冬夏晴雨，姿态万变，信造化之尤物也。但祠宇极于荒残，若稍饰以楼观亭榭，与江山相发挥，自当高出金山之上矣。”这一则写陆游自船上眺望长江沿线大孤、小孤、烽火矶、澎浪矶等孤峰的景致。这些山峰虽具有孤独耸立的共同特点，但陆游对它们的描述各不相同，烽火矶“突兀”，无名独石“杰然特起”，烽火矶“嵌岩窦穴，怪奇万状，色泽莹润”，小孤山“碧峰巉然孤起，上干云霄”。在陆游细致的观察和精准的描述下，几座山峰各具风采，各显精神，犹如一篇独立的山水游记。如此记录在《入蜀记》中多达几十处。

二是记录水利工程及其运行状况。有关内容，寥寥数笔，工程特点跃然纸上。如写江南运河汛期积水，需用人力或畜力车水排出，而车水者往往是妇女和儿童，即六月八日，“运河水泛溢，高于近村地至数尺，两岸皆车出积水。妇人、儿童竭作，亦或用牛。妇人足踏水车，手犹绩麻不置”。写江南运河运输之繁忙与过闸之迟缓，即“六月一日，移舟出闸，几尽一日，始能出三闸。船舫栉比”。写长江堤防植柳情况，即（八月）二十一日“晚，泊杨罗，大堤高柳，居民稠众”。

三是记录长江沿线民风习俗。陆游曾震惊于一艘木筏上居然终年生活着数十户居民，于是记录道：八月十四日，“抛大江，遇一木筏，广十余丈，上有三四十家，妻子、鸡犬、臼碓皆具。中为阡陌相往来，亦有神祠，素所未睹也。舟人云此尚其小者耳，大者于筏上铺土作蔬圃，或作酒肆，皆不复能入夹，但行大江而已”。陆游也很好奇四川的汲水方式：十月十三日“妇人汲水，皆背负一全木盎，长二尺，下有三足。至泉旁，以杓挹水，及八分即倒坐旁石，束盎背上而去。大抵峡中负物，率着背，又多妇人。不独水也，有妇人负酒卖，亦如负水状，呼买之，长跪以献”。

陆游渊博娴熟的历史地理知识、底蕴深厚的文学修养、严谨扎实的考证功夫，使得他在客观描述自然山水时，不知不觉就将历史、地理、文学、考证等知识融于其中，从而使《入蜀记》成为一部自然山水的欣赏与文学艺术、人文知识的领略和谐共振的佳作，这也是其独特之处。

6.3 南宋范成大《吴船录》

《吴船录》由南宋著名文学家范成大所著，与陆游所著《入蜀记》为南宋有关长江游记的两大代表作，书中详细记述了其自四川成都南下沿长江返回故乡江苏苏州盘门途中所见到的山川风物和名胜古迹。书名《吴船》，取自杜甫“门泊东吴万里船”诗句。

范成大画像（《中国历代人物像传》三）

范成大（1126—1193年），字至能，一字幼元，早年自号此山居士，晚号石湖居士。平江府吴县（今江苏苏州）人。他素有文名，尤工于诗，与杨万里、陆游、尤袤合称南宋“中兴四大诗人”。其作品在南宋末年具有显著的影响，至清初影响更大，有“家剑南而户石湖”的说法。

宋淳熙四年（1177年），范成大自四川安抚制置使兼知成都府离任，五月二十九日从成都万里桥出发，十月三日抵达苏州盘门。他的行程比较简单：沿岷江入长江，过三峡，经湖北、江西入江苏，从镇江入大运河，经常州至苏州。

《吴船录》分上下两卷，上卷完全记录范成大在四川境内的游历；下卷以一半的篇幅记录四川峡江以上的山川景物，另一半则描述出峡口后的景致。书中对都江堰、长江三峡、洞庭湖、赤壁等涉水名胜记载尤详，且时有考证。

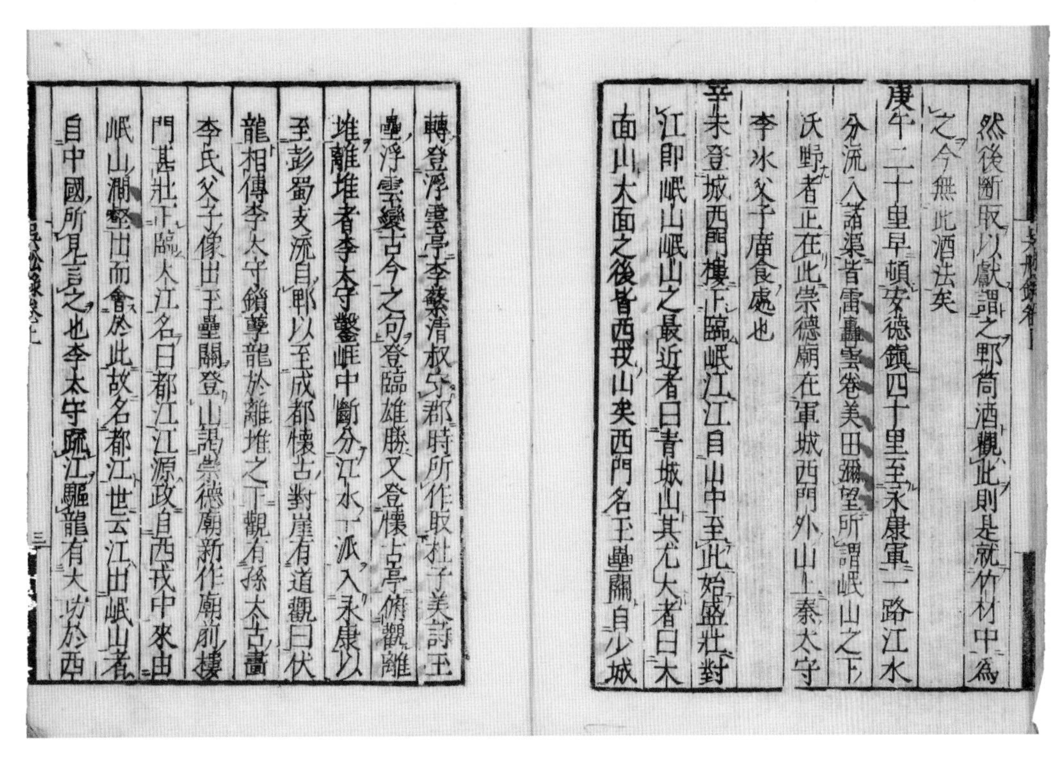
然後斷取以獻謂之郫筒酒觀此則是就竹材中爲之今無此酒法矣

庚午二十里早頓安德鎮四十里至永康軍一路江水分流入諸渠皆雷轟雪卷美田彌望所謂岷山之下沃野者正在此崇德廟在軍城西門外山上秦太守李冰父子廟食處也

辛未登城西門樓下臨岷江江自山中至此始盛壯對江即岷山岷山之最近者曰青城山其尤大者曰大面山大面之後皆西戎山矣西門名玉壘關自少城

轉登浮雲亭李蘩清叔守郡時所作取杜子美詩玉壘浮雲變古今之句登臨雄勝又登懷古亭俯觀離堆離堆者李太守鑿崖中斷分江水一派入永康以至彭蜀支流自郫以至成都懷古對崖有道觀曰伏龍相傳李太守鎖孽龍於離堆之下觀有孫太古畫李氏父子像出玉壘關登山謁崇德廟新作廟前樓門甚壯下臨大江名曰都江江源政自西戎中來由岷山澗壑出而會於此故名都江世云江出岷山者自中國所見言之也李太守疏江驅龍有大功於西

《吴船录》

《吴船录》中涉及的河湖水系及水利工程主要包括以下三个方面。

首先，对都江堰渠首工程进行了记载。由于范成大是从四川成都出发的，所以在《吴船录》开篇即对都江堰进行了记录。宝瓶口是在玉垒山伸向岷江的长脊上人工开凿的口子，用于控制内江进水量，因形似瓶口且功能奇特而名“宝瓶口”，因开凿该口而分离的玉垒山石堆称“离堆”。对此，范成大在《吴船录》中进行了概要记述，“登怀古亭，俯观离堆。离堆者，李太守凿崖中断，分江水一派入永康以至彭、蜀，支流自郫以至成都”。鱼嘴是建在江心的分水堤坝，把汹涌的岷江分隔成外江和内江，外江排洪，内江引水灌溉。范成大在《吴船录》中不仅概要记述了鱼嘴的结构，且以自身经历阐述了鱼嘴的功能。“庙前近离堆，累石子作长汀以遏水，号象鼻，以形似名。西川夏旱，支江水涸，即遣使致祷，增堰壅水，以入支江，三四宿，水即遍，谓之摄水。”同时，《吴船录》中还对祭祀李冰父子的伏龙观和索桥进行了详细描述。“怀古对崖有道观，曰伏龙，相传李太守锁孽龙于离堆之下。观有孙太古画李氏父子像”。“将至青城，再度绳桥。每桥长百二十丈，分为五架。桥之广，十二绳排连之，上布竹笆，攒立大木数十于江沙中，辇石固其根。每数十木作一架，挂桥于半空，大风过之，掀举幡然，大略如渔人晒网、染家晾彩帛之状。又须舍舆疾步，从容则震掉不可立，同行皆失色。”

其次，对长江及其主要支流、湖泊等水系进行了记载。如写岷江、青衣江和大渡河三江汇流处以及位于该处用于镇水的乐山大佛：“嘉为众水之会，导江、沫水与岷江，皆合于山下，南流以下犍为。沫水合大渡河由雅州而来，直捣山壁，滩泷险恶，号舟楫至危之地。唐开元中，浮屠海通始凿山为弥勒佛像以镇之，高三百六十尺，顶围十丈，目广二丈，为楼十三层。自头面以及其足，极天下佛像之大。两耳犹以木为之。佛足去江数步，惊涛怒号，汹涌过前，不可安立正视，今谓之佛头滩。佛阁正面三峨，余三面皆佳山，众江错流诸山间，登临之胜，自西州来，始见此耳。”写长江与汉江交汇处：“汉水自北岸出，清碧可鉴，合大江浊流，始不相入。行里许，则为江水所胜，浑而一色。凡水自两岸出于江者皆然。其行缓，故得澄莹。大江如激箭，万里奔流，不得不浊也。”写洞庭湖：“岳阳通洞庭处，波浪连天，有风即不可行，故客舟多避之。”

再次，生动记录了长江上游三峡航道的急流险滩和行船之艰险。《吴船录》中主要对三峡航道中的滟滪堆、黑石滩、庙前滩、东奔滩、吒滩、白狗峡、新滩、黄牛峡、扇子峡等急流险滩进行了记录。其中，以瞿唐峡滟滪堆最为凶险。滟滪堆位于奉节县三峡第一峡入口处的江心中，每当江水上涨，即将淹没或刚刚淹没该巨石时，船只行驶至此，如舵手技术稍差，往往迎面直撞而上，船毁人亡；当江水上涨至远远淹没这些巨石时，船只虽可从其上顺利驶过，但夔门以下狭窄水道中的急流旋涡又常将船只卷没水中。在《吴船录》中，仅几句简单的话，就将滟滪堆的险恶形势准确地表达了出来：“十五里，至瞿唐口，水平如席。独滟滪之顶，犹涡纹瀺灂，舟拂其上以过，摇橹者汗手死心，皆面无人色。”同时记载了船只通过该段航道时必须遵循的不成文规定：“每一舟入峡数里，后舟方敢续发。水势怒急，恐猝相遇，不可解拆也。帅司遣卒执旗，次第立山之上，下一舟平安，则簸旗以招后船。”并对有关谚语进行了考证，认为“滟滪大如幞，瞿唐不可触。滟滪大如马，瞿唐不可下”较为可信，而非“滟滪大如象，瞿唐不可上”。

《吴船录》中还对三峡其他险滩进行了描述：

黑石滩。峡中两岸，高岩峻壁，斧凿之痕皴皴然，而黑石滩最号险恶。两山束江骤起，水势不及平，两边高而中洼下，状如茶碾之槽，舟楫易以倾侧，谓之茶槽齐，万万不可行。

庙前滩。三十五里，至神女庙。庙前滩尤汹怒，十二峰俱在北岸，前后蔽亏，不能足其数。最东一峰尤奇绝，其顶分两歧，如双玉篸插半霄。最西一峰似之而差小，余峰皆郁嵂非常，但不如两峰之诡特。

东奔滩。二十里，至东奔滩。高浪大涡，巨艑掀舞，不当一槁叶，或为涡所使，如磨之旋。

吒滩。九十里，至归州。未至州数里，曰吒滩，其险又过东奔。土人云黄魔神所为也。连接城下大滩，曰人鲊瓮。很石横卧，据江十七八。从人船倾侧，水入篷窗，危不济。

新滩。三十里，至新滩。此滩恶名豪三峡，汉、晋时，山再崩，塞江，所以后名新滩。石乱水汹，瞬息覆溺，上下欲脱免者，必盘博陆行，以虚舟过之。两岸多居民，号滩子，专以盘滩为业。余犯涨潦时来，水漫羡不复见滩，击楫飞度，人翻以为快。

总而言之，在《吴船录》中，范成大不仅从一个地理学家和旅行者的视角，而且从文学家和历史学家的角度，对沿途所见自然景观和人文景观做了生动细致的记载，使其与南宋另一部著名的长江游记——陆游的《入蜀记》相互印证和补充，从而为今人研究南宋时期长江沿线地区的河湖水系及历史地理提供了极具价值的宝贵资料。

6.4 明代徐霞客《徐霞客游记》

明末地理学家徐霞客的《徐霞客游记》是以日记体为主的地理名著，是中国古代游记散文的奇迹。

徐霞客几乎一生都在游历。明末学者文震孟曾经指出：“霞客生平无他事，无他嗜，日遑遑游行天下名山。自五岳之外，若匡庐、罗浮、峨眉、参岭，足迹殆遍，真古今第一奇人。”

徐霞客的游历大致可分为两个阶段：第一阶段为28~48岁期间，即1613—1633年，历时20年，游览了浙江、福建二省及黄山、嵩山、五台山、华山、恒山等名山，但有关游记仅写成一卷，约占全书的1/10。第二阶段为51~54岁期间，历时4年，游览了浙江、江苏、湖广、云贵等江南大山巨川，写下9卷游记。徐霞客一生的足迹遍及今天的19个省，游历期间，曾多次遭遇盗匪抢劫，数次绝粮，进入云南丽江因足疾而无法行走时，仍坚持编写《游记》和《山志》，基本完成《徐霞客游记》。

徐霞客彩像（[清]叶衍兰）

《徐霞客游记》全书共60余万字，按日记体真实客观地记述了徐霞客游历期间的观察和研究所得，有关内容主要涉及地理、水文、地质和植物等领域，在地理学和文学史中具有很高的地位。其中，与水有关的内容主要包括以下几个方面：

一是对喀斯特地貌的类型分布和各地区间的差异，尤其是喀斯特洞穴的特征、类型及成因，在详细考察的基础上进行了科学的记述。徐霞客对喀斯特地貌可谓情有独钟，他实地考察过很多喀斯特洞穴，仅在广西、贵州和云南3省区实地考察的就多达270多处。在游记中，他对这些洞穴的方向、高度、宽度和深度等做了具体记载，并对其分布、成因和发育规律等进行了初步论述，指出一些岩洞由水的侵蚀而形成，钟乳石是含钙质的水滴蒸发后逐渐凝聚而成的。可以说，徐霞客是中国甚至是世界地理学史中广泛考察喀斯特地貌的先驱。

二是用较大的篇幅描述了各地的水体类型和水文特征。据不完全统计，徐霞客在游记中记载的大小河流共计550余条，湖泊、沼泽、池潭等近200处。为了论证长江的源头，徐霞客晚年还专门写了《江源考》，纠正文献记载中关于中国水道源流的错误记载，否定自《尚书 · 禹贡》后流行1000多年的“岷山导江”说，提出金沙江才是长江的上源，认为“推江源者，必当以金沙为首”。

三是对沼泽的形态性质、生产性能和水文特征等进行了专门论述。如明崇祯十一年（1639年）七月，徐霞客曾游历至云南永昌（今保山），详细考察了玛瑙山下的干海子沼泽地带，并对其形状、规模、生物、土壤、水文等特征做了详细描述：“海子大可千亩，中皆芜草青青，下乃草土浮结而成者，亦有溪流贯其间。第但不可耕艺，以其土不贮水。行者以足撼之，数丈内俱动。牛马之就水草者，只可在涯涘间，当其中央，驻久辄陷不能起。故居庐亦俱濒其四围，只垦坡布麦，而竟无就水为稻畦者。”

四是对水温不同的地下热水进行了分类。

（1）冷水泉。在《粤西游日记》十一中记录道：“求浆村妪，得凉水一瓢共啜之。随见其汲者东自小石崖边来，趋而视之，则石崖亦当两山之中。其西潴泉一方，自西崖出，盖即牛角洞西来之流也。其泉清冷，可漱可咽，甘沁尘胃。”该泉水应与冷矿水相当，水温在25℃以下。

（2）温泉。在《游黄山日记》中记录道：“五里，抵祥符寺。汤泉即黄山温泉，又名朱砂泉，在隔溪，遂俱解衣赴汤池。池前临溪，后倚壁，三面石甃，上环石如桥。汤深三尺，时凝寒未解，面汤气郁然，水泡池底汩汩起，气本香冽。”该泉水应与低中温热水相当，温度在25~55℃。

（3）沸泉。在《滇游日记》二十四中记载道：“南有一突石，高六尺，大三丈，其形如龟。北有一回冈，高四尺，长十余丈。东突而昂其首，则蛇石也。龟与蛇交盘于一阜之间，四旁沸泉腾溢者九穴，而龟之口向东南，蛇之口向东北，皆张吻吐沸，交流环溢于重湖之内。”该泉水应与过热水相当，温度在90℃以上。

徐霞客对地下热水的分类已基本接近现代。在对各类地下热水资源进行描述的同时，还记载了其在当时的各种功能，如沐浴、治病、食品加工、提取矿物资源硫黄或硝等。

《徐霞客游记》是系统考察中国地貌地质的开山之作，同时也描绘了中国大好河山的景观资源，在地理学和文学上都有着重要的价值。

6.5　清麟庆《鸿雪因缘图记》

《鸿雪因缘图记》是清道光年间江南河道总督麟庆以图文并茂的方式记录其一生所历所见所闻的游记，内容涉及各地山川、古迹、风土、民俗、河防、水利、盐务等，对于生动形象地了解清道光年间的社会风貌具有重要的意义。书名中的“鸿雪”取用苏轼诗句“人生到处知何似，应是飞鸿踏雪泥。泥上偶然留指爪，鸿飞那复记东西”的寓意。该书于道光二十七年（1847年）刻成。

麟庆（1791—1846年），字伯余，别字振祥，号见亭，满洲镶黄旗人，金代皇室完颜氏后裔。由于麟庆曾于清道光十四年（1834年）任职江南河道总督，道光十九年（1839年）兼署两江总督，一生治河时间较长，前后达14年，且勤于职守，政绩显著，因有“河帅”之称。著有《黄运河山古今图说》《河工器具图

見亭先生三十九歲小像

見亭先生五十三歲小象

麟庆39岁和53岁小像

说》等水利文献，而《鸿雪因缘图记》更是以游记的方式记录了其行旅途中所见的河湖水系，以及他亲自主持或参与的治水活动。

麟庆性喜山水，曾游览黄河、长江、淮河、钱塘江等大江大河，又兼爱古旧遗迹，“探二水三山之名胜，搜六朝五季之遗闻”，自称“最大海水，最好家山。持节防堵，著屐游观。抚三尺剑以寄志，披一品衣而息肩”。游览过程中，所到之处，无不登临，随手为记，老来闲居北京半亩园，以平生自叙的方式完成《鸿雪因缘图记》，自诩“此即我之年谱而别创一格耳”。文章写成后，麟庆邀请当时著名的画家汪英福（字春泉）、陈鉴（字朗斋）、汪圻（字惕斋）按题绘成游历图，每事一记，每记一图，共计文240篇、图240帧，以图文并茂的方式客观形象地展现了清道光时期广阔多彩的社会风貌。

《鸿雪因缘图记》是一部典型的游记，更是麟庆一生几遍大江南北游历的记录。书中记录内容丰富，覆盖面大，正如清道光二十一年（1841年）龚自珍为其所作序中所言：“公行部所及，山川形势、人民谣俗、古迹今状，皆备载之。弗为无本之说与不急之言，而又闻民生之疾苦，讨军实之有无。天下形势半在于是，而姑韬晦其所学，不欲张大其名目，以托于百六十篇之绘事记云尔。即如在南河著《河工器具图说》四卷，古今之奇作，天下有用之书，孰加于是？”书中所附240幅游历图，皆由当时著名的画家所绘，是真实场景和画家艺术实践的完美结合，不仅充分体现了画家的纯熟技法和不俗气质，且对于后人直观形象地了解当时自然景观、名胜古迹和民俗风情的真实面貌犹显珍贵。

《鸿雪因缘图记》中记录了大量有关长江、黄河、淮河、运河和钱塘江等河湖水系的特点及其水利建设内容，对于了解和复原当时的水系和水利工程，尤其是对现今已破坏甚至消失的工程情况来说是极为难得的资料。

该书中记录有大量关于水系特点的篇章。如在“钱塘观潮”中，作者形象地描述道：“遥望海门，白光一线。少焉，风鸣水立，弄潮儿持篙迎击，拨船乘潮头西下。顷刻至富春，折回海门中，忽又起一潮，涌至蒋侯庙前。两潮相合，雷击霆砰，流沫飞溅天半，大地若为动摇。奇瑰之观，实甲天下。”并在附图中形象地描绘了钱塘江一字潮徐徐而来的景象。在“津门竞渡”中形象地描绘了天津三岔口海河与南运河、北运河交汇的景象以及岸边建筑。在“瓜洲泊月”“焦山放龟”“汉江晓渡”“天然定志”“安淮晚钟”“龟山问井”等篇中形象地描绘了长江、汉江、黄河和淮河等河流或安澜或湍险的景象及其衍生的名胜古迹；在“震泽瞻龙”“洪泽归帆”“湖心建坞”“微湖说迦”“汜光证梦”等篇中则形象地描绘了太湖、洪泽湖、微山湖、汜光湖等湖泊或浪急风险或浩瀚辽阔的景象。诸如此类记录，不一而足。

更为难得的是，由于麟庆在江南河道总督任内长达14年，且政绩显著，所以书中记录有大量关于当时大运河和黄河治理的施工与水事活动场景。如在“智信宣防”篇中详细记录了清道光年间洪泽湖大堤上仁义礼智信五坝及其下游里运河东堤上归海五坝的启放顺序和泄洪景象：“五月，督催重漕出境，启放山盱坝河，会皖、豫阴雨连旬，立秋后，湖水异涨，为七年来所仅见。时智、信、礼三坝全放，只余义河。又因上年跌塘，不敢轻启，乃单舸往勘。由智、信二坝下冒险南渡，见奔流双驶，自天上来，滚雪飞花，俨然悬瀑，而湖水仍积长不消，遂启义河宣泄。适江潮暴长顶阻，随委员赶放高邮四坝归海”。附图中所绘洪泽湖大堤智、信二滚水坝的型制、结构与现存智坝基本一致，描绘的智、信二坝泄洪情景今日已不得见，非常珍贵。

錢塘觀潮

钱塘观潮

智信宣防

智信宣防

在该书“牟工合龙”中，麟庆记述了清道光二十四年（1844年）黄河中牟大工合龙施工时的场景：“腊月十八日启放引河后，西坝门占先成。廿三日，东坝门占亦出捆厢船。敬祭河神，并投五色粽以禳浮尼，状如绿毛鹅，上年屡见，每见必蛰埽，禳法载在《子不语》。悬九莲灯而度幽厉，俗称肉桩，即历次大工落埽没水者。是夜火烛星辉，畚臿云举。廿四日寅刻，挂缆，排绳钉橛，细挽活留，点土厢柴，酌分轻重。比兜子贴水，鸣锣喝号，指挥两坝兵夫，齐心力作，层土层秸，一气追压到底。讵廿五夜，西坝连占陡蛰，高出水面三丈者，竟与水平。缘底系去岁金门之故，赶又抢加五昼夜始定。三十日，关埽告成，金门断流，全黄归故。”在“引河抢红”篇中记录了挑河、安塘、插锨等施工过程中的风俗：“抢红者何？凡挑河、安塘、插锨，做工至五六分时，工员挂红悬赏，夫役以钱布酒肉，兵加靴帽，先完者得。逮九成时，众夫亦张红伞，设响灯缀铃，红纸灯也。谢神，即以伞书众人名回呈。虽俗例相沿，意在要赏，而较之先诱工员以贴坡垫崖，继即挟以停工争价者，相去则天渊矣。”

牟工合龍

牟工合龙

此外，麟庆还在“玉泉引鱼”“皂河喜雨”“中河移塘”“分水观汶”“二闸修禊”“福兴起碑”“惠济呈鱼”“临清社火”等篇中记载了大运河沿线的重要河段、水利工程和民俗风情等内容。尤其在“分水观汶”篇中详细记载了位于大运河地势上制高点的山东济宁南旺分水枢纽的建设历程和型制，记载了南旺分水龙王庙的空间布局，是后人了解和复原该枢纽及古建筑的一手资料：“分水口在汶上县南旺集东，承汶水入运，分南北流。其西岸有禹王庙，庙前楼曰来汶，正对水口。楼右为分水龙王庙，前树绰楔，额曰‘左右逢源’。楼左为康惠公祠，祀明工部尚书宋礼，河南荫生，雍正四年敕封宁漕公。并封老人白英为永济之神，从祀”。

引河搶紅

引河抢红

分水觀汶

分水观汶

會安橋

7

楹联

楹联俗称对联、对子，源自中国古典诗文中的对句，是中国特有的一种文学体裁和文学艺术形式，文字精炼、对仗工整、寓意深远，语音平仄协调，不仅可提供地理、历史、文学等方面的知识，而且可增强人们的审美意识和对美的探索，启发人们去品味、思考、欣赏。楹联始于五代，盛于明清，迄今已有1000多年的历史，被称为“诗中的诗”。

由于水是大多数风景名胜的灵与魂，与水有关的楹联大多点缀在自然山川和人文胜境中的门坊殿舍、亭台楼榭上，其内容与灵山秀水、湖光山色相映生辉，演绎着无尽的艺术魅力。

7.1 龙门楹联

黄河从莽莽昆仑奔腾而来，一路上集千流、汇万溪，穿峡谷、越深沟，呼啸着奔涌至龙门。龙门位于陕西省韩城市东北、山西省河津县西北的黄河峡谷出口，形如门阙，故名龙门。据传为大禹治水时凿山导川所开，是《禹贡》记载的“导河积石，至于龙门”之所在。后人为纪念大禹治水的辉煌业绩，又称龙门为“禹门”。

龙门扼黄河咽喉，东岸的龙门山和西岸的梁山隔河对峙，相距仅100多米，黄河奔流其间。自龙门远眺上游，两岸巉岩对峙，壁立千仞；俯视山下，怒涛翻滚，声震如雷，因有“禹门三级浪，平地一声雷”的诗句流传。峡口处有一孤岛，中间口门宽仅60米，是传说中“鲤鱼跃龙门”的地方。据说，由于该处太过险峻，一年中能够成功登跃龙门的鲤鱼不过72条。对此，清乾隆朝《韩城县志》有类似记载：“两岸皆断山绝壁，相对如门，惟神龙可越，故曰龙门。”唐代诗人李白则发出“黄河西来决昆仑，咆哮万里触龙门”的赞叹，可见龙门景象之壮观。

当地人为纪念大禹凿山之功，在南宋淳祐六年（1246年）开始修建龙门建极宫，16年后建成。明万历年间，在左右两岸各建禹王庙一座。这些建筑与险峻挺秀的龙门相互辉映，成为当地著名景观。遗憾的是，抗日战争期间，毁于日军炮火。

龙门楹联：

禹门三级浪

平地一声雷

该联将群山对峙间，黄河呼啸而来，浪急滩险、咆哮如雷的惊险状况描写得淋漓尽致。

黄河右岸远眺龙门（《黄河上中游考察报告》）

龙门及禹王庙

三门峡形势示意图
（[清]《黄河全图》）

7.2 三门峡楹联

三门峡位于河南、山西、陕西三省交界处，相传为禹所凿。三门者，中曰神门，南曰鬼门，北曰人门。大禹治水时，凿之为三，宽约二十丈，使水行其间。汛期黄河由上游倾泻而下，在三道河门中横冲直撞，“声激如雷”。其中，“鬼门尤为险恶，舟筏一入，鲜得脱者”，由此得名鬼门。三门东一百五十步即砥柱，为一巨石，高约三丈，周数丈，横立河中，汹涌的河水至此变得温顺，河床至此变宽，由此成为人们歇船避汛之所，人称“中流砥柱”。

三门峡楹联：

雄流峭壁三门险

鬼斧神工一道通

该联落笔生奇、造境入化，将黄河三门峡段鬼斧神工般的峭壁急流及其险要形势描写的极其传神，有观联知峡险之效。

7.3 黄鹤楼楹联

黄鹤楼与岳阳楼、滕王阁并称“江南三大名楼”，位于武昌蛇山、汉水与潇湘二水交汇处。这里地处江汉平原东缘，龟、蛇两山相夹，江上舟楫如梭，是登高远眺的好去处。

黄鹤楼始建于三国吴黄武二年（223年）。赤壁之战后，孙权将都城由建业（今江苏南京）移至鄂县，改名武昌。为拱卫武昌城，在江夏山筑夏口故城。该城西临长江，依山负险，居高临下，军事地位显要，孙权多

黄鹤楼图（[元]夏永）

以宗室率军镇守。同时在该城“江南角因矶为楼，名黄鹤楼”。唐永泰元年（765年），黄鹤楼已初具规模，并逐渐成为著名名胜，文人墨客至此留下不少脍炙人口的诗篇。然而，由于该处为兵家必争之地，兵燹频繁，黄鹤楼屡建屡废，仅明清两代就被毁7次，重建或维修过10次。最后一次重建于清同治七年（1868年），不久再毁于光绪十年（1884年）。今日黄鹤楼为1985年重修。

黄鹤楼楹联：

一楼萃三楚精神，云鹤俱空横笛在

二水汇百川支派，古今无尽大江流

该联中，“云鹤俱空”源于唐代诗人崔颢“昔人已乘黄鹤去，此地空余黄鹤楼。黄鹤一去不复返，白云千载空悠悠”；“横笛在”则借用李白诗句“黄鹤楼中闻玉笛”。

“一楼”与“二水”相对。“一楼”指黄鹤楼，“二水”指长江和汉江，黄鹤楼位于汉江汇入长江的交汇处。“三楚”与“百川”相对。黄鹤楼所在的武昌隶属于楚国，又称“三楚”；所在的长江支流众多，可谓百川支派。

“云鹤俱空”与“古今无尽”相对，“横笛在”与“大江流”相对，以咏叹江水不息、青山常在，而代代英雄、帝王将相却无一不是转瞬即逝。借江水流逝、楼阁独寂抒发历史兴亡、人生瞬息的感慨，在渲染苍凉悲

黄鹤楼扇面（[清]蔡嘉）

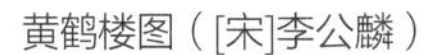

黄鹤楼图（[宋]李公麟）

黄鹤楼（税晓洁）

壮的同时，营造出一种淡泊宁静的氛围，并折射出高远的意境和深邃的人生哲理，堪与明杨慎的《临江仙》中的“滚滚长江东逝水，浪花淘尽英雄。是非成败转头空，青山依旧在，几度夕阳红”诗句媲美。

7.4 西湖楹联

西湖位于浙江省杭州市，以其秀丽的湖光山色和众多名胜古迹而闻名中外，素有“人间天堂”之称。2011年，作为湖泊类文化景观列入《世界遗产名录》。其优美精致的景观和积淀丰厚的历史内涵，使西湖汇聚有众多著名的楹联。

西湖全景图（[清]张若霭）

楹联之一：

穿牖而来，夏日清风冬日日
卷帘相见，前山明月后山山
横批：入画寻诗

该联为清光绪年间的状元骆成骧所作，写平湖秋月之美。

平湖秋月是西湖最佳赏月之所，位于白堤西端，背倚孤山，面临外湖。唐代建有望湖亭，明代增建龙王祠，清康熙三十八年（1699年）康熙帝游览西湖时御书“平湖秋月”匾额后，定名为平湖秋月。每当清秋气爽之时，西湖湖面平静如镜，秋月浩然当空，月光与湖水交相辉映，无论从哪一视角观览，入眼皆为美景，充满诗情画意。

该联以小小的“门”和“窗”为框描绘平湖秋月之大美。以炎炎“夏日”来“清风”，严寒“冬日”得“日”暖，写四季平湖之雅适；以“前山”之月、“后山”之山，写小小一轮明月竟将万顷之湖与四面之山融为一景。横批“入画寻诗”更为绝妙，其含义本与诗情画意大致类似，但表动作的“入”和“寻”二字的使用，使整个意境鲜活灵动起来，令人在现实与梦幻间浮想联翩，亦真似幻，比诗情画意更加令人怦然心动。

平湖秋色（《西湖佳景》）

平湖秋月（[清]董邦达）

三潭印月（[清]董邦达）

楹联之二：

水水山山处处明明秀秀

晴晴雨雨时时好好奇奇

该联为近代民主人士黄文中（1890—1946年）避居杭州期间所作，题于清代行宫花园古亭柱上。该联共用10个单字，每字都加以重叠。整个楹联以“水”“晴”“山”“好”“雨”“奇”六个字为主相叠而成。更为奇妙的是：通过断句、重组和简化等方式，该联可衍生出若干新对联，而意境保持不变。一是可以倒读为“秀秀明明处处山山水水，奇奇好好时时雨雨晴晴”；二是可用跳字法读为“水处明，山处秀；晴时好，雨时奇”；三是将叠字拆开，可读为“山明水秀，水山处处明秀；晴好雨奇，晴雨时时好奇”。无论哪种读法，都能表达出类似宋代文学家苏轼所写“水光潋滟晴方好，山色空蒙雨亦奇”的意境，堪称鬼斧神工。

7.5 洞庭湖楹联

洞庭湖是中国第二大淡水湖，位于湖南北部、长江南岸，南有湘江、资水、沅江、澧水注入，北自城陵矶汇入长江，湖面宏阔，烟波浩渺，号称“八百里洞庭”。

洞庭湖畔名胜古迹甚多，以岳阳楼最负盛名，有“楼观岳阳尽，川迥洞庭开”之美誉。岳阳楼始建于唐开元四年（716年），不少文人墨客曾登楼吟咏，并留下众多著名诗文。如唐代诗人杜甫有“昔闻洞庭水，今上岳阳楼”的慷慨悲歌，宋代文学家范仲淹则写下脍炙人口的《岳阳楼记》。古往今来，描写洞庭湖胜景的楹联众多。其中，以下联最为知名。

水天一色，风月无边

该联为唐代诗人李白所作，题于岳阳楼三楼正门柱上。以短短八个字、寻常朴实的语言，留白式地描绘洞庭湖的壮阔浩渺与无穷魅力，境界悠远，令人遐想无限。

7.6 趵突泉楹联

山东省济南城内多名泉，故称“泉城”。城中拥有趵突、黑虎、柳絮、金线等泉，其中以趵突泉最为知名。该泉有三股，平地而涌，翻滚若轮，势如鼎沸，蔚为壮观，历代文人墨客在此留下众多华章丽句。

吕洞宾上岳阳楼图（[元]佚名）

洞庭湖、湘江与岳阳楼（《海内奇观》）

楹联之一：

云雾润蒸华不注

波涛声震大明湖

该联摘自元代书法家赵孟頫的《趵突泉》诗，由当代已故著名书法家金棻所书，悬挂于趵突泉泺源堂楹柱上。据《水经注》记载，趵突泉为古泺水的源头，泉北的泺源堂即由此得名。华不注，即华不注山，位于济南城北。该联以夸张的手法，具体而生动地描绘了趵突泉的气势。上联写视觉，趵突泉泉水喷涌而上，浪花四溅升腾而成云雾，弥漫空中，将巍峨高耸的华不注山都笼罩了起来；下联写听觉，泉水自泉眼喷涌而出，声若隐雷，将碧波荡漾的大明湖都震动了起来。语句自然明快，有声有色，十分传神。

泺源堂（魏建国、王颖）

元代书法家赵孟頫所书《趵突泉》诗

赵孟頫《趵突泉》：泺水发源天下无，平地涌出白玉壶。谷虚久恐元气泄，岁旱不愁东海枯。云雾润蒸华不注，波涛声震大明湖。时来泉上濯尘土，冰雪满怀清兴孤。

济南大明湖（魏建国、王颖）

楹联之二：

三尺不消平地雪
四时常吼半天雷

该联摘自元代著名文学家张养浩的《趵突泉》诗，由武中奇所书，悬挂于观澜亭前。该联与泺源堂赵孟頫诗联有异曲同工之妙，也是上联写趵突泉给人的视觉感受，下联写听觉感受。上联将趵突泉不断喷涌的三股泉水比作永不消融的“平地雪”，可谓奇思妙想；下联将趵突泉不断发出的喷涌之声比作四时常吼的“半天雷”，颇为传神。

观澜亭前楹联（魏建国、王颖）

7.7 杭州灵隐寺楹联

杭州灵隐寺前的飞来峰下有一池清水，池内有一股泉水喷涌而出，阴冷异常，故名冷泉，池亦因名冷泉池。池上建有一亭，名冷泉亭。冷泉亭有一楹联：

泉自几时冷起
峰从何处飞来

该联十分别致，以发问的形式提出两个问题，皆为穷源究本之问。这与所谓西方哲学上的三个终极问题之一“我从哪里来”有异曲同工之处。语句简单，但引观者思考，为冷泉、飞来峰平添几分意境。

趵突泉及观澜亭（魏建国、王颖）

冷泉亭（仇遐建）

冷泉亭溪水（仇遐建）

會安橋

8
传统音乐

8.1 《高山流水》

水为万物之源、孕万物之灵。借水寓情不仅是绘画、诗词等艺术创作，而且是音乐创作的重要表现手法。很多音乐的灵感来源于自然，来源于水。水作为音乐创作的重要元素，不仅能助其创新风格，而且可增加音乐作品中的文化底蕴，营造独特的音乐意境。因此，一些以水为主题的音乐往往成为传世之作。另外，由于中国的治水往往是超大规模的集体劳作过程，在此期间创作的集体劳作民歌则具有震撼人心的力量。

《高山流水》，中国十大古曲之一，为古琴曲。

“高山流水”最先出自《列子 · 汤问》。传说伯牙善鼓琴，钟子期则善听。当伯牙鼓琴志在高山时，钟子期赞叹道：“善哉，峨峨兮若泰山。”伯牙志在流水时，钟子期又赞叹道：“善哉，洋洋兮若江河。”伯牙通过琴声表达出来的所思所想，钟子期听后必能得之。钟子期去世后，伯牙只觉世上再无知音，于是破琴绝弦，终身不复鼓琴。《吕氏春秋 · 本味》中也有类似记载。后用“高山流水”比喻知音或知己，也比喻乐曲之高妙。

伯牙抚琴图（[清]丁观鹏）

《高山流水》原为一曲，自唐代以后，《高山》与《流水》分为两首独立的琴曲。1977年8月22日管平湖演奏的《流水》被录入美国太空探测器“旅行者一号”的金唱片，并发射至太空，开始在茫茫宇宙中寻找人类的“知音”。

8.2 《潇湘水云》

《潇湘水云》为古琴曲，南宋浙派创始人郭沔创作。南宋末年，元兵南侵，临安（今浙江杭州）失守，郭沔移居湖南衡山附近，常在潇、湘二水合流处泛舟。每当他远望九嶷山时，常常恼于其为云水遮蔽而无法得见全貌，由此激起他对山河残缺、时势飘零的感慨和自己力不从心的无奈，于是创作该曲以抒胸臆。全曲情景交融，寓意深刻，自13世纪问世后，广为流传，直至今日，仍广获好评。

潇湘夜雨（《海内奇观》）

该曲最早见于《神奇秘谱》，共10段，即洞庭烟雨、江汉舒清、天光云影、水接天隅、浪卷云飞、风起云涌、水天一碧、寒江月冷、万里澄波、影涵万象。此后，出现多种谱本，结构也有变化，目前流行的是十八段曲加一尾声。

8.3 《洞庭秋思》

《洞庭秋思》为古琴曲。

该曲以洞庭秋意为背景，以清新淡雅的曲调，描绘洞庭湖江天一色、宛如写意山水画的秀丽景致。凉凉秋意下，粼粼的洞庭湖水天、醇厚的人情意味和文雅的音乐气质，正是这首古曲的无穷意境。碧水天高，烟波浩渺，人生之境，历经岁月之淘洗与沉淀，亦如洞庭水天澄然一色，意味悠远。

《洞庭秋思》最早见于明嘉靖二十八年（1549年）汪芝所著《西麓堂琴统》。据《存见古琴曲谱辑览》统计，此后又有《琴书大全》《松弦馆琴谱》《大还阁琴谱》《自远堂琴谱》《天闻阁琴谱》等20余部琴谱刊载此曲。

湘水一隅（《亚细亚大观》第三辑）

洞庭流筏（《亚细亚大观》第三辑）

洞庭湖湘江口（《西洋镜：一个德国建筑师眼中的中国1906—1909年》）

洞庭秋月

洞庭秋月（《海内奇观》）

8.4 黄河号子

黄河号子

黄河的泥沙含量世界罕见，具有善淤、善决和善徙的特点，黄河号子是黄河流域劳动人民在大规模修建防洪工程的过程中逐渐形成的有一定节奏、一定规律和一定起伏的声音（号子），属于劳动号子的一种。2008年6月入选第二批国家级非物质文化遗产名录。

黄河号子是人们参与集体协作性较强的劳动时，为了统一劳动节奏、协调劳动动作、调节劳动情绪而唱的民歌。它的特点主要有二：一是律动性强，这是由劳动动作的不断重复及其节奏感赋予的；二是一领众和，这是黄河号子最常见、最典型的歌唱方式，领唱者往往就是集体劳动的指挥者。领唱部分常常是唱词的主要陈述内容，音乐形式灵活、自由，曲调和唱词常有即兴变化，旋律常上扬，高亢嘹亮，有呼唤、号召的特点；和唱的部分大多是衬词或重复领唱中的片段唱词，音乐较固定，变化少，节奏感强，常使用同一节奏重复进行。

在黄河治理过程中，曾出现过不同的工种，黄河号子也相应分成许多类别，如抢险号子、夯硪号子、船工号子、运土号子、捆枕和推枕号子等，各地区出现的流派也不一样，各种号子异彩纷呈，争奇斗艳。

在黄河治理与开发的实践中，黄河号子发挥着独特的、不可替代的作用。一是它可以保护劳动者不受到伤害。在繁重的体力劳动中，劳动者运用全身力气挥舞工具，在工具作用于受力点的刹那间，劳动者腹内憋足的气必须随着喊号声释放出来，才不致损伤内脏。这种“嗨！”“哈！”的简单号子的喊唱，是劳动者自我保护的一种本能，所以经久不衰。二是在集体劳动中，靠号子传递信息，规范动作，达到行为举止一致，有利于安全生产。

黄河董庄堵口时众人推柳石枕下水（《世纪黄河》）

一首好的黄河号子，内容健康，格调清新，词句优雅，代代相传，深受群众喜爱。特别是新中国成立以来，黄河号子的内容更加丰富、健康。它不仅仅是民歌、顺口溜，也颇富文学色彩。更可贵地是它把治黄工作的意义、工程质量的保证、应抱的主人翁态度以及施工状况等内容都融合于黄河号子中，成为群众自编、自喊、自乐、自我教育的良好教材和真实记录。

8.5 夯硪号子

夯硪号子是劳动号子或工程号子，是修堤、筑坝、铺路时而传唱的民歌。

为使上述工程的地基结实，须用土一层层填起，再用夯硪击实打平，上一层土打一层，一直打到要求的高度。打硪时，一般用四人、八人或十人，劳动强度不大，但集体性、协作性要求高，须严密配合。因此，夯硪号子律动性强，节奏鲜明强烈，主要用于劳动中统一节奏、集中精力和调节气氛。

黄河大堤加培过程中的群众性赛硪

堤工打桩（20世纪30年代）

夯硪是工程施工过程中打地基或打桩时常用的工具，有木质、石质和铁质之分。其中，石硪最为常用，通常为圆形或方形的石块，周围系几根绳子，又根据其重量分为轻硪和重硪。打轻硪时，众人齐举，将硪甩过头顶，又称飞硪，速度较快，通常一个乐节为一个重音周期，属节进律动型；打重硪时，间歇时间较长，通常一个乐句为一个强音周期，属宽长律动型。领唱时不打硪，众唱时打硪。

夯硪号子的歌词多为触景生情，即兴创作，也可谈天说地，唱古论今，多为五字、七字或三字句。它的节奏和曲调则由劳动的强度和速度决定。根据打硪的速度，可分为“最慢”“慢速”“中速”“快速”和“最快”等节奏，以中速为多；曲调一般雄壮热烈，与劳动节奏紧密配合，且多吸收当地的民间小调。根据夯硪号的组合，可分为一首曲子反复唱的单号子、两首曲子反复唱的双号子、多首曲子联唱的连套等。多为一领众和，也有少数齐唱，领唱者一般为劳动的指挥者。重硪号子又有自由节拍和规整节拍之分。

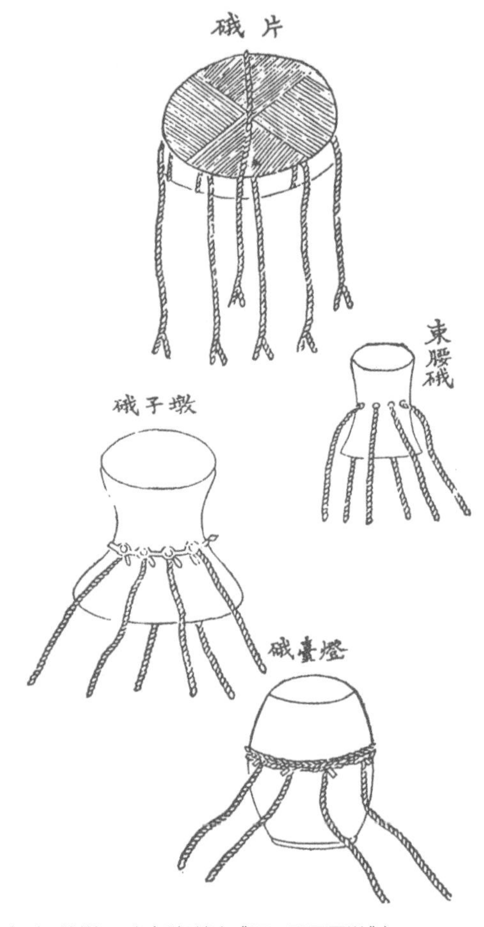

各种型制的石硪（[清]麟庆《河工器具图说》）

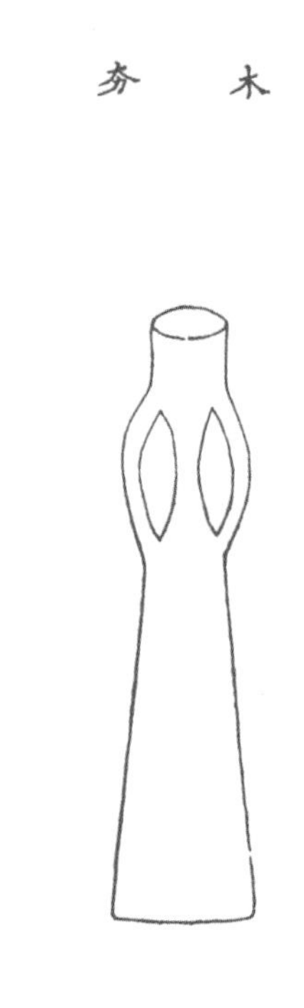

木夯（[清]麟庆《河工器具图说》）

8.6 船工号子

船工号子是在行船过程中为配合航运、船务等劳动而传唱的民歌。由于内河航行条件和环境不同，船务劳动内容和强度不一，中国各地船工往往创造出适宜各自情况的号子，使船工号子变化幅度较大。因此，船工号子是劳动号子中内容最丰富的类型之一。

船工号子主要包括以下三种类型：①起程号：包括出船号、推船号、起锚号、拉篷号、撑篙号等。②行驶号：包括摇橹号、拔棹号、拉纤号、扳桡号、扯帆号等。③停船号：包括下锚号、拉绳号等。各类船工号子的实用性较强，大多专号专用，以具体劳动的内容命名，也可以劳动呼号、地势、音调来源等命名。

目前，较为著名的船工号子有黄河船号、渤海湾船号、乌苏里江船号、长江船号、黄海沿岸船号等。此外，京杭运河、广西浔江、广东曲江等地的船工号子也都颇具特色。其中，最具代表性的为长江船号和黄河船号。

长江船号主要指四川、湖北、湖南境内长江沿线的各种号子。长江素有黄金水道之称，但四川宜宾至湖北宜昌尤其是三峡段的航道两岸山峦夹峙，河流湍急，险滩暗礁和石林密布。在近代之前的千百年间，柏木船几乎是唯一的交通工具，船只行驶大多靠船工纤夫，他们顺水推桡，逆水拉纤，日复一日，年复一年，逐渐创造出著名的长江船号。

长江船只行驶过程中往往会出现平水、见滩、上滩、险滩和下滩等劳动过程。这些过程中，船主往往会充当船上的号工（又称号子头），无论船行船停、船快船慢，还是闯滩斗水，其余船工都需听从号工的指挥。而号工则会在不同的劳动过程中，根据长江水情水势的不同、明滩暗礁对船只的威胁程度，编创出不同节奏、不同音调、不同情绪的号子，如“平水号子”“见滩号子”“上滩号子”“拼命号子”和“下滩号子”等。

一般而言，“上滩号子”和“拼命号子”是在船行至水路险恶或水流湍急处所唱号子，这类号子实用性强。由于当时情况十分紧急甚至危急，各船工须紧密团结，谨慎操作，领唱者（即船主、号子头）与合唱者（其余船工）就会呼应频繁，节奏紧迫，领唱与和唱相互重叠，形成两个或更多个声部，气势壮观震撼。同时，由于船工常年在凶滩恶水间出生入死般地讨生活，号子中又流露出淡淡的忧伤，这使其听起来更为耐人寻味、意蕴深长。“下滩号子”则是在风平浪静、平滩行船时所唱的号子，实用性弱，但抒情性浓厚。这时，刚刚经历一场恶战甚至生死一线的船工们心情放松，于是悠扬潇洒的号子回荡于江河间，与周边景致相互辉映，别有一番意境。

长江云阳滩下游的纤夫（《西洋镜：一个英国风光摄影大师镜头下的中国 1906—1909》）

长江纤夫的住处（20 世纪初）

在歌词方面，后者见景生情，即兴编词较多；而前者则多为劳动呼号用语，体现了船工们面对恶劣自然条件的不屈精神和对美好生活的热爱、向往与追求。如电影《漩涡里的歌》插曲：“吆哦，吆哦，嗬嗬嗬嗬嗬嗬嗬嗬，嗬西左嗬西左嗬西左嗬西左嗨！穿恶浪呃，踏险滩哪，船工一身都是胆罗；闯旋涡哟，迎激流哎，水飞千里船似箭罗。乘风破浪嘛奔大海呀嘛，行船哪怕嘛路途险哪嘛。吆哦咳吆哦咳吆哦咳吆哦咳吆哦吆哦吆哦吆哦。”

总而言之，峡江船工号子是流传在滩多水急的长江三峡尤其是西陵峡一带行船过程中船工呼喊的号子，是在船工生命极限的考验中诞生、并由劳作者集体创作的生命乐章。长江三峡以西陵峡最险，俗称峡江，其中又以秭归段最为险峻，从庙河至泄滩、崆岭滩、青滩、牛肝马肺峡、兵书宝剑峡，江面狭窄，水势陡急，暗礁险滩比比皆是。中华人民共和国成立前，船工航行于峡江间，犹如闯过一道道鬼门关，因而在这种特殊的环境中创造出具有峡江特色的船工号子，旋律高亢，内容丰富，风格独特。2008年，列入国家级非物质文化遗产名录。

西陵峡（傅抱石）

峡江泡漩

船过青滩（美国《生活周刊》，20 世纪 40 年代）

泄滩下游沉船（英国人约翰逊拍摄，1933 年）

泄滩急流（《旧中国的面孔》，1909 年）

黄河上游宁绥段牵挽航运（《民国黄河》）

泾河渡口（《民国黄河》）

九曲黄河

黄河船号主要指陕西、河南等地的号子，主要分“拨船号子”“行船号子”“拉篷号子”“爬山虎号子”和“推船号子”等。船工们祖祖辈辈生活在黄河上，漂泊在木船上。他们对黄河了如指掌，视船如命，在与黄河风浪搏斗的实践中，创作出了丰富多彩、独具特色的船工号子。声声号子，抒发了船工们复杂的感情，反映了他们的喜、怒、哀、乐、忧、怨、悲、欢。如“艄公号子声声雷，船工拉纤步步沉。运载好布千万匹，船工破衣不遮身。运载粮食千万担，船工只把糠馍啃。军阀老板发大财，黄河船工辈辈穷”，深刻反映了黑暗岁月中船工的悲惨生活；而“一条飞龙出昆仑，摇头摆尾过三门。吼声震裂邙山头，惊涛骇浪把船行”，则体现了船工们对大自然以及美好生活的向往和热爱。陕北流传的《黄河船夫曲》则是人们最为熟悉的船工号子，曾作为电影《人生》的插曲。“你晓得，天下黄河几十几道弯？几十几道湾上几十几只船？几十几只船上几十几根杆？几十几个艄公来把船儿搬哟！”当那粗犷苍凉、宏大阔辽的曲调响起时，总会让人震撼并久久回味。

會安橋

9
戏曲

中国戏曲又称戏剧，以歌舞、优戏和说唱艺术为主，吸收其他表演技艺综合衍变而成，与祀神、自娱等习俗密不可分，充分体现了中华民族传统中的中和之美。自12世纪形成较为完备的艺术体系后，中国戏曲至今已有900多年历史。

戏曲起源于原始社会的歌舞。远古时期的歌舞主要表现氏族部落的狩猎、耕作、战争、祭祀等活动的场景，反映其对自然、祖先、神祇的崇敬和对美好生活的追求。进入农业社会，歌舞演变为为统治者歌功颂德的工具，也成为国家祭典仪式的重要组成部分。秦代开始出现百戏，又称“散乐”。此后，戏曲的形式日益丰富，如宋元南戏、元杂剧、明清传奇、近现代京剧和豫剧、越剧等，戏曲成为中华民族传统文化中的艺术瑰宝。

戏曲是生活的镜子，是浓缩的人生，甚至是一个时代的缩影。水作为生命之源和构成生活生产环境的重要因素，不可避免地要在戏曲中有所体现，有时甚至起着推动情节发展的关键作用。

9.1 越剧《柳毅传书》

越剧《柳毅传书》讲述的是与洞庭湖有关的浪漫神话故事。

该剧情节简介如下：唐仪凤年间（676—679年），秀才柳毅赴京城长安应试，落第而归，顺便去泾阳县寻访故友。途经泾河畔，见一牧羊女悲啼，询知为洞庭龙王的女儿三娘，嫁给泾河小龙后遭受虐待，

洞庭湖柳毅传书（《元曲选》图，明万历刊本）

柳毅井（杨兴斌）

乃仗义为三娘传送家书，入洞庭湖见洞庭龙王。龙王的弟弟钱塘君惊悉侄女被虐待，赶奔泾河，杀死泾河小龙，救回龙女。三娘得救后，深感柳毅传书之义，请叔父钱塘君作伐求配。柳毅为避施恩图报之嫌，拒婚而归。三娘矢志不渝，与其父洞庭龙王化身为渔家父女，与柳毅毗邻而居，二人日久生情，最终结为伉俪，成就一段佳话。

后人为纪念这段美好的爱情故事，在洞庭湖口修建一口井，取名“柳毅井”。

9.2 京剧《泗州城》

泗州城位于今江苏省盱眙县境内，扼守淮河两岸及大运河由淮河入汴河的南端口岸，具有突出的战略、交通和经济位置。泗州城始设于南北朝时期的北周大象二年（580年），一度为淮河下游最为繁华的古城，清康熙十九年（1680年）因洪泽湖面积扩展而遭没顶之灾，康熙三十五年（1696年）整座州城沉沦于洪泽湖底。

京剧《泗州城》，又名《虹桥赠珠》，根据水漫泗州历史事实与民间传说加以想象改编而成。该剧先后由关肃霜、宋德珠、朱桂芳与闫巍等著名京剧演员主演。

该剧剧情简介如下：泗州虹桥有一水怪，自称水母娘娘。一次出游，见泗州太守时德明之子时廷芳风度翩翩，爱而悦之。便在时廷芳赴京赶考途中，兴风作浪，将其摄至水府，欲结为夫妻。时廷芳假意许之，借欢饮之际，将其灌醉，取其异宝避水珠，逃出水府。水怪酒醒后，得知时廷芳逃去，忿火中烧，兴波作浪，水淹泗州城。观音菩萨怜悯泗州百姓，召集天神天将，最终将其擒获，洪水渐消，百姓得救。

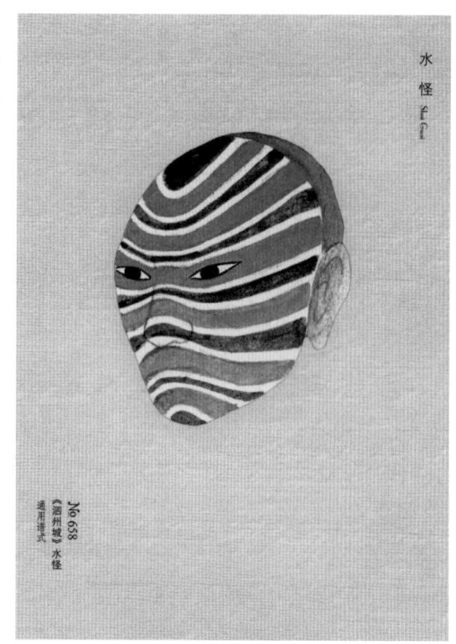

《泗州城》中的伽蓝神和二水怪脸谱（《中国京剧脸谱图典》）

9.3 京剧《西门豹》

战国时期，魏国邺城漳河一带水患频仍。在此背景下，地方官吏勾结巫婆、地痞，诡称河神作怪，掀起“河伯娶妇”的恶俗，并借此横征暴敛、草菅人命。百姓不堪其扰，纷纷弃业逃亡，邺郡人口锐减，日见凋零。西门豹出任邺郡太守后，设法破除“河伯娶妇”的恶俗，使逃亡乡民重归故里。与此同时，开漳河十二

《泗州城》中的水母扮相（《平署脸谱》）

西门豹画像（《古圣贤像传略》）

渠，引漳水灌溉农田，使大片土地成为旱涝保收的良田；实行“寓兵于农、藏粮于民”的政策，使邺城民富兵强，成为魏国东北重镇。西门豹治邺有方，深受人民爱戴，后人在多处为其修祠建庙，以为祭祀。

京剧《西门豹》讲述的就是西门豹受魏文侯之命出任邺城县令，初到邺城，见百姓既受水患又遭巫欺，于是察水情、听民意，智斗神姑郡丞，扫除歪风邪气，然后开渠浚河、兴利除害的故事。

在该剧中，西门豹为了解百姓避祸他乡的隐情，便深入闾巷，微服私访。为弄清漳河水患根源，他又不顾危险，连夜请渔民驾轻舟，亲至号称“九漩十八拐”的险工段五龙湾调查水情，分析水灾原因。当得知“河伯娶妇”的真实背景“分明是漳河水道年久失修，下游不畅，漫滥成灾。因而巫婆装神，三老弄鬼，廷掾与恶绅勾结，里正并愚民帮腔，积习成风，变为恶俗，逼走了多少百姓，害死了多少儿女”后，将计就计，假借河伯旨意，将“宿根深厚”的大巫、里正、三老等人投入水中。百姓醒悟，河伯娶妇之事遂绝。同时，在西门豹的引导下，邺城百姓认识到“漳河上游多泛滥，下游淤塞难疏散，不开河道不修堤，怎怪洪水常为患”的道理，于是在他的带领下，“开渠十二道，引水灌良田。洪水不成灾，还与人方便”。

《西门豹》最早由著名京剧表演艺术家袁世海在20世纪60年代上演，后由其弟子杨赤发扬光大。

會安橋

10

绘　画

中国画尤其是山水画中拥有许多展现大江大河、湖泊溪涧、泉流瀑布等河川景观的内容。它们采用不同的画法、从不同的视角展现了中国壮美瑰丽的山川景致，展现了历代文人亲近自然、回归自然、追求与自然合一的审美境界与宇宙观念，展现了他们对山水、对国家的深厚感情，在一定程度上展现了中华民族的个性与气质。

山水画形成于魏晋南北朝时期，这是魏晋崇尚自然、对自然山水逐渐具有审美感知并追求“天人合一”的结果。在东晋著名画家顾恺之的《女史箴图》和《洛神赋图》中，山水首次出现于画作中，但只是作为画中人物的背景和衬托。

《女史箴图》局部（[东晋]顾恺之，现藏大英博物馆）

该图为《女史箴图》第三段，岗峦山石占据大部分画面。山间有雉鸡飞起，山顶有日、月同出，山下有一人弓左腿，跪右腿，正弯弓欲射。从画面整体布局来看，在人物中杂以山水、飞禽走兽，可使其内容更为生动活泼，但该图中所见山水是山石林木的局部，只是点缀。

《洛神赋图》局部（[东晋]顾恺之，现藏北京故宫博物院）

该图以曹植名作《洛神赋》为内容，虽分段描绘，移步换景，但构图相连。其间山水起伏，林木掩映，可谓是一幅整体山水画。无论是主题思想，还是画面表现，都体现了人与自然和谐相处的理念。

隋代绘画仍以人物或神仙故事为主，但山水画已发展为独立画科。展子虔是隋代山水画的代表，其《游春图》是现存最早的独立卷轴山水画。该图通过空间透视、远近关系、山树与人物比例的合理安排，使山、水、树、石成为画面主体，而人、马、舟、船则降为陪衬，基本结束了此前“人大于山，水不容泛”的布局方式，被视为山水画的始祖。在画法上，以纤细劲健的线条勾勒为主，山水着重青绿，山脚则用泥金，后人称之为“青绿法”或“金碧山水”。

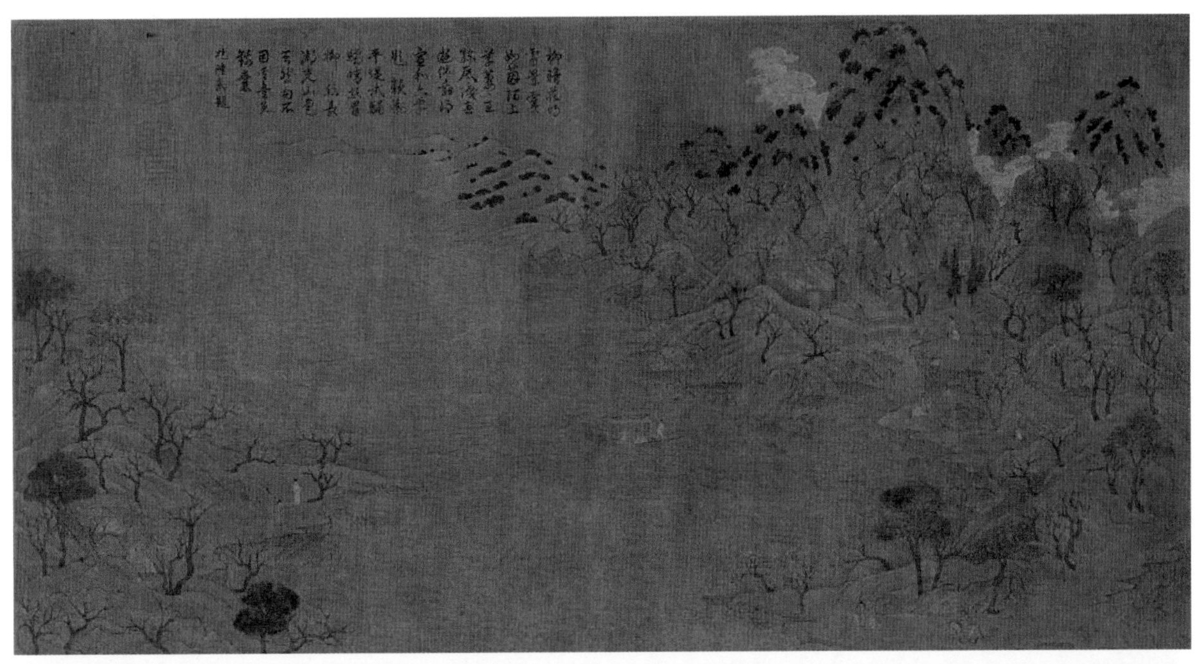

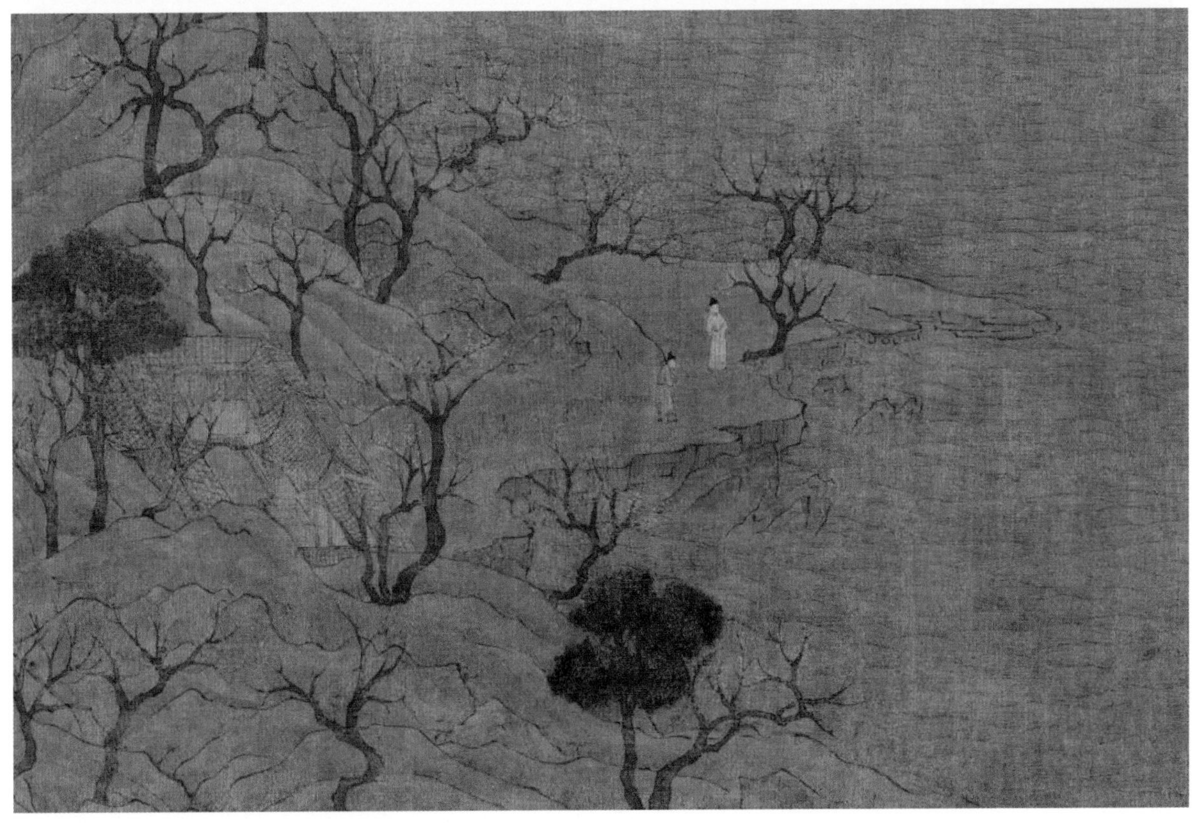

《游春图》局部（[隋]展子虔，现藏北京故宫博物院）

该图画面开阔，水波荡漾，两岸山峰错落有致，绵延重叠，层次井然地向远方延伸，逐渐隐于烟霭之中。水体占据大半画面，其余则为山峦、树木，人、马、舟、船等只是其中的点缀。

唐代绘画艺术整体繁荣，山水画随之步入成熟，并形成风格不同的两大流派。一是以唐宗室武将李思训、李昭道父子为代表的“青绿山水”，二是以文人士大夫王维为代表的“水墨山水”。李思训是第一位以作山水画为主的画家，继承并发展了展子虔以山水为主体、人物为点景的格局，赋色以石青、石绿为主，辅以泥金，开创了以“青绿为质，金碧为纹”的“金碧山水”画体，多表现宫廷贵族的品味和盛世气象，格局宏伟，色调富丽堂皇；其子李昭道在继承其画风的基础上又有创新。王维是盛唐时期山水田园派诗人的代表，也是山水画的重要人物，开创“水墨山水”画体，这是山水画史上的重要转变。就题材而言，王维山水画主要以悠然而富有野趣的大自然为主，适度追求恬淡闲居的隐逸生活；在用色上，以水墨取代石青、石绿；在形式上，开创“渲淡”“破墨”笔法，以笔墨的浓淡表现层次的变化，这是山水画由“绘”到“写”的开端，更加贴近自然变化的法则。因此，苏轼称其画作为“画中有诗，诗中有画”。

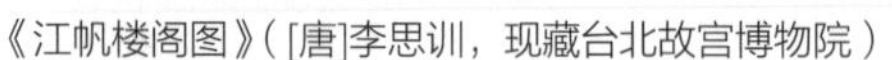

《江帆楼阁图》（[唐]李思训，现藏台北故宫博物院）

《江干雪霁图卷》（[唐]王维）

五代，山水画尤其是“水墨山水”画已进入成熟阶段。在北方，以荆浩、关仝师徒为代表；在江南，以董源、巨然师徒为代表。荆浩因躲避战乱而隐居太行山洪谷，主张师法自然，常在山林泉石间细致观察、反复临摹，同时注重画法与画理的研究，擅画北方的崇山峻岭和层峦叠嶂，运用坚劲密集的皴法表现山石的凹凸明暗和纹理结构，以虚实浓淡变化多端的水墨创造出富有质感的画面，表达雄伟深远的意境，有“全景山水”之称。

《雪景山水图》（[五代]荆浩，现藏美国堪萨斯市纳尔逊艾京斯艺术博物馆）

董源的山水，常以淡墨轻岚写出江南的山峦土厚林茂、花草繁盛特色。山水之中又以人物渔舟点缀其间，工细设色，为寂静幽深的山林增添了无限生机，如《潇湘图》。

平林霁色图（[五代]董源）

北宋时期，反映自然美的山水画空前兴盛，并有许多展现中国大江大河的著名画卷流传至今。随着北宋画家的不断尝试，中国水墨山水画由以往注重写实、客观再现山川景物，逐渐向注重写意、忽视形似、强调表现艺术家主观感受的方向发展，从而使中国山水画能够更加细腻，更加充满诗歌的抒情意味。米芾、米友仁父子创造的“米氏山水”便是这种转化过程的重要代表。他们擅长“墨戏”，善用多层烘染和卧笔横点成块面，使水墨画的积墨、破墨、渍染、渲染等技巧得以充分发挥，达到云山空濛、烟云幻灭、不求形似而求神韵的效果，如米友仁的《潇湘奇观图》。李唐是北宋山水画风向南宋画风过渡的关键人物，在北宋灭亡后辗转来到南方，以水墨淋漓一挥而就的“大斧劈皴”表现岩石雄壮坚实的形质，气势磅礴，开创了豪放简括、水墨苍劲的山水画风，如《江山小景》和《濠濮秋水图》。

云山墨戏图卷（[北宋]米友仁）

江山小景（[南宋]李唐）

宋室南渡，定都临安，江南秀丽的风景成为宫廷画师的摹写对象。与北方山水的雄浑壮伟之势相较，江南山水以疏淡奇秀、烟笼雾罩、清旷空灵见长，马远据此创造出布局简妙、以偏概全的方法，对复杂的景观进行大胆的凝练和剪裁，使主题表现得集中而又突出。在布局上，马远常突破前人的全景式画法，留出大片空白，使之空旷邈远，具有诗一般的境界，给人以遐想的余地，人称“马一角”。在笔法上，马远以饱蘸墨汁的大斧劈皴法表现坚实奇峭的巨壁山崖，造型棱角分明、刚劲挺直。

寒江独钓图（[南宋]马远）

山径春行图（[南宋]马远）

元代，汉族文人士大夫在政治上难以施展抱负，只好寄情于诗文书画，从而使元代绘画进入以文人画为主流的重要转折时期。元初以赵孟頫等为代表的士大夫画家提倡复古，回归唐和北宋的传统，主张以书法笔意入画，因此形成重气韵、轻格律的风气。“文人画”不但强调以书入画，且要求画家具有文学修养，把绘画作品变成集诗、书、画于一体的艺术形式，使中国绘画艺术更富有文学气息和民族特色。赵孟頫的画风大致有两种：一是工整秀雅的重彩画，二是豪放简率的水墨画，或强调书画同源，以书法入画，或博采晋、唐、北宋诸家之长，以气韵生动取胜。元代中晚期的代表画家有黄公望、吴镇、倪瓒和王蒙，史称“元四家”。他们以寄兴托志的写意画为旨，反映消极避世思想的隐逸山水和象征清高坚贞人格精神的梅、兰、竹、菊、松、石等题材广为流行，文人山水画的典范风格至此形成，对明清两代影响很大。

芦滩钓艇图（[元]吴镇）

水村图（[元]赵孟頫）

富春山居图（局部）（[元]黄公望）

紫芝山房图轴（[元]倪瓒）

荆溪湿翠图（[元]王蒙）

明代，山水画画风更迭，画派丛生。明代早期，宫廷院画和浙派盛行于画坛，形成以继承和发扬南宋院体画为主的时代风尚，使得宫廷山水画一时呈现出南宋院画的面貌。明代中期，苏州地区崛起吴门画派，他们主要继承宋元文人画的传统，一跃而为画坛主流。其中，以沈周、文徵明、唐寅、仇英等为代表，他们的山水画多描写江南风景和文人生活，抒写宁静幽雅的情怀，注重笔情墨趣，讲究诗书画的有机结合。明代后期的代表人物是董其昌，他写得一手好字，善于把书法渗透到绘画中，注重笔墨技巧，书画同体，讲究气韵和风神，带有主观抒意，追求似与不似。

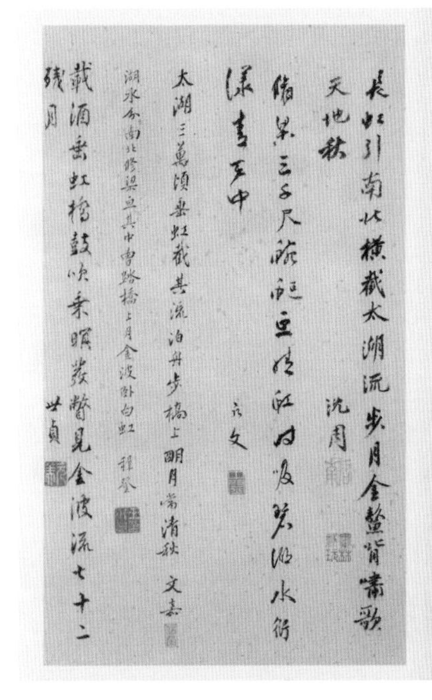

两江名胜（[明]沈周）

芦汀系艇图（[明]唐寅）

吴中胜概图（[明]文徵明）

潇湘白云书画合璧图（[明]董其昌）

清代山水画分为两种：一种以石涛、朱耷、髡残和弘仁等“四僧”为代表，不随人俯仰，不入流俗，重视自我表达与人格修炼；一种以王时敏、王鉴、王原祁、王翚等“四王”为代表，重摹古守旧，对传统画法的理解达于致极，迎合了清王朝政治文化追求，左右了此后百余年的格局。其中，“四僧”中的石涛和朱耷是明宗室后裔，借绘画抒发其身世变故之感慨，宣泄对故国山河之情感。

近现代山水画取得了重大的变革和发展。张大千、傅抱石等画家在继承传统的基础上重视写生，借鉴西洋画法，使中国山水画突破了辗转相承的老程式，进入了新的艺术天地。

山水册八帧中的二帧（[清]石涛）

山水（傅抱石）

青绿山水（张大千）

湖堤（张大千）

溪山红树图（[清]王翚）

10.1 水图

历代名家画水，对于表现水的形态及其变化都有自己独到的手法和感受。清代松年在《颐园论画》中说道："目中有水，胸中有水，从灵台运化而出，方见水之真形显于纸上。初画笔路多板滞之病，久久纯熟，乃有流动自如，无阻无格。每于下笔之初，心想波澜汹涌，自然活泼天机。"

中国山水画中专门画湖光水纹的作品，以南宋马远的《水图》十二幅最为著名，另外有南宋马兴祖的《浪图》和宋末元初颜辉的《波图》等。

1. 南宋马远《水图》

南宋宫廷画家马远所作《水图》，织本设色，共12段，纵26.8厘米，横第一幅20.7厘米，第二至第十二幅41.6厘米，12幅合裱一卷。每幅均有南宋宁宗皇后杨氏题写的图名，首幅缺半，故无图名，现藏北京故宫博物院。

明李东阳篆书"马远水"

《水图》除第一幅因残缺而无图名外，其余图名分别为"洞庭风细""层波叠浪""寒塘清浅""长江万顷""黄河逆流""秋水回波""云生沧海""湖光潋滟""云舒浪卷""晓日烘山""细浪漂漂"。引首有明李东阳篆书"马远水"三字，后有明李东阳、吴宽、王鏊等11家题记。

《水图》十二幅作品专门画水，除个别图幅中画有极少的岩岸外，大多没有任何其他景色，完全通过对水波不同形态的描绘，展现不同的意境。基于对水波的细致观察，马远用不同的手法和笔法，或细腻流利，或断线为点，或浑厚雄壮，或简洁多折，惟妙惟肖、淋漓尽致地展现了微波粼粼、汹涌澎湃、此起彼伏、惊涛骇浪、吞天沃日等不同形态的水波及其在不同环境下所发生的变化。

《水图》第一幅

《水图》第二幅：洞庭风细

《水图》第三幅：层波叠浪

《洞庭风细》图以起伏的线条组成细密如鳞的波浪，不激不怒，近大远小，缓缓向远方淡化，以至于水天一色，仿佛习习微风正轻轻掠过开阔的湖面。

《层波叠浪》图采用粗重的颤笔描绘起伏跌宕的波浪，仿佛水下有蛟龙在翻腾，推动着波涛浩浩向前奔涌，气势磅礴。浪谷间溅起朵朵浪花，又为画面增添了灵性。

《水图》第四幅：寒塘清浅

《水图》第五幅：长江万顷

《寒塘清浅》图以稀疏的线条描绘了清浅的池塘中，在大小高低不同的石块阻滞下，水流回旋起伏前行的景象，尤其左下角水中出露三两石块，导致周边水流富有流动之美。

《长江万顷》图以流利的线条勾出朵朵浪尖，指向同一方向，并在远处渐趋虚化，水面的浩渺，使得江水得以平稳而从容地顺着江风的吹拂，毫无阻碍地向前奔涌而去。

《黄河逆流》图以粗重的线条勾出黄河的惊涛骇浪。巨浪强劲地卷推着浪花奔涌向前，前涌一程后，又呈向后逆涌之势，后浪推前浪，前浪又递击后浪，一路咆哮激荡，似挟有雷霆万钧之势，正要冲破重重障碍向前而泻。

《水图》第六幅：黄河逆流

《水图》第七幅：秋水回波

《秋水回波》图以柔婉的双勾线描绘秋风下徐徐前推的水波，与贴水飞翔的白鹭、浩渺无边的湖面一同构成萧萧的秋湖景色，可谓袅袅兮秋风，粼粼兮微波。

《水图》第八幅：云生苍海

《水图》第九幅：湖光潋滟

《云生苍海》图以谷纹状描绘涨潮时的海浪，但见浪峰向前倾斜，后浪紧推前浪，云遮雾锁，涛声如潮。

《湖光潋滟》图以轻快的线条，画出无规则跳动的水波。春风细细，湖水盈盈，晴光下的山色，明镜里的波光，都在游人的桨声笑语里微微荡漾。

《水图》第十幅：云舒浪卷

《水图》第十一幅：晓日烘山

《云舒浪卷》图中部以粗重凝涩的颤笔画出一个抬起的浪头，形象地描绘出风浪中正在激荡咆哮的海面，但见云雾弥漫下，波浪正在不断地向前涌动，大幅跌宕，威力撼人。

《晓日烘山》图中，迎着晨雾，半轮红日自远山冉冉升起。朝晖下的湖面浮光跃金，一片祥和宁静。

《细浪漂漂》图以鱼纹状的线条组成细密波浪，向远处渐渐虚化，几只海鸥在海面上飞翔，风平浪细，安静祥和。

《水图》的独特之处在于将画山之法用于画水，在表达水之柔润的同时，尽显其强劲之态，如此系列而又淋漓尽致地描绘不同条件下水的特点，并表达水之魂魄，在中国绘画史上尚属首次。因此，时人与后人都对其评价极高，如明代著名文学家和书法家李东阳赞曰："马远画十二幅，状态各不同，而江水尤奇艳，出笔墨蹊径之外，真活水也。"

2. 南宋马兴祖《浪图》

南宋画家马兴祖所作《浪图》，绢本墨画，纵20.8厘米，横22厘米，现藏日本东京国立博物馆。

该图中，波浪正汹涌推进，部分向前奔涌，浪尖处绽放出朵朵浪花；部分则呈回头之势，与奔涌向前的波浪相互撞击。整幅画面犹如正在怒放的鸢尾花之海，蔚为壮观，令人心动。

3. 宋末元初颜辉《波图》

宋末元初画家颜辉所作《波图》，纵28.0厘米，横29.5厘米，现藏日本东京国立博物馆。

该图中，汹涌向前的波浪与回头的余浪相互碰撞，激起高耸的浪花后，又向前当涌去。远处一轮红日隐现在群山中，只露出半边，似乎有晚霞显现。

《水图》第十二幅：细浪漂漂

《浪图》（[南宋]马兴祖）

《波图》（[南宋]颜辉）

10.2 关于长江的绘画

长江全长6300余公里，流经11个省（自治区、直辖市），沿线自然条件的千差万别使其拥有类型多样、内容丰富的地形地貌、河流形态等自然景观，如长江上游山高谷深，滩多流急；中游河流分布复杂，且拥有中国第一淡水湖——鄱阳湖和第二大淡水湖——洞庭湖；下游坡度平缓，江面逐渐开阔。沿线经济社会发展的差异与民族文化的不同，又赋予其五彩斑斓的人文景观。宋室南渡后，长江成为阻挡北方铁骑的天堑，其奇伟秀丽的景观在吸引文人画家赞誉的同时，也成为他们隐喻自己故国之思、丧国之痛的主题。因此，自南宋后，长江成为山水画史上最适合用长卷形制来表现的河流之一。根据记载，自南宋以来的著名画家郭熙、夏圭、范宽、燕文贵、江参、周杞、赵芾、王蒙、戴进、周东村、巨然、吴伟、项圣谟、王石谷、王翚等人皆曾创作过巨幅长江画卷。这些画卷短则几米，长则10余米，但最长的为现代画家张大千所作，几乎长达20米，构图宏大，内容丰富。

此外，长江沿线的著名景观如三峡、洞庭湖、湘江、赤壁等也是历代画家喜欢展现的主题，由此留下众多不朽的画作。

10.2.1 《长江万里图》

1. 南宋夏圭《长江万里图》

南宋著名画家夏圭所作《长江万里图》，绢本设色，纵26.8厘米，横1115.3厘米，现藏台北故宫博物院。该图是现存有关长江最具代表性的作品之一。

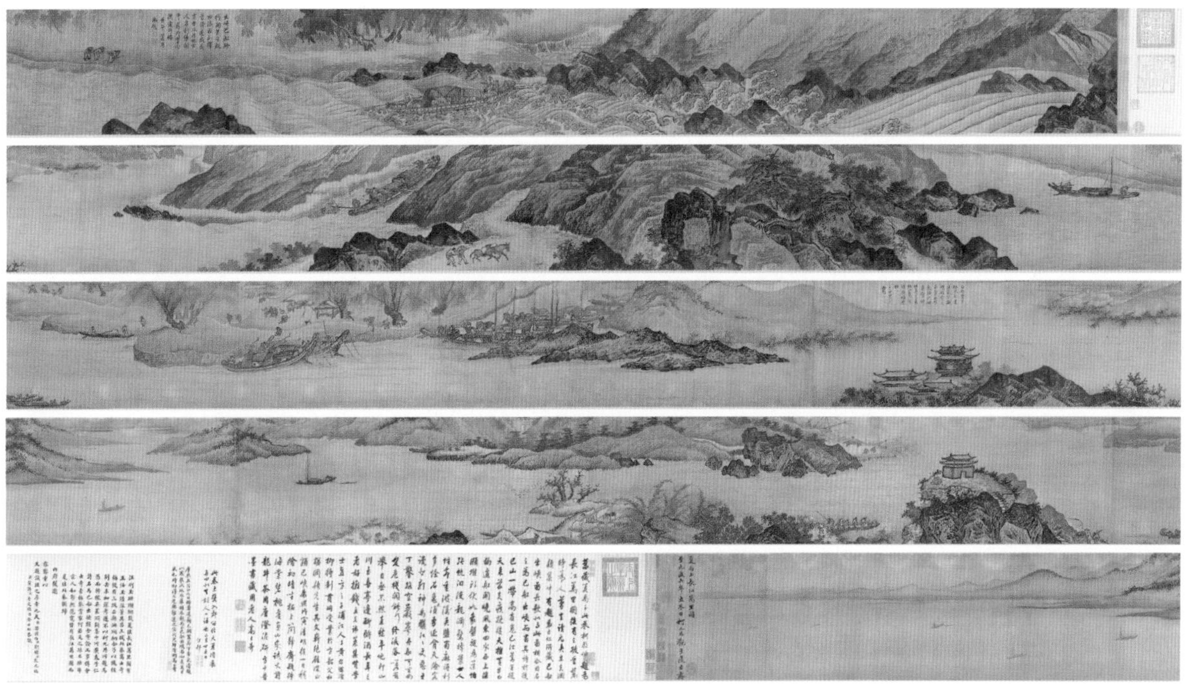

《长江万里图》（[南宋]夏圭）

该画卷卷末有元代鉴藏家柯九思、清代收藏家高士奇的题字，有清代梁国治、刘墉、彭元端、董诰、曹文埴、金士松等人共同签名的题识，主要描述了三峡至入海口的长江景观。

画卷前半段以接近平视的角度近景特写长江三峡段的巉岩、江涛以及江中行驶的舟船，形象地描绘了三峡群峰的险峻、江涛的汹涌和船行的艰险。画卷中，三峡奇峰突兀，怪石嶙峋，峭壁屏列，绵延不断；江水如一匹白练般直泄峡谷，然后像野马般奔腾穿行其间，东闯西撞，不断撞击着巉岩；激流险滩中，顺流而下的船只飘摇于浪尖，船工们小心谨慎、全神贯注地撑着船，船舱中的人满面惊惧却又情不自禁地被两岸的景致所吸引；一艘逆流而上的船只则在三位纤夫的牵挽下艰难前行。

《长江万里图》(局部1)

后半段以俯视和远观的角度描绘了开阔的长江中下游景致。画卷中，通过俯冲的船只、水流形态的明显变化，形象地描绘了江水从巉岩夹峙下的激流转变为辽阔平静江面的景象。茫茫的江面波平岸阔，展现的场景似是鄱阳湖和洞庭湖；近岸楼阁屋宇高耸，对岸山峰渐远渐疏，众多帆樯停泊于港湾船坞间，船夫神态各异，有人在挂帆，有人在抛锚，有人在舱顶对饮，有人在背运货物；岸上则人烟稠密，生活气息浓厚。至江流入海处，山愈远，帆愈渺，一派“唯见长江天际流”的景象。

《长江万里图》（局部2）

2. 南宋赵芾《长江万里图》

南宋赵芾所绘《长江万里图》是其唯一传世作品，纸本水墨，纵45.1厘米，横992.5厘米，现藏北京故宫博物院。

《长江万里图》([南宋]赵芾)

该画卷末款署“赵芾作”三字，钤“芾”朱文印，有明代钱惟善、张宁、陆树声等人所题诗跋。

该画卷主要描绘了烟云风雨中的长江胜景，别具特色。狂风暴雨中，奔流的江水汹涌翻腾，后浪叠压前浪，浩浩荡荡，波澜壮阔，呈一泻千里之势，与巍峨险峻的群山撞击出“惊涛拍岸”的壮丽景象。江岸重峦叠嶂，远山笼罩在浓浓的雨雾中，若隐若现；近山则耸立于颠风骇浪中，更显其雄奇；群峰间山径逶迤，古

《长江万里图》(局部1)

《长江万里图》(局部2)

寺楼阁、小桥人家静静地伫立，樵夫、农夫和行人则匆匆而行，更显风雨之猛烈。江中白浪滔天，翻涌层叠，有的舟楫正停在岸边，随浪飘摇；有的舟楫正在向着岸边奋力停靠；有的则逆浪穿行，险象环生；空中有飞鸟在穿云破雾。整幅画面，气势宏大，一气呵成，风雨中的长江惊涛穿空而又不失生机的景象撼人心魄，堪称画水杰作。

3. 明代吴伟《长江万里图》

明弘治年间画家吴伟所作《长江万里图》，绢本墨笔，纵27.8厘米，横976.2厘米，现藏北京故宫博物院。

《长江万里图》([明]吴伟)

《长江万里图》为吴伟传世水墨写意山水画中仅见的长卷巨制，绘于明弘治十八年（1505年）。卷末自题“弘治十八年乙丑九月望，湖湘吴伟寓武昌郡斋中制”，并有汪尧辰、汪尧庚二家题记。

该画卷以吴伟的故乡武昌江夏为原型，描绘长江沿途的壮丽云山、幽谷山村、城乡屋宇、江上风帆等。全卷可分以下四段。

《长江万里图》(局部1)

右起第一段直接切入近景，崇山峻岭间，江水蜿蜒而行，葱郁的林木随山势起伏，几座茅屋掩映其间，有村民行于江面小桥上。

《长江万里图》(局部2)

第二段画面豁然开朗，连绵的群山渐推渐远，浩渺的江水消隐于天际，江面上百舸争流。

《长江万里图》(局部3)

第三段视线被拉高拉远，大江两岸山峦连绵但平缓舒展，江水环绕，近岸山上城郭停泊着船只，山上掩映着屋舍、城郭。

《长江万里图》(局部4)

第四段山峦逐渐虚入江面，复归苍茫的江水，把观者的视线引入遥远的天水之际。

整幅画卷采用刚健奔放的勾勒与水墨晕染相结合的手法，挥洒纵横，描绘出长江沿途的壮丽云山、幽谷山村、城乡屋宇和江上风帆等憾人气势，表现了画家以雄强风格取胜的艺术特色，在宋元以来放笔写意一派的水墨山水中有其独特性。

4. 清代王翚《长江万里图》

清康熙年间著名画家王翚所作《长江万里图》，绢本设色，纵40.2厘米，横1615厘米。

该画卷作于清康熙三十七、八年间（1698—1699年），正是王翚完成《康熙南巡图》而名动朝野、荣归故里之时。

《长江万里图》(局部)

该画从重山密岭流泉百道的长江源头起，至长江下游入海处止。山间栈道连云，巉岩踑踞；江上帆樯如林，网张舟驰；两岸城郭相望，村舍比连。峰峦树色，各极其态；舟车商旅，屈指难数。全图长10余米，构图繁密，气象宏深，画家自云“凡七月而成”，可见其用心之专与用力之勤。然而，与前代许多描绘《长江万里图》的画家一样，王翚并未实地考察过长江，不过借此寄托对壮丽山河的赞美而已，所以该图多用以欣赏。

该画卷是翁同龢非常得意的一件收藏，据其日记记载：“清光绪元年（1875年）三月二十六日，翁同龢在厂肆见到该画卷，因索价千金而未得；后贾人送来，越看越美，于是回到博古斋讲价，出三百，不卖。赏玩四天后，以四百购得，把预备买房乔迁的银两换成该画卷”。所以，他在画卷木匣盖上题诗一首：“长江之图疑有神，翁子得之忘其贫。典屋买画今几人，约不出门客莫嗔。”

10.2.2 三峡图

长江流经四川盆地东缘时冲开崇山峻岭而奔涌，形成壮丽雄奇、闻名世界的峡谷，即长江三峡。三峡西起重庆市奉节县白帝城，东至湖北省宜昌市南津关，由瞿塘峡、巫峡、西陵峡组成。两岸山脉连绵不绝，重岩叠嶂，奇峰壁立，隐天蔽日，在长达数百里的峡谷中蕴含着无限的旖旎风光，是长江沿岸最为奇秀的山水画廊。

1. 明代谢时辰《巫峡云涛图》

明代画家谢时辰所绘《巫峡云涛图》，纸本设色，纵242厘米，横89.8厘米，现藏美国克利夫兰美术馆。

该图形象地描绘了长江巫峡两岸云雾缭绕中山峦重叠，高耸入云，急流险湍喷射回旋，轻舟撞击其间不容咫尺的惊险景象。

该图中上部，以大面积留白的方式，描绘了巫峡奇峰穿越云层、直冲天空，腰间云涛汹涌翻滚、气势逼人的景象，与题跋“巫峡云涛”极其贴切。

该图下半部，巫峡两岸巉岩耸立，“略无阙处”，重岩叠嶂，苍柏遒劲，隐天蔽日。云雾缭绕中，滔滔江水奔

《巫峡云涛图》（[明]谢时辰）

涌泻出，犹如自天而来，湍流急驰，注叠成烟，“虽乘奔御风，不以疾也”。巨澜激湍中，一叶轻舟顺流而行，使人不仅想起李白“千里江陵一日还”的感慨。

该图巧妙地将巫峡“江涛”之急湍与“云涛”之翻涌的景象融合起来，有力地展现了“巫山夹青天，巴水流若兹”的景象。

2. 清代袁耀《巫峡秋涛图》

清代画家袁耀所绘《巫峡秋涛图》，绢本墨笔，纵173.5厘米，横97.5厘米，现藏北京首都博物馆。

《巫峡秋涛图》（[清]袁耀）

该图右上有自识“巫峡秋涛，时乙丑小春邗上袁耀画”。钤“袁耀”白文方印、“昭道”朱文方印。另钤鉴藏印两方。

该图以细腻的笔法描绘了秋季的巫峡、奇峰、江涛。巫峡中千峰万壑，连绵不绝，遮天蔽日。这些奇峰或绝壁凌空，气势磅礴；或怪石嶙峋，姿态各异。绝巘之上，多生怪柏，扎根岩石，苍郁遒劲。峡谷蜿蜒陡峻，江水倾泻湍流，撞击崖壁，激荡回旋。江涛旋涡间，两艘小船正飘摇而迅速地顺涛而行。山岩之静与江涛之动，相得益彰。巉岩间建有楼阁屋舍，工整秀丽，与岩石之异、江涛之湍又互相辉映。

3. 清代上官周《艚篷出峡图》

清代画家上官周所作《艚篷出峡图》，纸本墨笔，纵54.3厘米，横11.9厘米，现藏北京荣宝斋。

该图形象地描绘了长江三峡两岸巉岩壁立雄峙、江流湍急奔涌、柏木苍郁、楼阁点缀其间的景象。几艘木船或隐或现地颠簸于江涛中，近处船上，船工挺篙若定，众乘客屏气惊惶，水声撞耳，安危系人，颇为传神。

10.2.3 洞庭湖与潇湘图

洞庭湖是中国第二大淡水湖，位于长江中游荆江南岸。洞庭湖之名始于春秋战国时期，因湖中洞庭山（即今君山）而得名。唐宋时期，面积达历史最大，号称“八百里洞庭”。湘江是洞庭湖主要支流之一，潇水则是湘江上游一级支流。这里烟雨蒙蒙，景色灵秀，犹如人间仙境。唐宋时期的文人骚客无不以造访该地并吟诗作画为人生乐事。自北宋始，“潇湘八景”逐渐成为山水画的重要主题。

《艚篷出峡图》（[清]上官周）

1. 五代董源《潇湘图》

《潇湘图》是五代南唐画家董源传世山水图的代表作，绢本设色，纵50厘米，横141.4厘米，现藏北京故宫博物院。

《潇湘图》([五代]董源)

该图卷尾有明代董其昌题跋，“洞庭张乐地，潇湘帝子游”。

该图以长卷形式画出潇湘一带连绵起伏、郁郁葱茏的山峦和江河纵横、芦汀苇岸的优美景色。江上游船的遮阳伞下坐着身穿朱衣的贵族，岸上有一组人正在奏乐迎接，左边江湾有渔民在下网捕鱼。画中人物虽小，但皆用重彩粉点出，情态十足。整个画面山水辉映，草木葱茏，江面明净，云烟浮动，颇有意趣。

2. 北宋李公麟《潇湘卧游图》

北宋著名画家李公麟所作《潇湘卧游图》，纸本墨笔，纵30.2厘米，横399.4厘米，现藏日本东京国立博物馆。

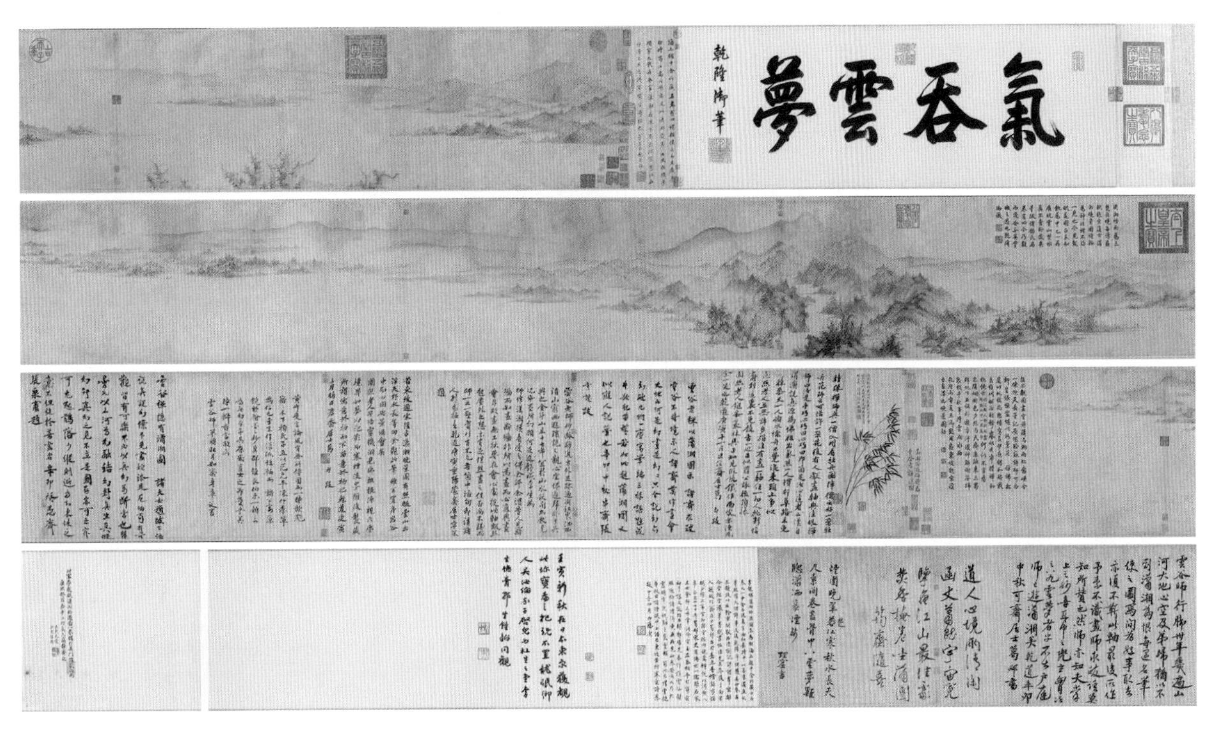

《潇湘卧游图》([北宋]李公麟)

该图是清乾隆帝最喜爱的山水画之一，卷首有其御题“气吞云梦”四个大字，卷中又题有一跋一诗。题咏不足，又在卷尾填画一丛竹子，并有款识。

该图相传为南宋云谷禅师云游四海后，隐居于浙江吴兴金斗山中时，遗憾于自己未能踏足潇湘山水，于是请李姓画家绘出潇湘美景，挂于房中，便于卧榻欣赏，故称《潇湘卧游图》。

该图为整幅长卷淡墨皴染，一气呵成，不施勾勒，不露笔痕。采取大片的留白描绘朦胧的山水、空濛的山色，水边天际，大气磅礴，令观者尽忘笔法墨意，完全沉浸在潇湘景致中，恍如神游天外，因而被视为神品。清末，该画的价值甚至位居《溪山行旅图》和《富春山居图》之上，为日本收藏家菊池惺堂所得。1923年东京大地震时菊池家的藏品库着火，菊池冒着生命危险把其中最为珍贵的《潇湘卧游图》和《寒食帖》抢救出来，但两幅长卷上仍皆留有火痕。后者现藏于台北故宫博物院，为该院镇院之宝。

《潇湘卧游图》(局部)

3. 元代张远《潇湘八景图》

元代画家张远所作《潇湘八景图》，绢本设色，纵19.3厘米，横519厘米，现藏上海博物馆。

该画卷卷末署张远梅岩，下钤葫芦印，印文不清。图卷后有复庵金弘训撰题《潇湘八景图序》，考订图之内容为《潇湘八景》。

《潇湘八景图》([元]张远)

潇湘八景相传为湘江流域的八处胜景，宋沈括《梦溪笔谈》中有记载。早在北宋时，画家宋迪曾绘《潇湘八景图》，人称“无声诗”；此后北宋著名诗僧惠洪为该图中的八景各赋诗一首，自称“有声画”。

潇湘八景在湖南境内各有所指，一般而言，主要指以下八景：①平沙落雁，指衡阳市回雁峰；②远浦归帆，指湘阴县城长江江岸；③山市晴岚，指湘潭市昭山；④江天暮雪，指长沙市湘江中心橘子洲头；⑤洞庭秋月，指洞庭湖；⑥潇湘夜雨，指永州市苹岛潇湘亭；⑦烟寺晚钟，指衡山县清凉寺，⑧渔村落照，指洞庭湖桃源县武陵溪。其中，与河湖有关的主要包括以下三景。

《潇湘八景图》之远浦归帆

《远浦归帆》图中，晚风斜阳里，长江江畔远山含黛，岸柳似烟，归帆点点，行人匆匆，一片繁忙温馨的景象。

《潇湘八景图》之潇湘夜雨

《潇湘夜雨》图中，江水拍打着江岸，江畔空无一人，惟有雨雾笼罩中的树木和江水冲击着的舟船，空旷寂寥。难怪元代著名水利专家揭傒斯会发出如此感慨："涔涔湘江树，荒荒楚天路。稳系渡头船，莫教流下去。"

《潇湘八景图》之洞庭秋月

《洞庭秋月》图中，秋季夜晚，月色如银，洞庭湖八百里湖面辽阔无际，风息浪静，月光与湖光相互交融，泛舟湖上，别有一番情趣。

10.2.4 赤壁图

长江沿岸的赤壁因三国时期一场战争而闻名中外。汉献帝建安十三年（208年）七月，曹操率领几十万水陆大军发动荆州之战，孙权和刘备组成联军，由周瑜指挥，在赤壁（今湖北赤壁市西北，一说今嘉鱼东北）一带大破曹军，从此奠定三国鼎立格局。赤壁之战是中国历史上第一次在长江流域进行的大规模江河之战，也是著名的以弱胜强的战争之一。赤壁之战800年后，即宋元丰五年（1082年），著名文学家苏轼因“乌台诗案”被贬黄州，与友人两次泛舟夜游赤壁，写下脍炙人口的前、后《赤壁赋》。苏轼在赋中表达了其宇宙无穷、自然永恒而人生短促渺小的哲学思想，他以变与不变的相对论哲学实现了对人生悲剧意识的超越，以全身心融入自然的审美态度实现了对现实人生困境的超越，这种从容、旷达、豪迈、坚韧的人生态度非常契合中国古代文人的心灵，从而形成强烈的共鸣。因此，历代书画家反复书写《赤壁赋》，并以之为主题大量创作赤壁图。可以说，赤壁及苏轼的《赤壁赋》对中国书画艺术的创作和传统文化的传承都产生了深远的影响。

1. 北宋乔仲常《后赤壁赋图》

北宋乔仲常所作《后赤壁赋图》，纸本墨笔，纵29.3厘米，横560.3厘米，现藏美国纳尔逊-阿特金斯博物馆。

《后赤壁赋图》（[北宋]乔仲常）

该画卷卷末有宋宣和五年（1123年）八月七日赵德麟、武圣可和赵岩题跋，有清乾隆帝御书引首“尺幅江山”四字，曾收入乾隆内府。

《后赤壁赋图》（局部）

该画卷是现存最早的以苏轼《后赤壁赋》为主题的作品。苏轼的《前赤壁赋》主要描写实景实情，从“乐”字领出“歌”来；《后赤壁赋》则将实境与幻想结合，从“乐”字领出“叹”来，以抒发观赏山水时的闲情逸致，表现其超尘脱俗的哲学思想。该画卷以白描手法分段表现《后赤壁赋》的内容，人物形象、山水树石，笔墨简括，不受成法局限，风格质朴无华。全卷以八幅纸拼接而成，押缝处钤有宋徽宗时权势显赫的宦官梁师成的收藏印。由于早期文人山水画较少流传，该画卷弥足珍贵。

该画卷为北宋画家乔仲常的典型之作，虽笔墨简括，但采用“异时同图”的手法，充分发挥线条概括形象的功能，使画面空间不断在群峰幽涧以及耸立其间的松石茅屋、野竹茂树、溪桥陂塘等景色间转换，不仅可使人领略赤壁佳胜，且可感受苏轼与友人同游时的心境。

2. 南宋佚名《赤壁图》

南宋佚名所作《赤壁图》，绢本设色，纵24厘米，横23.2厘米，现藏台北故宫博物院。

《赤壁图》（[南宋]佚名）

该图以苏轼与友人夜游赤壁为内容，以一页扁舟为主景。图中置赤壁于右上角，虽仅画出赤壁山脚与隐露江中的部分山石，但赤壁的巍峨隐然可见。江中波浪跌宕回环，此起彼伏。一叶扁舟孑然漂于江面，荡于波浪间。苏轼与友人安然端坐舟中，正回身仰望身后高耸的赤壁，与周围喧嚣起伏的波浪形成鲜明的对比，仿佛遗世而独立。

3. 南宋马和之《赤壁后游图》

南宋马和之所作《赤壁后游图》，绢本墨笔，纵25.8厘米，横143厘米，现藏北京故宫博物院。

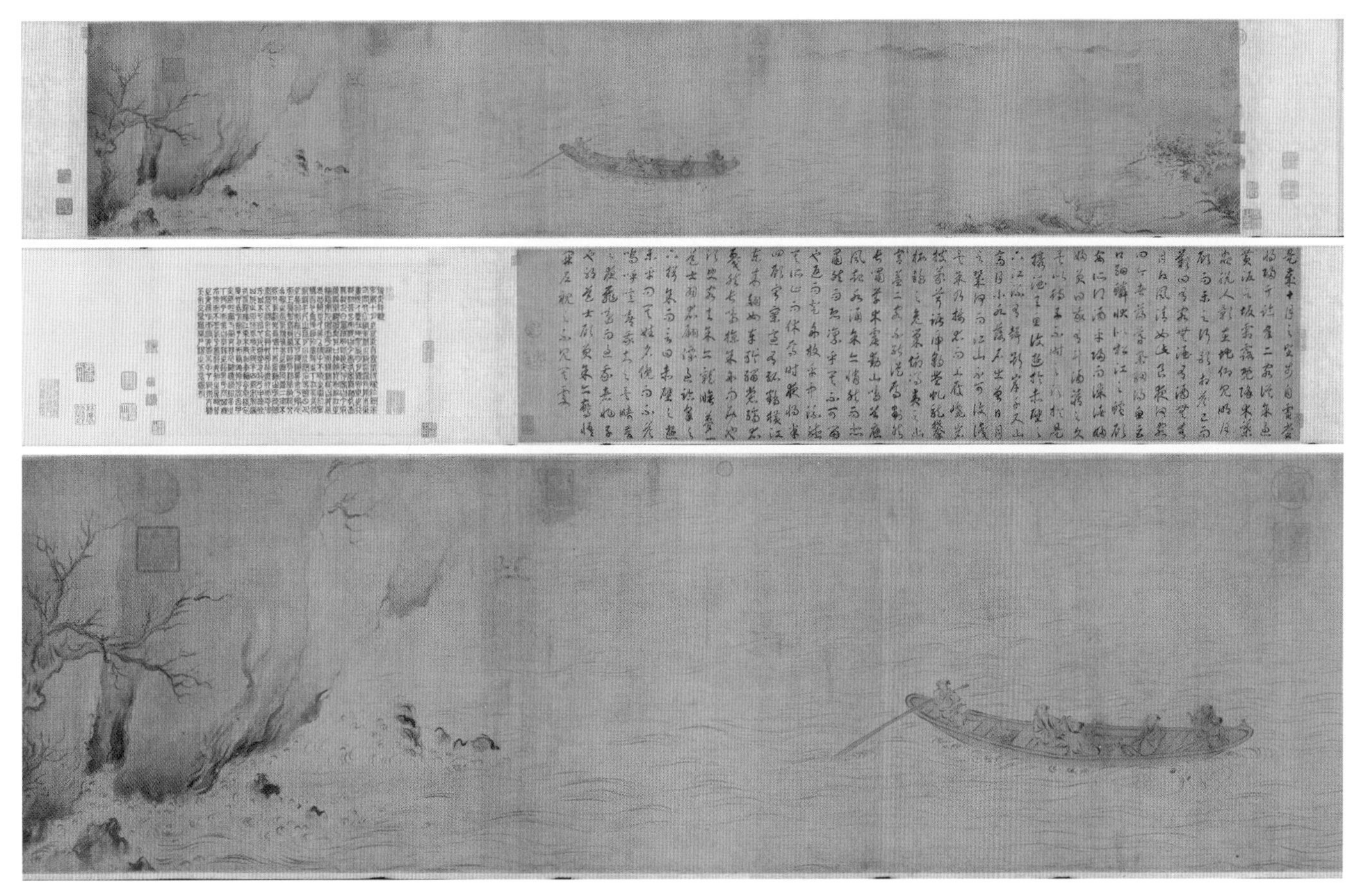

《赤壁后游图》（[南宋]马和之）

该图以单一场景来展现《后赤壁赋》的内容。画面中，一叶扁舟随波漂荡，艄公挟橹观景，正是“放乎中流，听其所止而休焉”的情景，画面景象简练，但却点出了主要情节；此外，还描绘了赋文中“适有孤鹤……掠予舟而西也”的场景，同时在起始部位描绘了“霜露既降，木叶尽脱”、在结尾部分描绘了“江流有声，断岸千尺”的场景，即将《后赤壁赋》中关于自然景观的描写作为背景，与中心内容的场景巧妙地加以融合，构思精妙，艺术造诣高超。

4. 金代武元直《赤壁图》

金代武元直所绘《赤壁图》，纸本墨笔，纵50.8厘米，横136.4厘米，现藏台北故宫博物院。

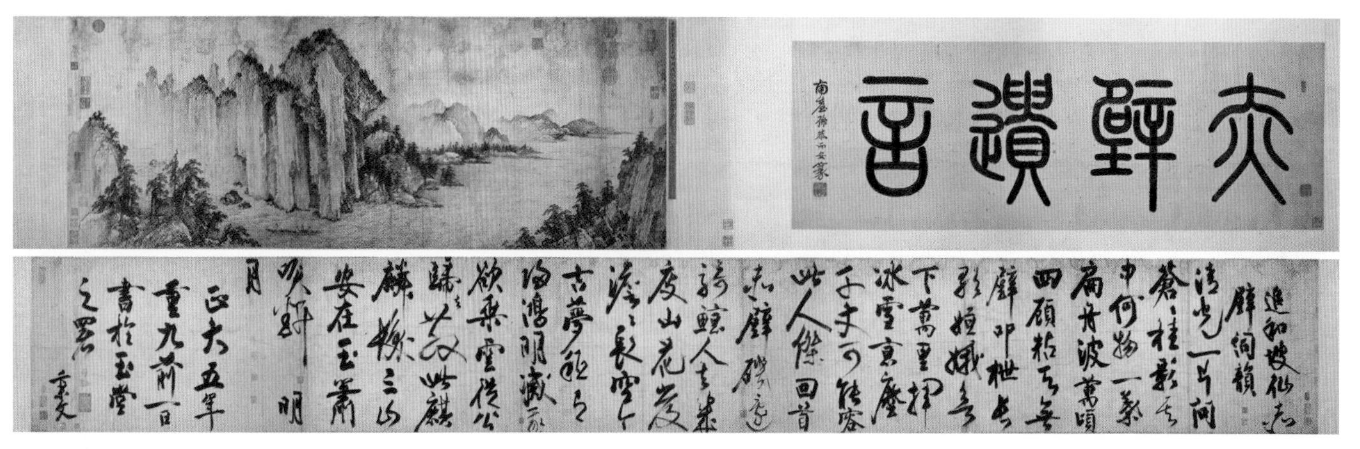

《赤壁图》([金]武元直)

该图中，高山绝壁扑面而来，湍急的江流中，一叶扁舟随流而放。舟中苏轼与两位友人依舷而坐，似在吟诗作赋，舟尾一船工正在撑舟。赤壁对岸高树林立，姿态多端；背后山峦重叠，水天一色。

《赤壁图》局部

5. 明代文徵明《仿赵伯骕后赤壁图》

明代著名画家和书法家文徵明所作《仿赵伯骕后赤壁图》，绢本设色，纵31.5厘米，横541.6厘米，现藏台北故宫博物院。

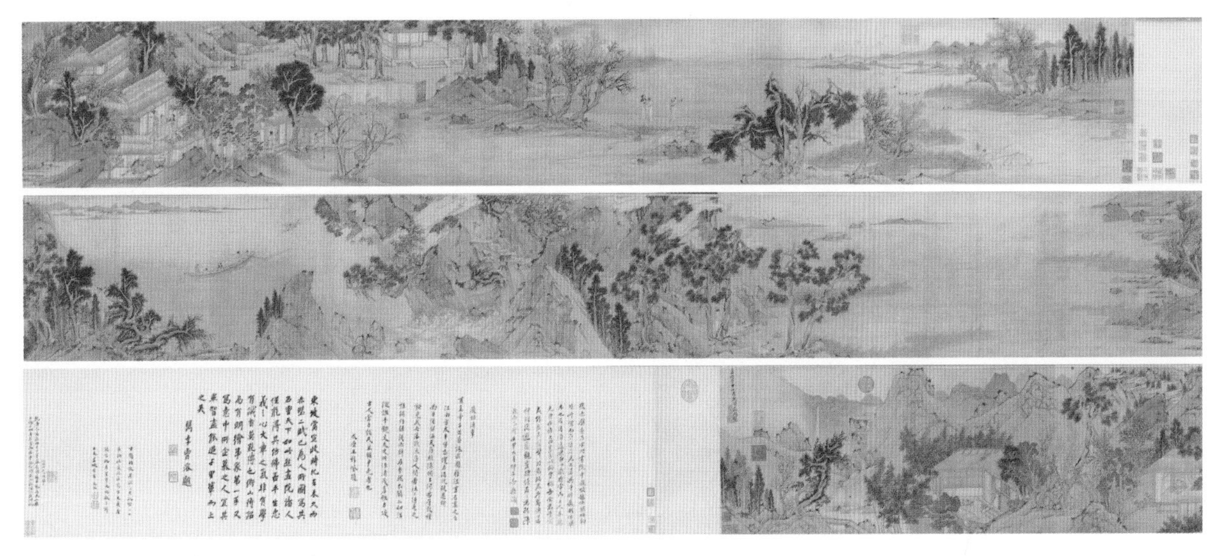

《仿赵伯骕后赤壁图》（[明]文徵明）

该画卷作于明嘉靖二十七年（1548年）。当时苏州一士人藏有赵伯骕的《后赤壁图》，当地官员想索去献给权臣严嵩之子严世蕃，士人不舍，文徵明知晓后劝其舍图保身，并答应为他仿作该画卷。对此，文徵明之子文嘉（1501—1583年）在该画卷卷末做了明确记载："《后赤壁赋图》乃宋时画院中题，故赵伯骕、赵伯驹皆常写，而予皆及见之。若吴中所藏则伯骕本也，后有当道欲取以献时宰（严嵩），而主人吝与，先待诏语之曰：'岂可以之贾祸，吾当为重写，或能存其髣髴'，因为此卷。庶几焕若神明，复还旧观，岂特优孟之为孙叔敖而已哉？壬申（1572年）九月仲子嘉敬题。"该画纪年为嘉靖戊申年（1548年），时文徵明已79岁，为其晚年力作。

该画卷以《后赤壁赋》为主题，分为八段，描绘苏轼与二友人携酒游赤壁、登绝壁等情景。整幅作品视野开阔，设色华丽。

《仿赵伯骕后赤壁图》（局部1）

该画面中，岩壁高耸于浮云之上，壁腰生长着遒劲的树木，岩下江涛不断冲刷着岩石。苏轼立于峭壁之上，俯视江水激浪，遂生壮阔之情，“划然长啸，草木震动，山鸣谷应，风起水涌。”

《仿赵伯骕后赤壁图》（局部2）

该画面中，长江水平浪静，江前山岩突起，江树连岸。江心小舟中扎头巾者为苏轼，二友人前坐。有鹤自身后飞来，小舟中众人正凝神于江中美景，浑然不知鹤在其上方盘旋。

《仿赵伯骕后赤壁图》（局部3）

该画面包括两个内容：右侧是苏轼正酣卧于松后草堂中，左侧是苏轼着朱衣启门而视，中以古松、枯树、秋叶等相隔。大意是苏轼酣睡时梦见道士，羽衣翩跹，悟即为飞鹤，于是启门而视，即惊悟后的苏轼。

《仿赵伯骕后赤壁图》（局部4）

该画面中，长江沿岸树木繁盛，芦苇茂密，数不清的各类水鸟栖息渔猎其间，渔人也在木制码头上用罾和鱼篓捕鱼，充满祥和而富有生机。

6. 明代仇英《赤壁图》

明代画家仇英所作《赤壁图》，绢本设色，纵26.5厘米，横570.1厘米，现藏辽宁博物馆。

《赤壁图》（[明]仇英）

该图以《后赤壁赋》为主题，钤有“石渠宝笈”“乾隆御览之宝”“嘉庆御览之宝”“宣统御览之宝”及“三希堂精鉴玺”等印，笔法俊朗，风神秀雅，气息纯正，款字极精，印章亦佳，珍稀之极。

《赤壁图》（局部）

该图以苏轼携友泛舟夜游赤壁为主题，以石青、石绿为主色调，布局爽朗明媚，用笔细腻绵密，敷色淡雅清丽。从画风来看，属仇英中年时所作。静谧辽阔的江面上，一叶扁舟缓行其间，舟中苏轼正与好友饮茶聊天。远处山脉绵延起伏，近处山壁悬崖斜向延伸，山崖上杂木丛生，古柏苍劲。奇峭的悬崖与大片平静的江面形成虚实对比，一派平和的气氛。

7. 明代蒋乾《赤壁图》

明代画家蒋乾所绘《赤壁图》，纸本设色，纵30.5厘米，横145.5厘米，现藏北京故宫博物院。

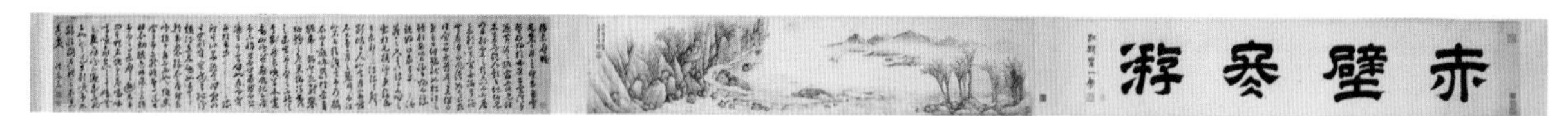

《赤壁图》（[明]蒋乾）

该图有作者自识："癸卯秋日，蒋乾为乾峰先生写。"引首钤"皇朝恩荣"等4方藏印，后钤"虹桥居士""至德里人"二印；卷末有陈泰来所书《后赤壁赋》。

《赤壁图》（局部）

该图绘于明万历三十一年（1603年），当时画家已79岁。该图采取俯视的角度，赤壁位于画卷左端，陡峭而险峻。山路盘绕其上，有几位文人在赏景吟诗。画卷中端江面开阔，有飞鹤在空中翱翔，岸边舟船上有一文士闲坐于内，可能是苏轼。图中，山水景色和人物活动情景相互交融，意境悠远。

10.3 关于黄河的绘画

有关黄河流域的著名山水画流传下来的较少，同时缺乏像长江一样气势恢宏、景象万千的特大型画卷。因山东济南和新疆在黄河流域范围内，所以将其纳入本节中加以介绍。

1. 明代陈洪绶《黄流巨津图》

明代画家陈洪绶所作《黄流巨津图》，绢本设色，纵30厘米，横25厘米，现藏北京故宫博物院。

《黄流巨津图》（[明]陈洪绶）

《黄流巨津图》是《陈洪绶杂画册》中的一幅。本幅右侧有画家自题图名：“黄流巨津”。署款：“老迟洪绶”。“老迟”系陈洪绶为躲避清兵于浙江绍兴云门寺出家时的法号，据此推测，该图为陈洪绶于1644年明亡以后所作。

该图选择黄河南徙夺淮期间（1128—1855年）的黄河渡口作为描绘对象。明末，陈洪绶自家乡浙江诸暨进京时曾两次北渡黄河，有感于黄河的雄伟，绘就该图。为表现黄河的雄浑气势，陈洪绶以墨笔勾出浪花，复用白色渍染，用笔较实，线条劲健，同时将两岸景物加以虚化以进一步突显黄河巨浪，从而使画面构成具有十分鲜明的虚实对比。画中黄河波涛汹涌激荡，几只正在横渡黄河的船只数度被抛上浪尖，更多的船只则停泊于港口。黄河对岸竹林丛生，房舍屋宇隐现其间。

2. 清代叶欣《黄河晓渡图》

《黄河晓渡图》扇页为清代画家叶欣所绘，金笺设色，纵18.5厘米，横54.3厘米，现藏北京故宫博物院。

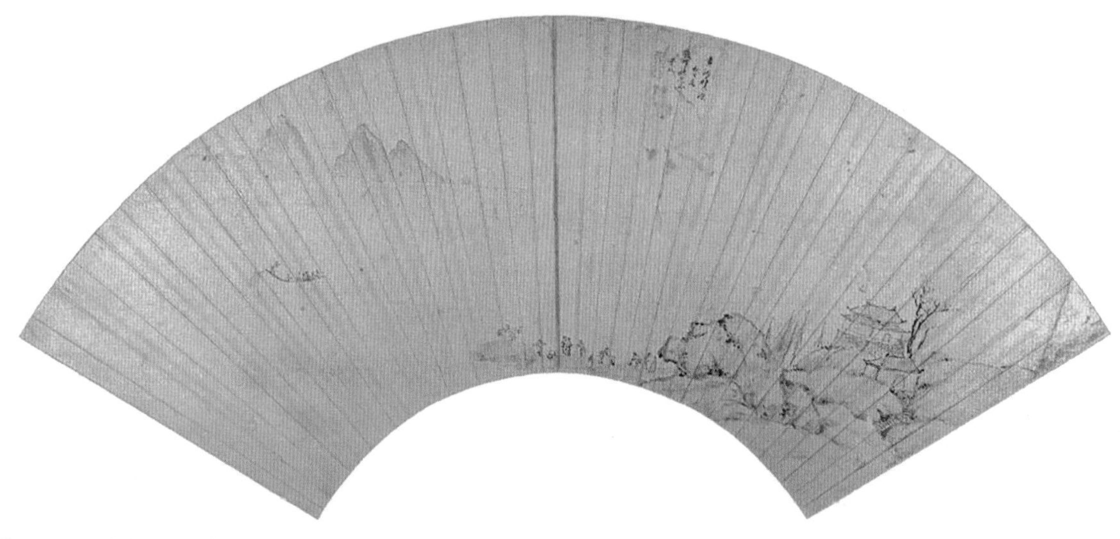

《黄河晓渡图》（[清]叶欣）

该扇页有自题：“黄河晓渡。秋日为敬可道兄正。叶欣。”钤“叶”“欣”联珠文印。

该扇页与陈洪绶的《黄流巨津图》形成鲜明的对比，它没有展现黄河的浊浪滔天，而是以简约的笔墨致力于描绘风平浪静下黄河沿岸诗意般的景致。图中远山仅以淡花青色一抹，人物仅以精简的线条勾勒出大致的体态动势，面部五官被略去。黄河辽阔的水面，仅以轻柔的笔墨绘出数条水纹，借以代表水势的走向。该作品是叶欣山水画“工细幽淡”的代表作，真实地表达了其在山水画创作上追求平淡天真的审美意境。

3. 南宋刘松年《渭水飞熊图》

“南宋四家”之一刘松年所作《渭水飞熊图》，绢本设色，纵30厘米，横384厘米，现藏日本早稻田大学图书馆。

《渭水飞熊图》（[南宋]刘松年）

该画卷的内容出自“文王梦飞熊”的典故。周文王夜梦一虎，肋生双翼，来至殿下。次日醒来，周公为其解梦，认为“虎生双翼为飞熊”，必得贤人。后周文王果在渭水之滨喜得贤臣姜尚，“飞熊”是姜尚的道号。当时姜尚正在垂钓，后以“梦飞熊”比喻君主得贤臣。

《渭水飞熊图》(局部1)

该画卷以“渭水飞熊”为主题，描绘了黄河支流渭河河流及其沿岸景色，以俯视的手法描绘了渭水两岸山脉重峦叠嶂、峥嵘起伏、翠柏葱茏、气势磅礴的宏大景象。峭壁峡谷间，渭水蜿蜒徐缓地穿行而过，从细密紧凑的鱼鳞状波浪徐徐前行，水光潋滟，宁静安详。姜尚端坐在岸边石台上专心垂钓，周文王则恭肃地立于其身后，安心等待。正中近岸树荫下，停泊着成排的舟楫。水流湍急处，以密布的木桩作为护岸，木桩前再抛以巨石保护。

《渭水飞熊图》(局部2)

4. 明代仇英《归汾图》

明代画家仇英所作《归汾图》，绢本设色，纵26.9厘米，横124厘米，现藏北京故宫博物院。

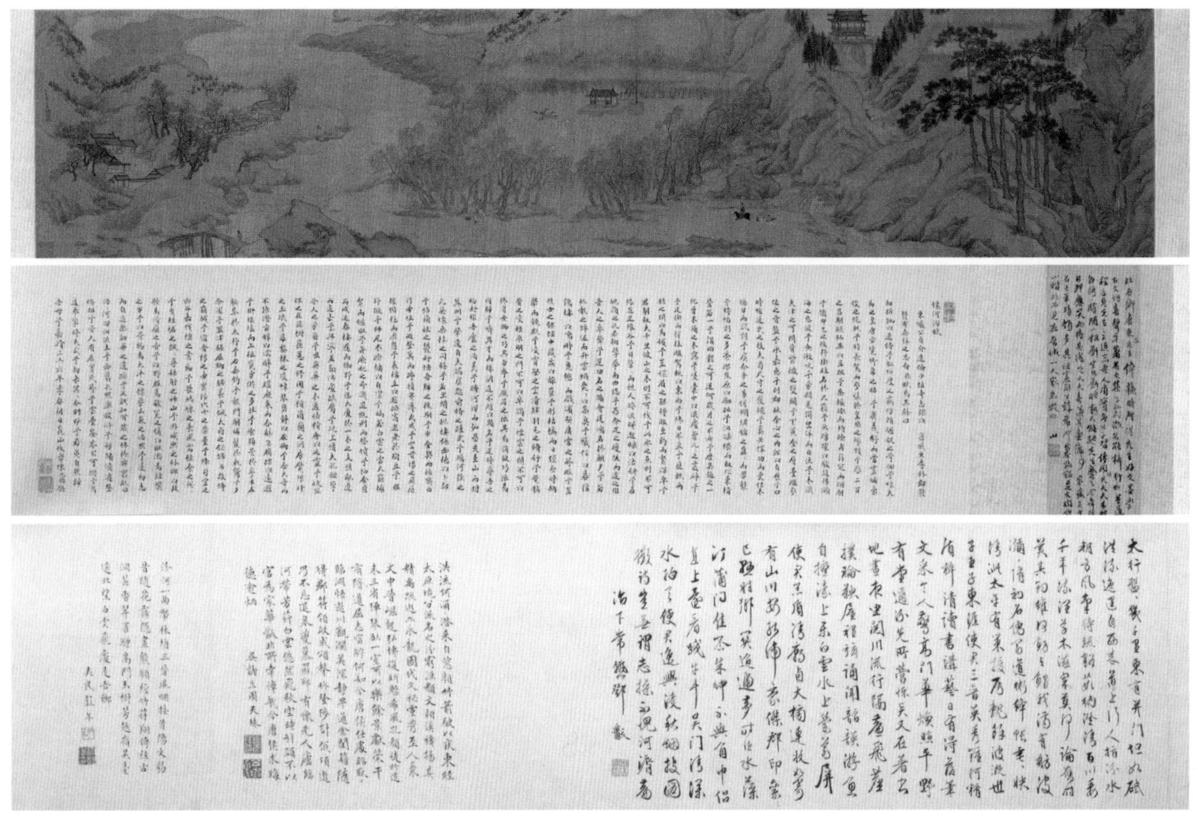

《归汾图》（[明]仇英）

该画卷有自识“仇英实父制”，钤“仇英”朱文印。后幅有傅山、陈九德、邓黻、周天球、彭年诸家题跋。钤鉴藏印“翟枢秘玩”。

该画卷形象地描绘了黄河支流汾河沿线的景色。汾河蜿蜒缓慢而来，沿途丘陵起伏，垂柳成行，绿树成荫，城阙、村舍、校场掩映其间，小桥横跨河上，行人或骑马而来，或休憩于柳荫下，还有几匹马在欢腾，生活气息浓厚。景色疏旷清远，线条细劲简练，笔法在工整中见简逸疏放，色彩清丽中见明快。

《归汾图》（局部）

5. 元代赵孟頫《鹊华秋色图》

元代画家赵孟頫所作《鹊华秋色图》，纸本设色，纵28.4厘米，横90.2厘米，现藏台北故宫博物院。

元至元二十九年（1292年），赵孟頫42岁时出任济南路总管府事，三年后去职回乡。回到故乡后，常与好友相约饮酒赋诗。每每谈起济南即溢于言表，盛赞其山川之胜，尤其是鹊山和华不注山，令在场的友人无不神往。好友周密祖籍济南，祖上为避金兵南下而迁居浙江吴兴，从未回过故乡。赵孟頫的盛赞勾起他的思乡之情，不禁黯然。为慰友人，赵孟頫提笔绘就济南二山形胜图，并以之相赠，此即著名的《鹊华秋色图》。

《鹊华秋色图》（[元]赵孟頫）

华不注山又称华山，地处济南东北，位于黄河以南、小清河以北。对面为鹊山，山名源于当地人对战国时期的名医扁鹊的纪念。汉代中期，黄河改道由利津一带入海，造成支流灌注，济水泛滥，在华山、鹊山附近形成一个大湖，至唐代称莲水湖。远远望去，华山就像湖中一枝含苞欲放的荷花。对此，李白有诗赞曰："兹山何峻秀，绿翠如芙蓉。"元人王晖也叹道："齐州山水天下无，泺源之峻华峰孤。"

该画卷以华不注山和鹊山遥相而对为背景，描绘了济南郊外秋高气爽的迷人景致和野趣，画境清旷恬淡。在辽阔的湖泊沼泽中，矗立着两座山峰，右侧双峰突起尖峭的是华不注山，左侧圆润平顶的是鹊山。鹊山脚下住着几户人家，屋舍整齐，掩映于树丛间。屋前有家畜在悠闲地觅食，湖边设有围网在网鱼，渔人则在码头边用罾网捕鱼。沙洲上生长着不同种类的树木，苍劲挺拔，有的叶子已变红。湖中芦苇水草丛生，几叶小舟穿行其间。所绘内容虽是萧瑟的秋季，但给人静谧温暖的感觉。

6. 清代明福《西域图册》

清乾隆年间雪峰道人明福所作《西域图册》，纸本设色，纵36.8厘米，横43.9厘米，现藏中国国家博物馆。

图册册首为明福所作序："余系凉州驻防，丁丑岁随中堂舒从征口外，己卯回凉，后于甲申重携眷驻防伊犁，塞外驱驰者凡十有三年，新疆风土人情，颇经阅历。嗣复随保公绘新疆地舆图，所有未经之处亦俱游览焉。余早日微晓画意，因绘成一册，计十二幅，其各处山川道路、土产人物、各国实记及本朝所设官兵俱略备其中。非敢言工也，特为欲知其地者聊图一大略云耳。乾隆十二年岁丁未秋九月，雪峰道人明福序。"

西域十二幅图分别为：乌鲁木齐、冰山、大树、哈萨克、回子、厄鲁特、土尔扈特、和田采玉、洛波海、爱乌罕、果（戈）壁、西域总图。其中土尔扈特、和田采玉和洛波海等图形象地描绘了新疆地区河流湖泊水源丰沛的景象。

《土尔扈特》

《土尔扈特》图形象地描绘了清代伊犁河及其水环境状况，描绘了清代官员在河畔迎接不远万里自伏尔加河下游回归祖国的土尔扈特部族的欢欣景象。

该图中，归来的土尔扈特队伍中，有的骑马，有的骑骆驼，有的则驱赶羊群。左上角搭建有几顶帐篷，分散集聚着众多清廷官员，正在迎接土尔扈特的归来。中间为伊犁河，流宽水深，须乘船方能渡过。归来的土尔扈特人正陆续乘船过河；远处为一座城池。

和田采玉

该图有说明："土尔扈特，即鄂落斯（俄罗斯）旧属。乾隆三十六年（1771年），因与鄂落斯两教不合，其王乌巴锡带领部落兵十余万，不惮万里而来，投伊犁，归化天朝。因过哈萨克、布鲁特游牧，彼此杀掠，又途遇灾病，及到伊犁，尚余四五万人。我皇上念其远来归顺，遂分别安置收养，令其得所，今伊犁有御制《归顺记》，镌之丰碑也。"

《和田采玉》图形象地描绘了新疆和田河流域河水的来源、水质和水量，以及官兵秋冬枯水之际在河中采玉的场景。图中以群山为背景，自白色雪山中流出一条大河。河中横站一排人，正在捞玉。岸边有官员在指挥，还有两人正在背运捞采的玉石。

该图有说明：“和田采玉，在伊利至顶南。昔乾隆二十四年，其内地自乱，有义民十余万欲归天朝，行至额巴顺台，彼抢掠财货，杀四万余人，见者无不心惨。后我皇上念其远来，加恩赏恤，彼从此云雾重开，复见天颜，永泰丰宁，深为幸乐。其内地春夏多牧牛马，至秋冬水竭时派官兵采取和田之玉，择其佳者入贡，次者盘到咸关沽市店，交往日盛，两关之人多集其处焉。”

洛波海

《洛波海》图形象地描绘了清代吐鲁番地区辽阔的罗布泊及其盛产的肥美湖鱼，展现了当地人的捕鱼方式及喜获丰产时的欢乐场景等内容。

该图中，以大幅画面描绘湖泊，烟雾笼罩，浩渺无际。湖中盛产大鱼，大者几乎与人等高。渔猎之人众多，捕猎方式不一。湖中央，一只小船缓慢前行，船上坐有三人，正在湖中捕猎。岸上的捕猎者，有的在垂钓，有的在用箭射杀，有的则正在用标枪或锄头击杀，有的则用鸬鹚捕猎。由于湖鱼的个头过大，有的需四个人用绳索费力拖拉，有的需弯腰背负，有的则需牦牛驮负。寥寥数笔，罗布泊之浩瀚、湖鱼之肥硕、捕鱼人之神态动作跃然眼前，栩栩如生。

该图有说明：“洛波海，又名吐鲁番，即古火洲。其地甚热，虽严冬底可服绵衣。南有洛波海，海为南路各回城七十二河之所，周围皆裹沙，南接西藏，西连和阗，东通青海。惟有果壁甚大，道不能通。海内有山岛，所居名道狼回子，以鱼皮为衣，以肉为食。其产有独角牦牛，能入水捕鱼。又产黑鹭鸶，顶上有长翎，名哈什翎，回归插之头上，以为贵。又产黑水獭。其人于严冬冰结时常展往吐鲁番各处贸易。”

10.4 关于淮河的绘画

如同黄河流域一样，有关淮河流域的山水画也较少，现存绘画中以描绘淮河源头及其支流的较具代表性。

1. 明代唐寅《桐山图》

明代画家唐寅所作《桐山图》，纸本设色，纵31.2厘米，横137.5厘米，现藏北京故宫博物院。

《桐山图》（局部）（[明]唐寅）

该图左有唐寅自题诗一首：“吾闻淮水出桐山，古来贤哲产其间。君今自称亦私淑，渔钩须当借一湾。吴门唐寅作桐山图。”钤“唐伯虎”“南京解元”二印。卷前有王鏊大字引首“清樾唫窝”四字；后幅有文徵明等十四家题记。

淮河源于桐柏山，流经河南、安徽、江苏至淮安以东入黄海。该图描绘了淮河发源地桐山的景致。左侧桐山石崖壁立，崖上有数株桐树窜天而生，只见树干，不见树梢，仅有横枝一株斜倾于水面，绿叶扶疏。崖间有瀑布倾泻而出，崖下淮流澎湃荡漾。右侧淮河水面平阔无际，直至远处山峦一抹，连绵不断，可见桐山水源地水源之丰沛。画面左右对比鲜明，具有很强的视觉效果；构图浑融沉厚，又不失空灵简洁，是唐寅山水画的代表作。

《桐山图》(局部)

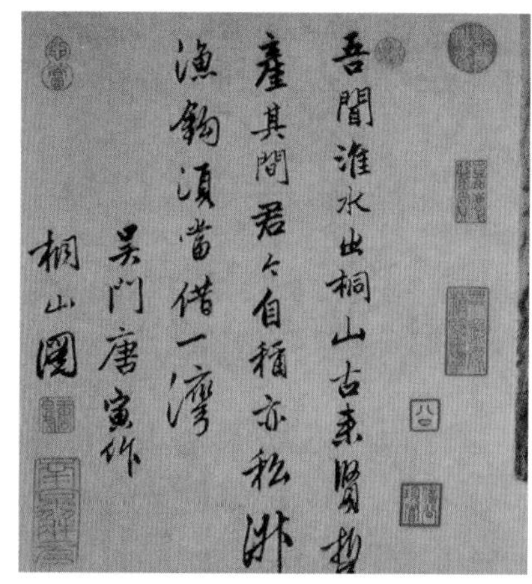

《桐山图》自题诗

2. 南宋李唐《濠濮图》

“南宋四家”之一李唐所作《濠濮图》，又称《濠梁秋水图》，绢本设色，纵24厘米，横114.5厘米，现藏天津博物馆。

《濠濮图》([南宋]李唐)

该图曾经明代安国、项子京，清代宋荦、李凤池、陈定等人鉴藏，并入藏清乾隆内府，后由溥仪将其盗运出宫，1949年后收藏于天津艺术博物馆，现藏于天津博物馆。

该图的内容取自《庄子·秋水篇》故事，表现的是庄子和惠子在淮河支流濠河岸边论辩“子非鱼，安知鱼之乐”的情景。数株茂密的古树占据画卷的主要部分。画面左侧一股飞泉自壁立石崖上直泄而下，汇入濠河；濠河水崖上树木落叶点点，秋色浓郁，山石的刚硬和水波的柔和形成鲜明对比。庄子和惠子安坐濠河岸边古树下，精神矍铄，衣着质朴简练。一人面对观者，一人侧面作交谈状。

《濠濮图》（局部）

3. 明代唐寅《沛台实景图》

明代画家唐寅所绘《沛台实景图》，绢本水墨，纵26.2厘米，横23.9厘米，现藏北京故宫博物院。

《沛台实景图》（[明]唐寅）

该图有自题，并书七言律诗一首：“正德丙寅，奉陪大冢宰太原老先生登歌风台，谨和感古佳韵并图其实景，呈茂化学士请教。唐寅。此地曾经王辇巡，比邻争睹帝王身。世随邑改井犹存，碑勒风歌字失真。仗剑当时冀亡命，入关不意竟降秦。千年泗上荒台在，落日牛羊感路人。”钤“唐居士”印，另有安岐、吴玙等人收藏印记。

沛台，又名歌风台，位于今江苏省沛县境内、淮河支流泗水岸边。相传，汉高祖刘邦曾于此饮酒吟唱《大风歌》，后人筑台以纪之。据题诗内容可知，该图为明正德元年（1506年）唐寅陪同大学士王鏊游台后所绘，并赠于茂化学士。

该图描绘的是泗水岸边的景色，或者应说是黄河岸边的景色。南宋建炎二年（1128年），东京（今河南开封）留守杜充为阻止金兵南下，令人扒开黄河大堤，开黄河南徙夺泗入淮之先河。此后，直到清咸丰五年（1855年），黄河才北徙自大清河至山东利津入海。画面中，黄河（泗水）温顺地汤汤而流，岸畔杂植不同种类的树木，一所屋舍掩映其间，河流、屋舍、树木与自然坡石相互辉映；远景，一角山林，云雾笼罩。整幅作品，虽在近大远小的空间处理上有很大的随意性，但却呈现出劲峭而又不失秀雅的品貌。

10.5　关于海河的绘画

现在海河流域绘画中，以卢沟桥为主题描绘永定河的最为知名。

《卢沟运筏图》（[元]佚名）

1. 元代佚名《卢沟运筏图》

元代画家佚名所作《卢沟运筏图》，绢本设色，纵143.6厘米，横105厘米，现藏中国国家博物馆。

该图真实地描绘了元代卢沟桥一带筏运木材及其周边的繁华景象。

元代定都今北京，都城营建需要大量木材，位于永定河上游的北京西山成为重要的原木供应地。此后的明、清两代，也是如此。原木含水量大，体积和重量也大，难以运输。元至元二年（1265年），郭守敬建议开凿金口河，用来运输西山的木石等建筑材料，横跨永定河的卢沟桥成为必经之路。自西山采伐的木材以木排的方式顺永定河而下，至卢沟桥后再陆运入北京城内。该图重点展现的就是筏运木材的过程和情景。

《卢沟运筏图》中的卢沟桥

画面中部为永定河，自山间奔流而出，卢沟桥凌空飞跃，横跨永定河。卢沟桥始建于金大定二十九年（1189年），三年后建成，成为“车驾之所径行，使客商旅之要路”。画面中，卢沟桥的结构清晰可见，共11孔，桥体全部用花岗岩建成，桥墩下部呈船形，迎水面砌作分水尖，用来抗击水流的冲击。与桥体相连的一段堤防，两岸均用石块护砌，其下游则间断用木桩护砌。桥栏的望柱顶端均雕有石狮，桥的两端有石狮、石象各一对，并有石制华表，与今差别不大。桥上车马行人往来不断，其中一辆车内坐着两位汉官，由两马驾驶，前后四骑随从，服饰均为蒙古族风格，似乎正往京城方向而去；另有一辆装载着沉重货物的板车，由六马驾驶，正逆向而行。两车相错之处，桥面仍显宽敞。桥的两侧店铺林立，鳞次栉比，赶车的、推车的、挑担的、背柴的、牧牛的、喂马的、卖酒的等各色人物云集，一派“使旅往来”“驿通四海”的繁忙景象。

画面上部，即卢沟桥上游段，为重峦叠嶂的西山，也是木材的产地。永定河右侧，三只运木筏已经靠岸，有两人正在岸上拉绳拖动木筏，另有两人正抬着一根木材上岸，还有一人在木筏上撑篙；岸上有几人，其中一人头戴阔边盔帽，身穿黄色阔边翻领衣，应是监管官吏，他正在听取对面蓝衣人的汇报。在他们周围堆放着横竖不等的几堆木材，这里显然是一处官方监理下的临时卸货地。永定河左侧，建有住宅、酒亭和客舍，一位穿着绿衣的官吏坐在酒亭前，有两人正在向他汇报，岸上有若干人在整理卸下的木材，另有一人在帮助筏上的人将木筏推离岸边。

画面下部，即卢沟桥下游段，永定河左侧岸上店舍、酒亭密集，木材堆积如山。场地正中坐着一名官吏，似乎在监督，周围许多搬运工人正把木材装载上车准备起运。官吏两旁，一人正牵马前行，另有一喂马者，正一边喂马一边和牵马人打招呼。岸边有四个人正在互相道别。河中仍有几只木筏在靠岸。永定河右侧建有一片酒亭和酒舍，檐前高挂长条形、圆形、葫芦形的招幌。另有一所较为高档的住宅，宅前坐着一名官吏，似乎在指挥岸边的运木工人。

根据文献记载，北京西山木材砍伐以元代数量最大，该图是这一记载的最直观反映。

2. 清代张若澄《卢沟晓月》

清代画家张若澄所作《卢沟晓月》，为其系列作品《燕山八景图》之一。

卢沟晓月是燕京八景之一。卢沟桥横跨永定河，建成后，“以其密迩京都”，过往行人使客络绎不绝，“疏星晓月，曙景苍然，亦一奇也”，因称“卢沟晓月”。清雍正年间在今河北易县建造西陵后，这里又成为来往于西陵的必经之路。乾隆帝曾亲临卢沟桥，并在东桥头立有卢沟晓月碑。

《卢沟晓月》([清]张若澄)

该图中，永定河自西山奔涌而下，河水如练，山峦似黛，卢沟桥静静地横卧在永定河上。远山间，一轮明月，当空悬挂。明月映照下，卢沟桥两岸商铺林立，屋舍俨然，树木葱茏，一派繁华景象，但却不见一人踪影。整幅画面，河水涛涛，两岸繁盛，更显周边一派静谧祥和的景象。

10.6 关于太湖的绘画

太湖位于长江三角洲的南缘，古称震泽、具区，是中国五大淡水湖之一。太湖上游古有苕溪、荆溪两大水系汇水入湖，至今变化不大。下游入江入海通道，古有吴淞江、东江、娄江，统称太湖三江，分别向东、南、北三面排水。后东江、娄江相继湮灭，吴淞江也逐渐淤浅缩狭。明永乐元年（1403年），在上海县东开范家浜，上接黄浦江，下通长江。不到半个世纪，黄浦江成为太湖下游排水的主要出路，吴淞江淤塞为黄浦江支流。1958年，开挖太浦河，上接太湖，下接黄浦江。

自南宋以来，太湖流域的农业和手工业日渐繁荣，交通便利，商品经济活跃，文学艺术迅速发展，至明代中期在苏州地区形成“吴门画派”，留下许多描绘太湖的画卷。

1.明代沈周《太湖一览》手卷

明代画家沈周所作《太湖一览》手卷，纸本设色，纵32厘米，横1030厘米，拍卖品。

该图有自识：“此段写西山眺览之胜，兼太湖浩渺与目光沉浮，尺楮千里，其或有之。弘治中秋日，在平安亭秉烛题此。少焉，伺月出，不知醉墨为何如也。沈周。”有“启南”“石田”钤印二方。

该图所绘景色，与今天的太湖极为神似。在图中，沈周几乎想要将太湖的景色风情一网打尽，淋漓尽致地描绘出“杖藜扶我过桥东”、林泉高致和乘舟欲行等心境。

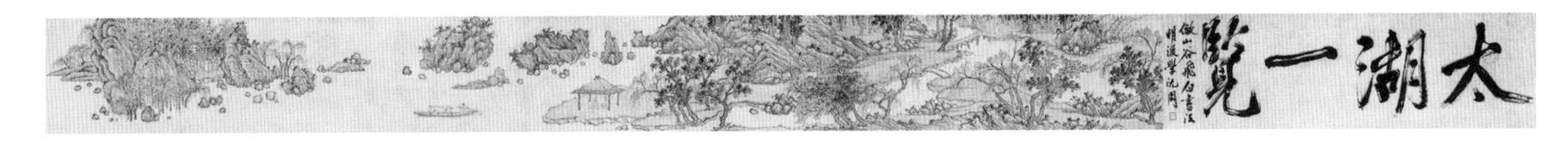

《太湖一览》（[明]沈周）

《太湖一览》（局部）

2. 明代文伯仁《泛太湖图》

明代画家文伯仁所作《泛太湖图》，纸本设色，纵60.5厘米，横41.6厘米，现藏北京故宫博物院。

该图款署“隆庆己巳春，从胥口泛太湖，因写此图。五峰文伯仁”。下钤“五峰山人”印。

该图作于明隆庆三年（1569年），当时文伯仁已68岁。所绘画面是在苏州胥口泛舟太湖时所见景色，着重表现太湖辽阔的水面，展现其清旷幽远的意境。

《泛太湖图》([明]文伯仁)

3. 明代唐寅《震泽烟树图》

明代画家唐寅所作《震泽烟树图》，纸本浅色，纵47厘米，横37.8厘米，现藏台北故宫博物院。

该图有自题“大江之东水为国，其间巨浸称震泽。泽中有山七十二，夫椒最大居其一。夫椒山人耿敬斋，与我十年为旧识。昼耕夜读古人书，青天仰面无惭色。令我图其所居景，烟树茫茫浑水墨。我也奔驰名利人，老来静扫尘埃迹。相期与君老湖上，香飰鱼羹首同白。晋昌唐寅。”钤印一方“唐伯虎”。左边幅钤有“鉴藏宝玺”“乾隆御览之宝”“古稀天子”“五福五代堂古稀天子宝”“八徵耄念之宝”等印，右边幅钤有“太上皇帝之宝”等印。

《震泽烟树图》（[明]唐寅）

震泽为太湖旧称，该图中，太湖湖波渺弥，湖石嶙峋；客舫中流而碇，似为风浪所阻。岸边修竹万竿，挺拔葱郁；茅屋几座，隐然其间，屡屡炊烟袅袅上升。整个画面一派生机，冉冉欲活。

4. 元代王蒙《具区林屋图》

元代画家王蒙所作《具区林屋图》，纸本设色，纵68.7厘米，横42.5厘米，现藏台北故宫博物院。

该图右上角有王蒙以隶书所题“具区林屋”四字，底下署“叔明为日章画”。

具区为太湖旧称，该图主要描绘了太湖林屋洞的景色。玲珑的洞壑、层叠的山石、繁密的树林、错落的村舍和粼粼水波填满整幅画面，大胆地摆脱了自然景象的拘囿。全图除溪流外，几乎被山石、树木、林间茅舍填充的不剩空隙，这种饱满的构图方式在中国古代绘画作品中极为罕见。

画面中，王蒙截取太湖山中极小的一块区域，提炼加工，组织而成这幅极富生活情趣的画面：右下方一坡角，数株大树并列生于其间，林下有高士临水而坐，好像正在欣赏眼前的美景。正中一条溪流自山间而出，水波荡漾，一人悠闲地划着小船；对岸山脚下，草亭临水而建，一人独坐其间看书；山间小路迂迴，曲径通幽，数栋屋宇参差错落于山谷之中，有妇女活动其间。整幅作品，山光水色，无不曲尽其态，充满理想色彩，表现了王蒙对太湖景观的深厚情感。

《具区林屋图》([元]王蒙)

5. 元代倪瓒《枫落吴江图》

元代画家倪瓒所作《枫落吴江图》，立轴，纵94.3厘米，横69.6厘米，现藏台北故宫博物院。

该图款题云：“枫落吴江独咏诗，九峯三泖酒盈卮。杨梅盐雪调冰盌，夏簟开图慰所思。至正丙午秋，永贞架阁自吴城复还吴松之袁部场，因写此图赠别，又为之诗。瓒。”右方上有王汝玉题：“清閟高人一散仙。尚留遗墨世间传。当时曾写相思意，谁信如今重惘然，吴下王汝玉。”

该图描绘了太湖流域吴江两岸秋季的景色。吴江河道宽广，河流缓缓流淌。近处江畔岩石上枫叶正红，景亭可前后观水，远处山峦连绵，清虚空旷。

6. 元代张中《吴淞春水图》

元代画家张中所作《吴淞春水图》，纸本墨笔，纵82.8厘米，横32厘米，现藏上海博物馆。

该图左上角有倪瓒题诗“吴淞春水绿，摇荡半江云。岚翠窗前落，松声渚际闻。张君狂嗜古，容我醉书裙。鼓棹他年去，相从远俗氛。倪瓒。”又有明代董其昌、陈继儒题跋。右上方有挖补的大块痕迹。

该图所绘为吴淞江沿岸景象。江水碧波荡漾，江畔数棵长松高耸，树下掩映数间茅屋，远处群山蜿蜒，生动地描绘出当地村民野老的生活境地。

7. 清代任预《胥江春晓图》

清代画家任预所作《胥江春晓图》，纸本设色，纵34厘米，横136.5厘米，现藏南京博物馆。

该图左上方有自题“胥江春晓图。岁次庚寅春日，适居于碧荫轩，雨窒无聊，摹写此图，以赠主人一笑。”

该图描绘的是苏州境内胥江的景色。当时任预住在友人家中，恰逢春雨，自屋内观察胥江沿岸景色，有感而发，作成该图。图中全用淡墨画成，烟雾朦胧、春雨绵绵的感觉表现得非常逼真。

《枫落吴江图》([元]倪瓒)

《吴淞春水图》([元]张中)

《胥江春晓图》([清]任预)

10.7 关于钱塘江涌潮的绘画

钱塘江涌潮，是世界罕见的自然现象。

“八月十八潮，壮观天下无。”每至中秋月圆夜，钱塘江潮水会如期而至，八方宾客蜂拥前来，争睹其奇观。早在晋代，就有关于钱塘观潮的文字记载。唐代时，杭州观潮蔚然成风，杭州刺史衙门还专为观潮建“虚白亭”。五代、北宋、元、明、清时期，钱塘江观潮已逐渐成为杭州的习俗。八月十八日“观潮节”被奉为“潮神”生日，届时人们会举办各种仪式，祭拜“潮神”，祈求一年平安。中秋之夜或八月十八日钱塘观潮由此成为许多画家笔下的主题。

1. 南宋夏圭《钱塘秋潮》

南宋画家夏圭所作《钱塘秋潮图》团扇，绢本设色，纵25.2厘米，横25.6厘米，现藏苏州市博物馆。

该图描绘的是钱塘江秋潮初至时翻滚奔腾的景象。

画面底部以绿、黄、红相间的树木展现秋季，而秋季正是观赏钱塘江大潮的最佳季节。左侧所绘之塔应为盐官占鳌塔，又名镇海塔，为镇潮而建，是观看一线潮的最佳位置。江面至此变窄，当大量潮水涌进时，前面的潮浪因受限而减速，后面的潮浪又紧追而来，后浪赶前浪，一层叠一

钱塘秋潮([南宋]夏圭)

层，形成一线潮。画面正中，一线大潮正从浩渺的江口向内翻滚而来，汹涌澎湃，潮头处浪花飞溅，蔚为壮观。一种“未见潮影，先闻潮声”的氛围扑面而来，耳畔似乎传来隆隆巨响，且响声越来越近，犹如擂起万面战鼓，震耳欲聋。与汹涌大潮形成鲜明对比的是：大潮前后的江面仍是风平浪静，其后的江面则有一艘船正在行驶，这形象地描绘出钱塘江潮“潮来溅雪俗浮天，潮去奔雷又寂然”的特征。

整幅画面用色鲜丽，远处峰岫黛青隐隐，中间则白浪滔滔，气势磅礴。图中的树、石、浪潮全用中锋勾勒，跳跃有力，且富节奏感。同时，采用留白来表现远山江面的辽阔深远，虽未着一笔，却能“无画处皆成妙境”，给人无限遐想的空间。

2. 南宋李嵩《月夜看潮图》

南宋画家李嵩所作《月夜看潮图》，绢本设色，纵22.3厘米，横22厘米，现藏台北故宫博物院。

该图所绘为中秋之夜观看钱塘江涌潮的情形。

画面中，高悬的圆月下，钱塘江潮就像一条横贯江面的白练，呈直线状徐徐奔涌而来，耸起一面水墙，直立于江面，倾涛泻浪，喷珠溅玉，所谓“涛如连山喷雪来”。该图与夏圭《钱塘秋潮》构图类似，涌浪过后的江面上平稳航行着一艘船只，仍以此来描绘涌潮过后的风平浪静。江畔华美的平台阁楼上，隐约可见有人在穿梭指点观看。

《月夜看潮图》（[南宋]李嵩）

整幅画面，中秋圆月下庄重的楼阁与奔涌的江潮，虽一动一静，但画面祥和，令人不禁想起苏轼“寄语重门休上钥，夜潮留向月中看”的诗句。

3. 明代佚名《明月潮生图》

明代画家佚名所作《明月潮生图》，绢本水墨，纵22.2厘米，横22.4厘米，现藏美国纽约大都会博物馆。

该图与李嵩《月夜看潮图》类似，所绘应为中秋之夜观赏钱塘江涌潮的景象，但专写圆月之下的涌潮而忽略周围的亭台楼阁等人文景观。图中，但见半轮圆月下，雾霭蒙蒙的江面中，一条白练迅速前涌，筑成一堵逐渐攀升的水墙，正所谓“滔天浊浪排空来，翻江倒海山为摧”。画面底部，被岸边海塘荡回的潮头与跟涌而来的潮水相互撞击，激起浪花千重，耸起的浪头更高于一线潮头，跌宕起伏地一路前涌，正所谓“八月涛声吼地来，头高数丈触山回。须臾却入海门去，卷起沙堆似雪堆”。

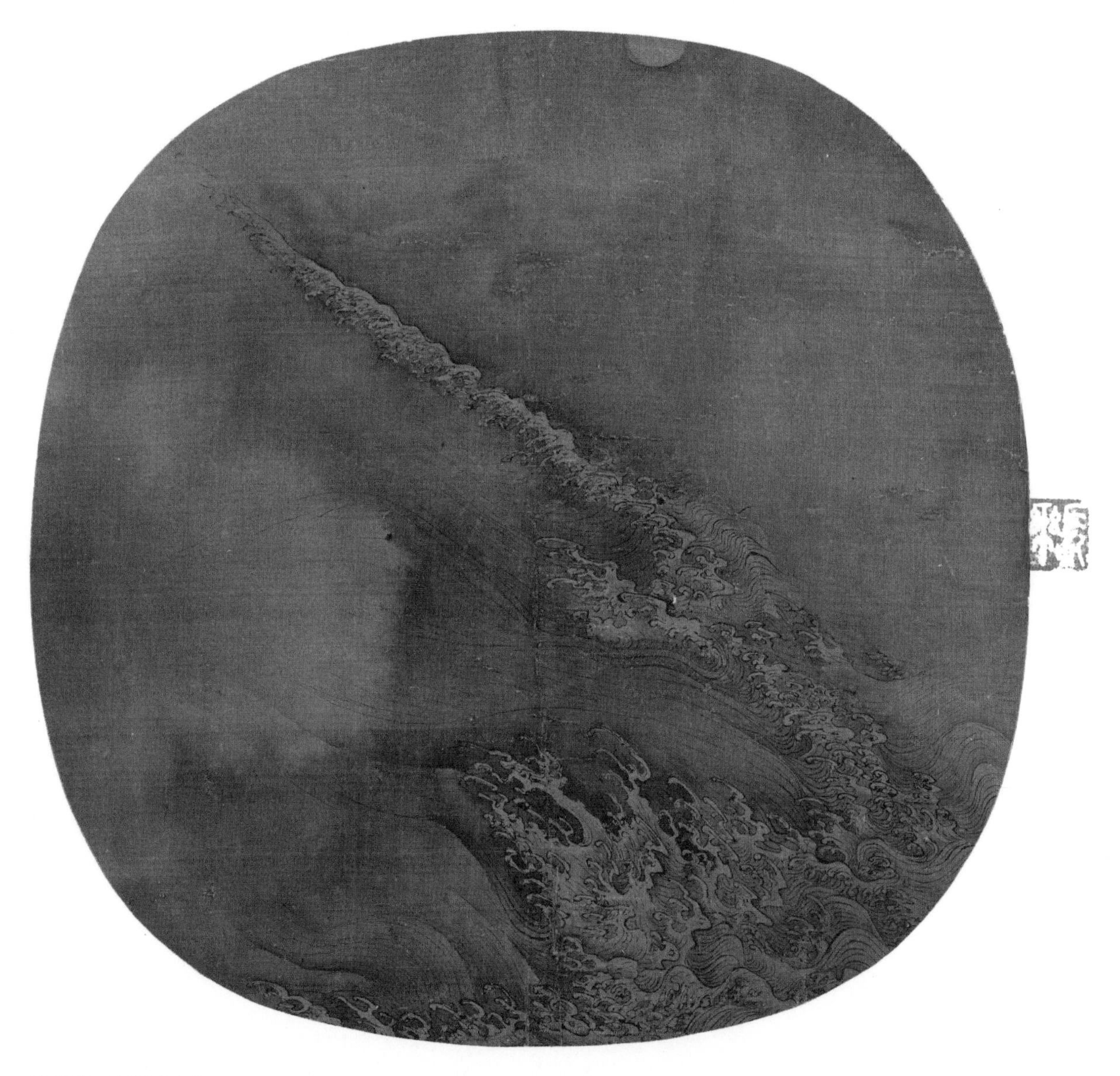

明月潮生图（[明]佚名）

整幅画面，犹如正在追踪着不断前行的钱塘江水，一线涌潮携带着万马奔腾之势、雷霆万钧之力，锐不可当、翻腾怒吼着奔涌而来。

10.8 关于大运河的绘画

大运河是世界上规模最大、自然条件最复杂、持续运用时间最长的运河工程体系。它始建于公元前486年，至今已有2500多年历史。自北而南沟通海河、黄河、淮河、长江和钱塘江五大水系，跨越北京、天津、河北、山东、河南、安徽、江苏和浙江8个省、直辖市，包括京杭运河的通惠河、北运河、南运河、会通河（今山东运河）、中运河、淮扬运河（今里运河）、江南运河、浙东运河8个河段和隋唐大运河的通济渠、永济渠，共计10个河段。2500多年来，由于大运河沿线自然条件的千差万别及水资源时空分布的不均，加上历代各朝的不断经营，使它几乎集中了历史时期各种类型的水利工程及其技术，并逐渐成为独立的水利工程体系。在长期的演变历程中，大运河沿线还产生了具有鲜明时代性和地域性的水利工程和古城、古镇、古村落、古遗址等文化遗产，衍生出丰富多彩的地域文化，造就了类型丰富的自然景观和人文景观。作为沟通经济中心和政治中心、将江南粮食运往首都或指定地点的特大型水道，大运河的治理受到历代各朝政府的重视，北宋、清代先后有多位皇帝亲自视察治理工程，这使得大运河不断进入画家视野。

10.8.1 汴河

1. 北宋张择端《清明上河图》

北宋末年画家张择端所作《清明上河图》，绢本设色，纵24.8厘米，横528.7厘米，现藏北京故宫博物院，属国宝级文物。

该画以长达5米多的长卷形式，采用散点透视构图法，沿着汴河，从开封郊野画到开封城内，生动地展现了北宋末年都城汴京（今河南开封）城内汴河两岸的繁华面貌及其社会各阶层人们的生活状况，包括城楼房舍、商家店铺、桥梁车船等城乡建筑，士农工商、贩夫走卒、世俗僧道等三教九流各色人物近千人，牛、骡、驴等牲畜数量庞大，诸般人物和场景都安排得疏密有致，恰到好处，是中国甚至世界绘画史中罕见的具有百科全书性质的画。

该画卷从开封东南郊画起，主题季节为清明，春光明媚，正是人们郊游、踏春和祭扫的时节。

该画卷中，汴河水量充沛，河中帆樯林立，首尾相接。有的船上装满沉重的货物，需成群纤夫用力拖拉；有的船上站着身强力壮的船工，正挥动船桨不停划动。最引人注目的要数桥下那只大船，因逆水而上，且水流湍急，船上的人有的正把桨伸进河中撑船，有的正用长竿抵住桥梁，有的正在解落船帆。河岸众多纤夫正费力地挽船前行，桥上的人也伸头探脑，似乎正为该船能否顺利过桥担忧。横跨汴河的木制拱桥——虹桥，汴河沿线的部分木岸工程，船只正在徐徐渡过的城墙水关等，这些都真实地展现了宋代水利工程的建设状况与技术水平。

2. 北宋佚名《御驾观汴涨》

《御驾观汴涨》为北宋画家佚名所作《景德四图》（又称《景德四事图》）之一，无款，着色绢本，纵33.1厘米，横252.6厘米，现藏台北故宫博物院。

《清明上河图》(4幅局部图)

该画卷共分四段，依次为《契丹使朝聘》《北寨宴射》《舆驾观汴涨》《太清观书》四图。其中，《舆驾观汴涨》描绘的是北宋宋真宗时期，汴水暴涨，惊动御驾亲至汴河巡察的故事。

该图所绘是北宋都城汴京城内汴河水位暴涨、宋真宗前往视察督修的情景。画面中，采用规则、倾斜、紧凑的笔法，形象地描绘了汴河河道比降较大、水流湍急的景象。河道水位几达河岸，正奔涌向前。宋真宗与大臣、侍卫们站在汴河岸边，正严肃地观望着河水；河工正在抢修河堤，有的在挑土，有的在背沙土，秩序井然。

《御驾观汴涨》([宋]佚名)

10.8.2　京杭运河

1.清代弘旿《都畿水利图卷》

清代画家康熙帝之孙爱新觉罗·弘旿所作《都畿水利图卷》，纸本设色，纵32.9厘米，横1018.3厘米，现藏中国国家博物馆。

该画卷卷末有弘旿自题款识："臣谨按京畿水利，所以涵濡圣泽，环卫皇居，济漕运而惠农田，至切且要也。顾其源流脉络，罕得而详，即《日下旧闻》《春明梦余录》诸书所记，亦多讹舛。臣忝侍禁近时，得恭读御制诗文，因知玉泉之水汇于昆明湖，导为长河，入皇城，经太液，萦贯紫禁，趋东南隅而出，由城渠入通惠河，以达于潞。又知万泉庄之水皆北流，会清河，入白河，以会于潞。且知南苑一亩泉穿苑墙而去，汇凉水河，由马驹桥而东，至张家湾入于北运河。而团河为凤河之源，经流入大清河，由直沽归海。其间原委分合，了如指掌，乃得释旧疑而增新识，荣幸莫甚焉。臣不揣庸陋，谨就所知绘为一图，非敢拟嘉陵画水之能，聊以志涓流学海之诚云尔。"署款"臣弘旿敬绘并恭识"，下钤"臣""旿"二印。明确交代了该画卷的绘制背景和起止地点。

该画卷以左为北，以右为南，以河道为主线，描绘了上起通惠河，经北运河，至天津三岔口汇流后东流入海的水利工程、漕运盛况以及沿线的自然和人文尤其是城市景观，重要景观几乎网罗殆尽，且是一幅名副其实的通惠河和北运河写实画卷。

该画卷卷末描绘了通惠河的水源地，即香山和玉泉山的全貌及其河湖水系分布情况。画面中，玉泉山上的玉泉塔、琉璃塔和七级石塔高高耸立，从香山卧佛寺樱桃沟水源头和碧云寺各有一条泉流流出，除大部分汇聚于玉泉山一带外，又分为东北泄水河和东南泄水河。画面中，香山东面有一条河流，东流，经万寿山北斜向东北而去，接着于画面中消失，这就是建于清乾隆二十七年（1762年）的东北泄水河；另一条河水从香山往东南方流去，至玉泉山以南消失，后在钓鱼台东至西便门一段复又出现，这就是东南泄水河。这两条泄水河都是用来排泄香山山洪的，它们的开挖既解决了每年夏季香山因山洪下泄而造成的水灾，又经玉渊潭，由护城河汇归通惠河以济漕运。

《都畿水利图卷》之通惠河水源地

玉泉山建有所谓三山五园中的静明园，园外东南为高水湖，东流与昆明湖相通，东侧与东北各有一水闸。据乾隆御制诗记载，高水湖为乾隆二十年（1755年）于玉泉山静明园外接拓，是昆明湖的上源，“常时蓄潴，不轻下放，惟遇春夏之交雨水或少，始邃泄以灌溉稻畦”。画面中，高水湖东岸青葱一片，应为著名的京西稻种植地。

《都畿水利图卷》之玉泉山

玉泉山东北，泉水自石罅中涌出，凿石为螭头，泉从螭头喷出，汇为一池，名裂帛湖。湖东有跨水石桥，水经桥下入玉河东流，即北京八景之一的“玉泉趵突”，并与高水湖水合流入昆明湖。玉河东去，经玉带桥入昆明湖。画卷之上绘万寿山、龙王庙和昆明湖。湖上有十七孔桥，湖面广阔，帆船点点。南湖有凤凰墩，西湖有治镜阁，可惜这两处景点今已不存。

昆明湖是通惠河的调节水柜，东由二龙闸流入圆明园，南由秀漪桥流入长河。北面，圆明园白云缭绕，园亭重楼由南而北依次排列。假山湖石，高大别致；松柏苍翠，草木青葱；三匹骏马，正在悠闲觅食。

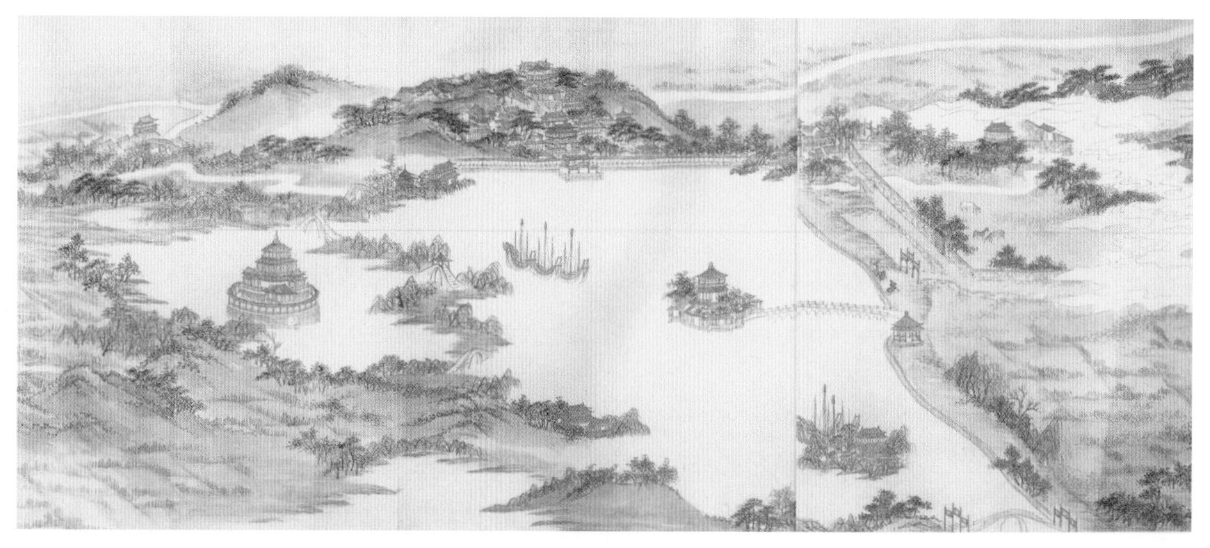

《都畿水利图卷》之昆明湖

长河两岸垂柳荫荫，万寿寺、乐善园、五塔寺、望海楼（今钓鱼台）、三贝子花园（今动物园）等名胜古迹隔河相望，长春桥、麦庄桥、白石桥三座桥横跨长河之上。长河东流至高梁桥，桥两端大道上条石铺路，有行人车辆，两岸有许多楼舍。

《都畿水利图卷》之长河

高梁桥东是北京城。紫禁城、皇城红墙黄瓦，位于全城中心。景山五亭、北海白塔与团城、金鳌玉桥及其西部的白塔寺等建筑均清晰可见。内城四面城墙及其城门、角楼气势宏伟。长河水过高梁桥后，分为三支：一支流经北护城河、东护城河，在东便门注入通惠河；一支南流西护城河，过西便门水关，折而东流，过前正阳桥，穿东便门水关入通惠河；一支绕过京城西北角，从德胜门西水门穿过城墙而南注入积水潭、什刹海。由什刹海再分为两支：一支南流入太液池，一支东流经后门桥折而东南，穿皇城北墙东段的水门，经北河沿，过东安桥入南河沿，至御河桥（南河沿南端与长安街垂直处），同前一支入太液池后由外金水河分流而出之水汇合后，继续南流出崇文门西水关，注南护城河，东流入通惠河。

《都畿水利图卷》之城区段

东便门东至通州间的河道便是通惠河，又称大通河。水过东便门外的大通桥东流，横跨河道的庆丰、平津上、平津下、普济四座节制闸，由西向东，依次排列。从画面中可以看到，有的漕船正在两闸之间逆流而上，由于该段河道比降较大，河流湍急，有的船只用人力牵挽，有的则用毛驴牵挽；还有一些漕船正候在闸前，准备开闸时通行，这是为了防止开闸时由于河道坡降较大而使运河水易于走泄过多，所以须集中一定数量的船只后才能开闸过船。普济闸东去不远，便是南北横跨的八里桥，又名永通桥。再往东水流至通州城西北，经卧虎桥下而东去。到此，通惠河与白河及由西北而来的温榆河汇流。

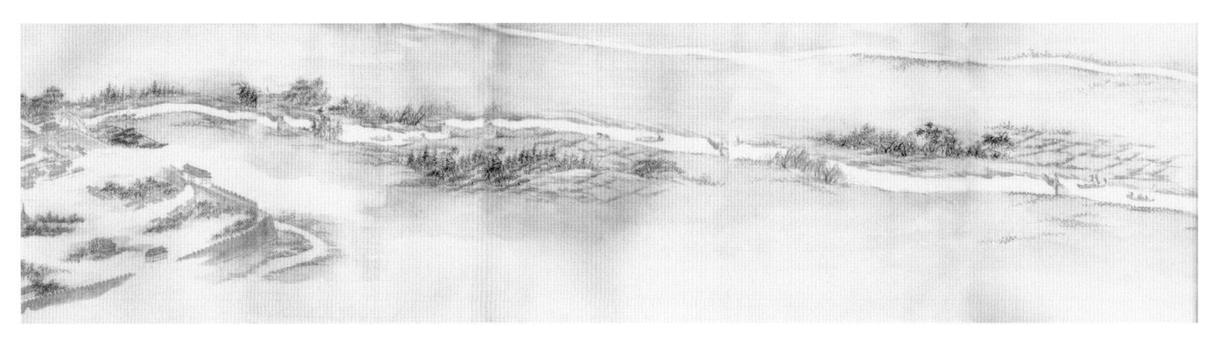

《都畿水利图卷》之东便门至通州段河道及节制闸

《都畿水利图卷》之东便门至通州段桥梁

通州至天津的河道名潞河，又名北运河。从画面中可以看到，北运河的多弯道的特点非常明显。在蜿蜒曲折的河道中，船只缓慢行驶。由于河水迟滞，有一艘船，正由纤夫数人拉纤而行。

顺流来到天津城外，城墙高耸，部分掩映于城区上空的浮云中，楼台亭阁遍布。北运河流经城北，与由城西南而来的大清河及由城南而来的南运河三河合流于天津城，即三岔口，使天津呈现三面临水的优美景象。城北河道上，以船为浮桥，有船工正在开启浮桥，使船只通行；北岸较远处用苇席设仓储粮。

顺海河东望，便是入海口，船舶云集。入海口右岸，两座瞭望台临海屹立，台上各竖旗杆一根，杆头彩旗迎风飘扬。海面开阔，波浪起伏，两艘海船正张帆而行。

《都畿水利图卷》之通州至天津段

《都畿水利图卷》之天津城区段

《都畿水利图卷》之天津三岔口

《都畿水利图卷》之天津至海口段

总之，该图概括描绘了通惠河、北运河的源流归注，描绘了其源于北京西山，汇聚昆明湖，流经长河，贯绕京城，于城东南入通惠河、潞河，再由天津入海的过程，反映了清乾隆年间北京地区水系分布、通惠河和北运河沿线设施的情况，两岸自然景观、苑囿城郭等也都历历在目。对于研究通惠河和北运河及北京城市水系史，无疑是重要的历史画卷和基础资料。

2. 清代江萱《潞河督运图》

清代画家江萱所作《潞河督运图》，绢本设色，纵41.5厘米，横680厘米，现藏中国国家博物馆。

该画卷卷末有中国著名建筑学家朱启钤的题跋：“《潞河督运图》，意味尤近乎张择端《清明上河图》之作，允为国家重宝。”

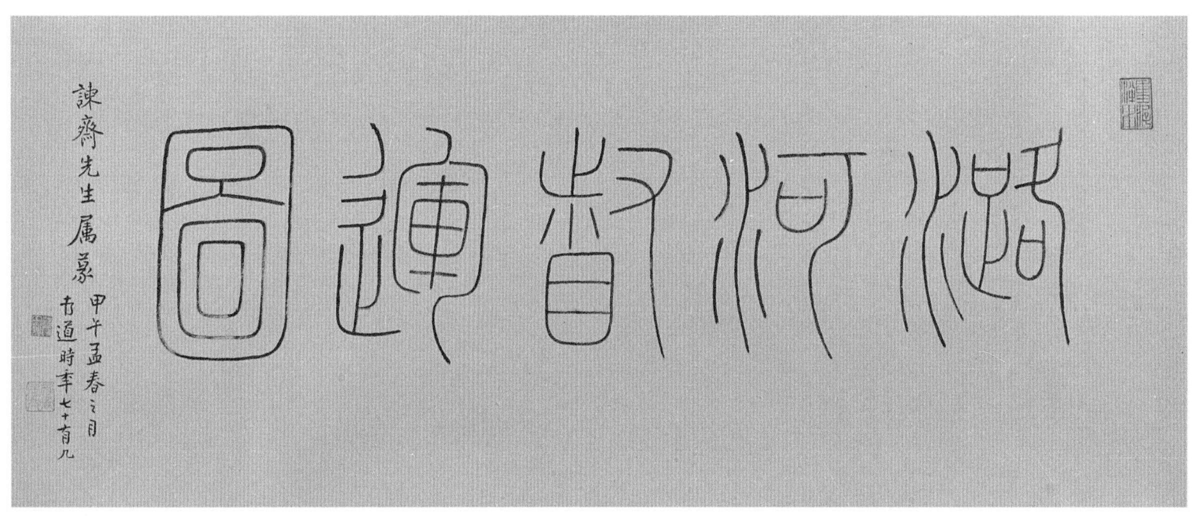

《潞河督运图》（局部一）

该画卷虽由江萱所绘，但委托人为冯应榴。清乾隆四十一年（1776年），冯应榴以考功郎中简用通州坐粮厅。坐粮厅隶属户部，掌管潞河（今北运河）漕运与河道疏浚，验收各省帮船粮米数与米色，督催漕粮自石坝、土坝转运入仓，负责通济库出纳，兼管通州税课的征收等。凡江南各地漕粮押运至此，必须按规定经由坐粮厅的验收，方可转运入仓。漕粮为“天庾正供”，其征收、运输和验收等为朝廷头等要务。冯应榴以京官正五品考功郎中出任坐粮厅，位同“钦差”，虽官衔不高，但职要权重，是人人称羡的“美差”。因此，冯应榴倍感荣耀，特意聘请当时的著名画家江萱在其两年任期内专门为之写实作画，以记其事。

元、明、清三代建都北京，通州成为北运河与通惠河交汇处，也是京畿仓储所在。元代京杭运河全线贯通后，来自浙江、江苏、江西、湖南、湖北、安徽、河南等省的漕粮每年约有数百万石供给京师，无论河运还是海运，这些漕粮都要从天津进入北运河，抵达通州，然后转运京、通各仓储。北运河成为漕粮运输不可或缺的重要河段，通州则成为“天庾重地”。历代统治者对此极为重视，设总督仓场和坐粮厅分别管理，并形成一套隶属户部的漕运管理制度。《潞河督运图》主要描绘了清乾隆时期通州张家湾至税课司衙门长约10余里的漕运盛况以及在它的带动下呈现的商业繁荣景象。

该图以通惠河通州段河道为主线，串联起沿线景象。从画面中可以看到，运河中漕船、官舫、商船、民船帆樯辐辏，忙而有序。临近通州城外，河道宽阔，应是张家湾“葫芦头”形的船只停泊处。

《潞河督运图》（局部二）

从下图画面中可以看到，运河岸畔为田园农舍，垂柳绿杨葱郁，间有桃花掩映其间，一片春意盎然的景象。河道由宽变窄处，岸上筑有一座高台，便于观察。

《潞河督运图》（局部三）

在下图画面中，自石坝下卸载的准备搬到河岸仓储的漕粮按袋码放，形成一座座与周围建筑物几乎等高的粮堆，井然有序地堆放于运河岸畔。岸下河道中，停泊着几艘驳船，正在耐心等候，以便逐船通过前方的浮桥。通过浮桥时，先把其中的两艘浮船拖出放置一边，所留门口宽度仅可通行一艘船只，其他船只在此等候依次通过。船只一一通过后，再将拖出的浮船归置原位。

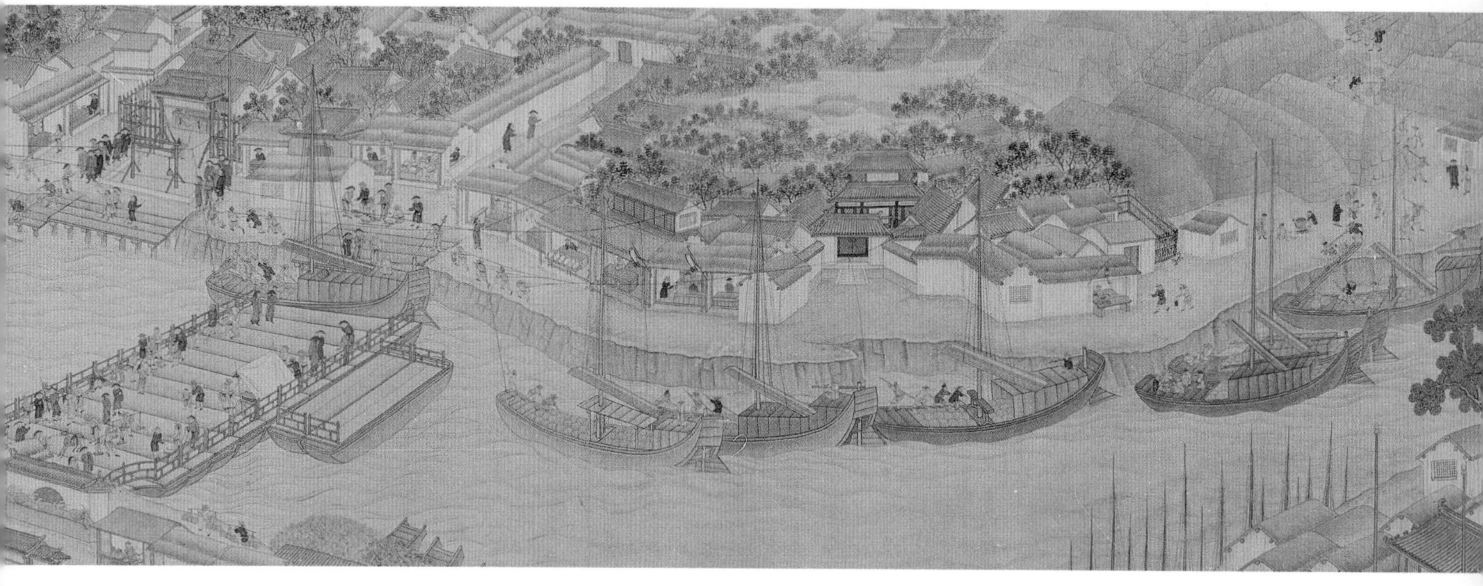

《潞河督运图》(局部四)

过了漕粮堆放处，便见运河两岸桃红柳绿，码头、衙署、店铺、酒肆、民居、田园、寺庙等建筑栉比相连，错落有致，随处可见的官吏、商贾、船户、妇孺、盐坨、杂役等多达几百人，人物形态各异，一派繁忙景象。

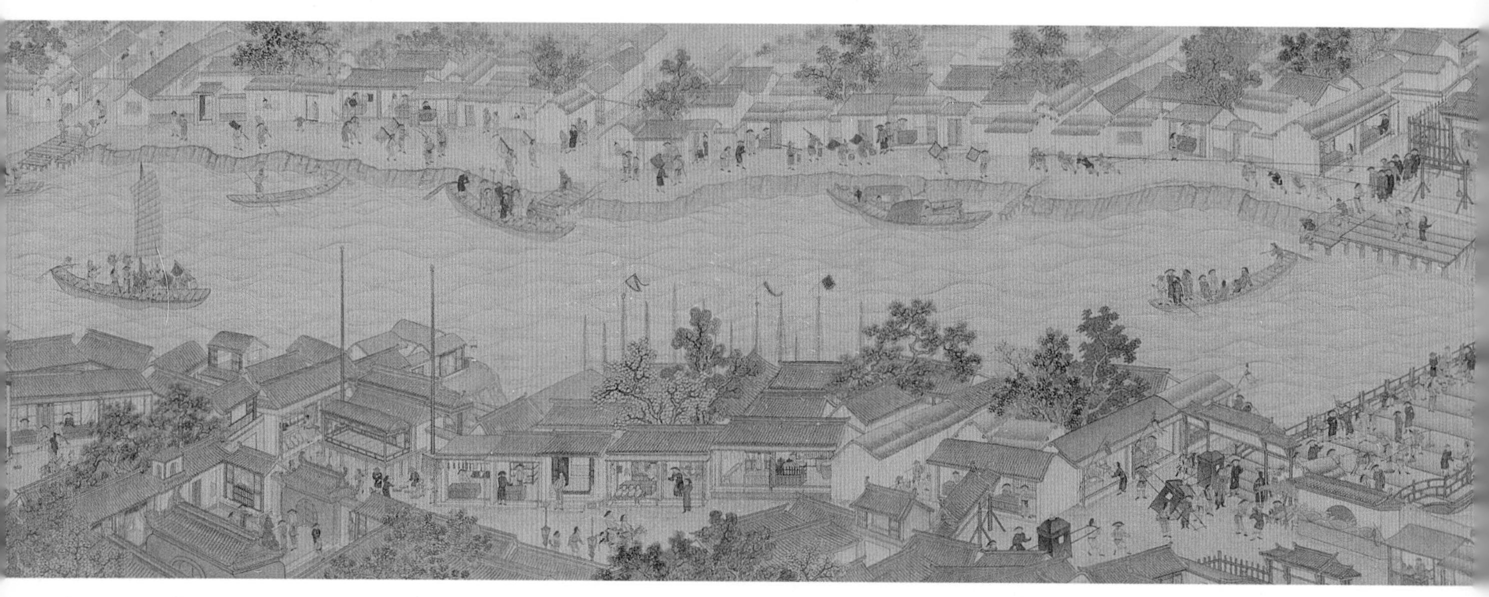

《潞河督运图》(局部五)

卷末有用锁链连接的三只瓜皮船封锁河道，正是通州税课司衙门所在。在衙门一侧的河道中，用浮船横排而形成一座浮桥，供两岸行人和车辆横渡。

全图的中心也是众多船只中最为抢眼的，是河道当中的一艘官舫，为该图卷的主角冯应榴所乘。冯应榴肃立于船头平台，正在现场督察盘验。官舫周边簇拥着几只仪卫小艇，气派甚是威严。官舫所在位置恰好位于北运河与通惠河交汇处，也是漕粮由此转运京师仓储的运道，在此督查，居高临下，无论北运河还是通惠河的情况皆可一目了然，尽收眼底。

《潞河督运图》（局部六）

《潞河督运图》（局部七）

3. 清代赵澄《高明治水图卷》

清代画家赵澄所作《高明治水图卷》，绢本设色，纵46.5厘米，横545.5厘米，现藏中国国家博物馆。

该画卷引首“天锡玄圭”，款署“昭阳宗灏谨题”。引首后有王永吉题跋，画卷末有画家赵澄的题识：“余性癖嗜山水，壮游四十年，足迹半海内，但遇名山大川，必穷其胜，随付笔墨以不虚所见。至众流交汇之所，关国运民生，尤切识之。余今年逾七十，偶问渡邗江，见水势泛涨数千里，激涌澎湃，尽奔聚于此中，一时士民几同釜沉，亟欲绘流民图上闻，苦于叩阍莫及。而日夕河干，挑浚修筑，躬畚插（锸）倡众者，双丸高老先生也。先生于兹逾三载矣，费一片苦心，济以长才，故获有成功。功成矣，其何以象之？淮扬士大夫乞余治图，摹其拮据万状，若与河流俱长……”钤白文“澹如”，朱文“赵澄私印”。拖尾有王永吉、宗灏等15人的题诗。

该画卷形象地描绘了清顺治年间对淮扬运河进行疏浚治理的宏大施工场景。根据画卷题识中的内容可知，顺治六年（1649年），淮扬运河决溢，里下河地区“一片汪洋，无分湖河”，“庐舍漂流，人民覆溺，所余者皆鸠形鹄面，啼饥号寒”。朝廷命当时的南河分司高明主持治理，经过三年的苦心经营，终于成功。当地士绅为感念高明的治水功绩，特请知名画家赵澄绘制该画卷。

该画卷以右为北，以左为南。画卷右侧为淮扬运河北端船只出入淮河和黄河的运口。在与运口相连的水面中，上方应为洪泽湖一隅，最右侧河流应为今天的废黄河一线。洪泽湖以南、淮扬运河以西是一片浩渺无际的湖泊，即淮安至扬州间的白马、宝应、界首、高邮、邵伯等湖泊。湖泊东侧为淮扬运河，两岸筑有堤防，西堤将运河与湖泊分隔开来，东堤上建有众多涵闸，分水东流。画卷左侧所绘上下方向的河流为长江，淮扬运河自扬州入长江。长江中有一孤岛，即金山，山上耸立着著名的金山寺。

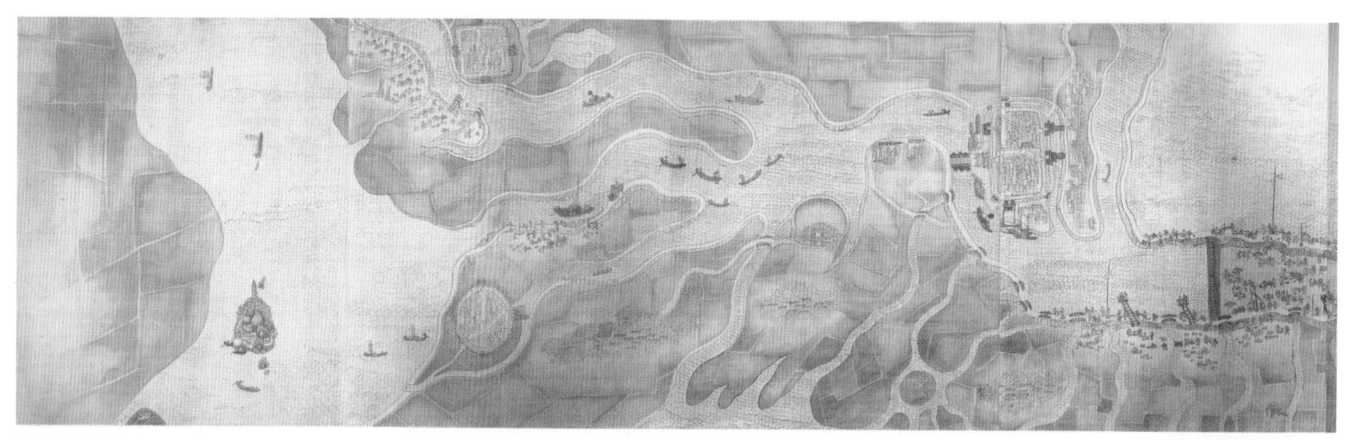

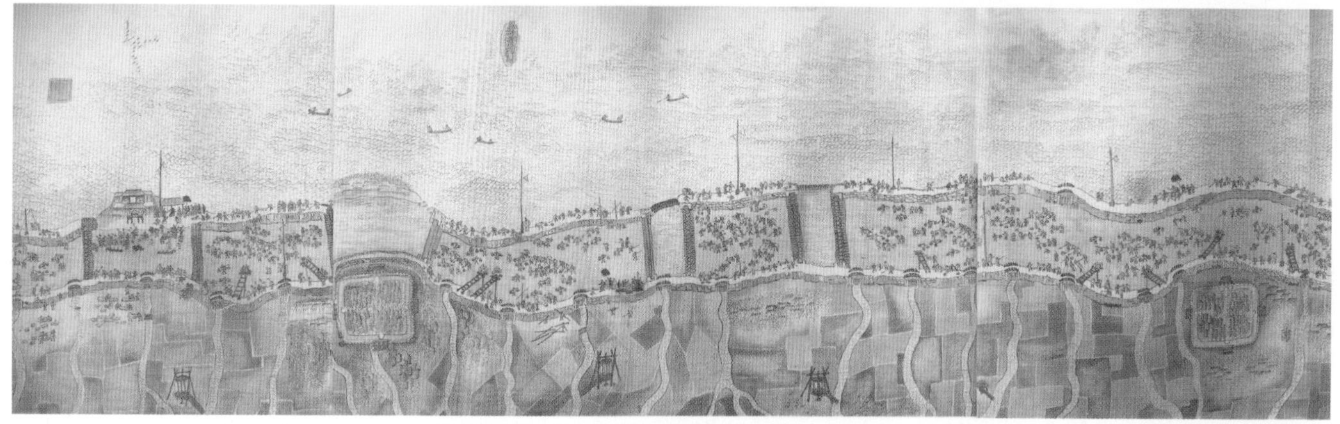

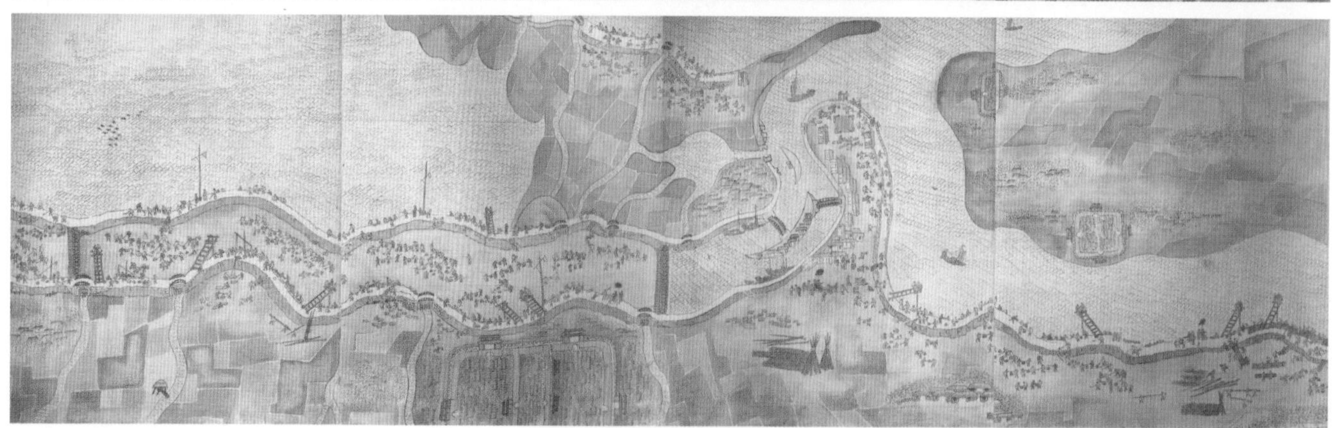

《高明治水图卷》

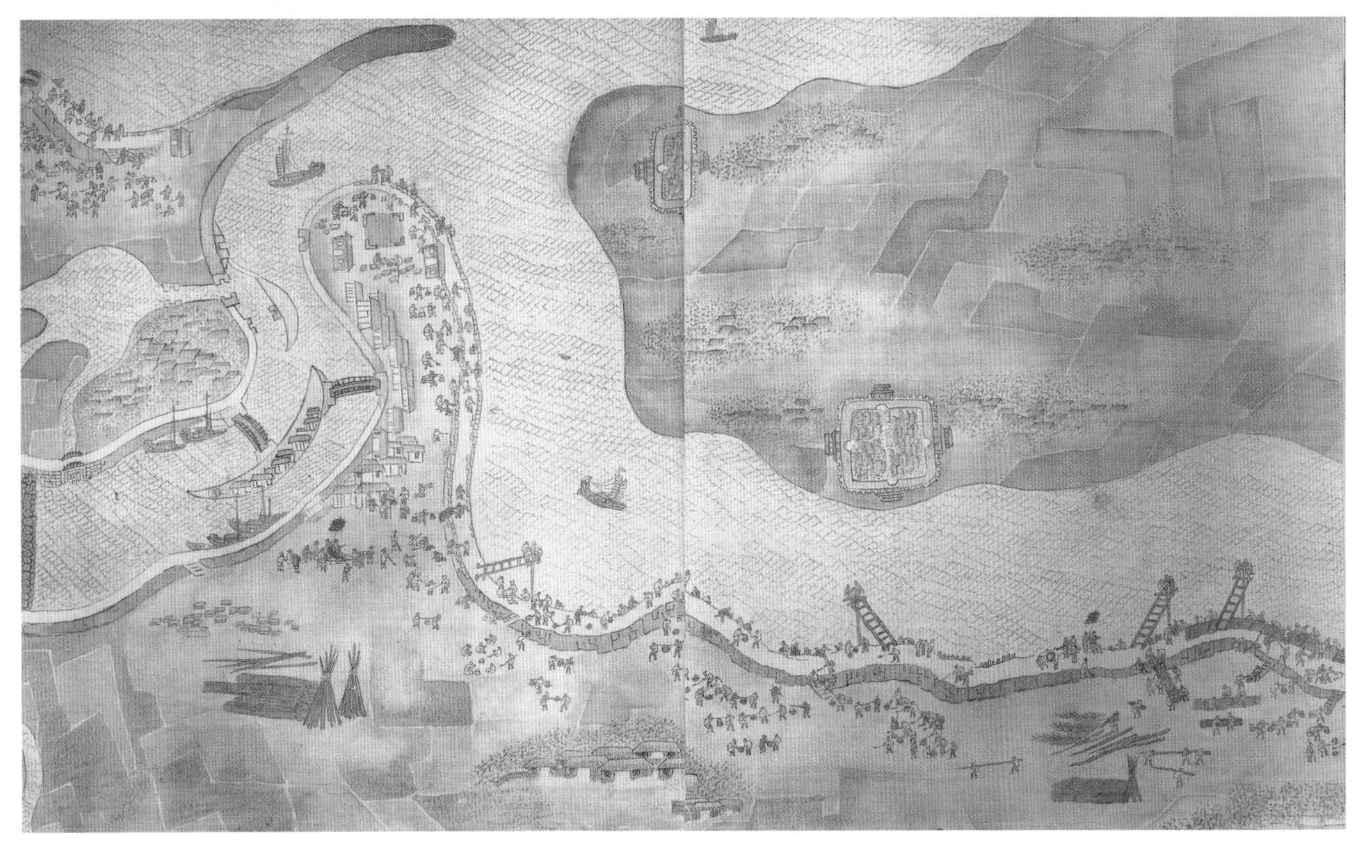

《高明治水图卷》中的淮扬运河与淮河、黄河交汇处

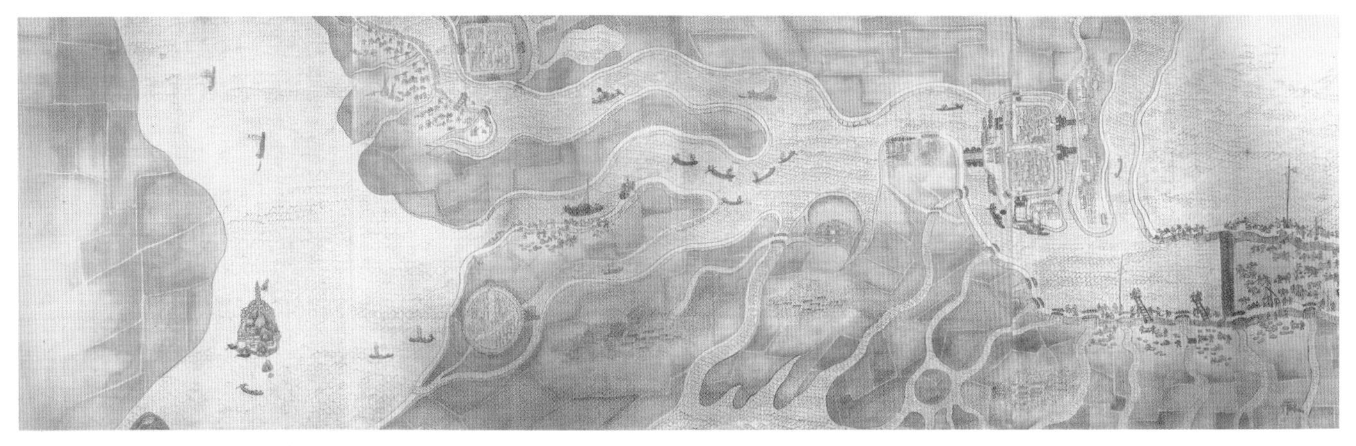

《高明治水图卷》中的淮扬运河与长江交汇处

该画卷中，黄河北岸有两座城市，西侧的应为清河（今江苏淮安），东侧的当为安东（今江苏涟水）；淮扬运河流经五座城市，自北而南依次为淮安、宝应、高邮、江都和最南端的扬州，扬州西南为仪征。江都、扬州和仪征濒临长江。

该画卷中，在施工工地的不同工段上经常出现一位打着蓝伞护罩、周围有众多随行人员的官员，应当是主持治水的高明，他有时乘船在河中勘察，有时骑马检查施工，有时在指挥施工，有时则在听取汇报。

淮扬运河两岸堤防，多为土堤，局部正在改建为石堤。堤上的民夫，有的在平整堤工，有的在夯土，有的则在高高的架子上打基桩。需要改建为石堤的河段，堤外有民夫正在凿平石块，凿好的石块，由民夫抬到堤上，或者用桔槔将石块提到堤上，即在堤上竖立木架，架上置一横木，一端在堤上，用来系重物；一端在堤外，用来系石块。提石块时，由三组人操作，堤外一组，负责石块的装和吊；堤上两组，一组负责重物的拉放，还有一组负责石块的上堤和卸放。堤外还有大量梢草，以及捆扎而成的埽由。

《高明治水图卷》中的堤防施工场景

淮扬运河河道南北两端都被完全堵闭，河道内的水已被排干，沿线集聚了众多民夫，正在疏浚河道，清理河底淤泥，并将淤泥挑放到两岸堤上，以加高加固堤防。他们中，有的人肩挑两筐取土，有的则两人共抬一筐土，有的则专门负责用锹锸往筐里铲土。在运土上堤的过程中，肩挑和抬土者通过临时修建的台阶上上下下，另外还采取用绳子将其提上去或用桔槔提土上堤的办法。

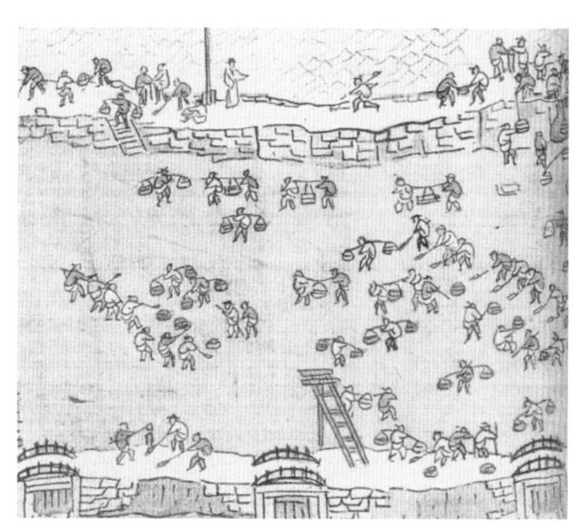

《高明治水图卷》中的河道疏浚和挖土上堤施工场景

淮扬运河东堤上设有众多涵闸，闸上建桥以方便交通，闸下开河渠以宣泄运河多余之水，同时用来灌溉周围农田。由于农田高于河渠，所以沿线架有很多水车正在提水灌溉。

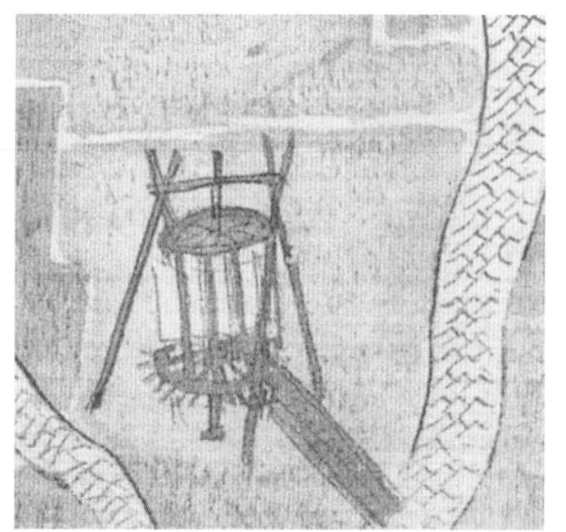

《高明治水图卷》中的泄水设施及提水灌溉机具

在淮扬运河堤防临湖一面建有一座办公场所，穿红衣者为高明，似乎正在听取几位下属官员的汇报，并面授机宜；旁边空地上，一位下属官员坐在桌子后，其前方跪着四位民夫、站着一排扛着锨镭的民夫，该官员似乎正在向这些民工分配任务。

整幅画卷，运河、湖泊、干涸的河道、堤防、涵闸、桥梁、屋舍等水系及工程建筑，疏浚河道、堵塞决口、加固堤防、灌溉农田等施工场景，栩栩如生，惟妙惟肖，是一幅不可多得的描绘清代初期水利施工场景的杰作。

《高明治水图卷》中指挥场所

4. 清代徐扬《乾隆南巡图》

《乾隆南巡图》由清乾隆年间宫廷画师徐扬所绘，共12卷，纸本设色，纵68.6厘米，总长15417厘米，现藏中国国家博物馆，是国宝级书画珍品之一。

清高宗乾隆帝在75岁时回顾其一生总结道："余临御五十年，凡举二大事，一曰西师，一曰南巡。"该图卷描绘的是乾隆十六年（1751年）正月首次南巡时的景象。

根据画卷描绘的场景，乾隆一行从北京出发，经德州，过运河，渡黄河，然后乘御舟沿运河南下，从瓜洲渡长江，经镇江、无锡、苏州、嘉兴、杭州而达绍兴，最后从绍兴回銮，全程5800余里，历时112天。途中，乾隆帝题写御制诗520余首，从中选出12首，"以御制诗意为图"，令宫廷画师徐扬依照前后次序分卷创作。徐扬以中国画的写实手法，将诗、书、画三者结合起来，诗中的画意、画外的诗情相互映照、熠熠生辉。画中场景主要包括乾隆南巡期间省方问俗、察吏安民、视察河工、检阅师旅、祭祀禹庙和游览山川名胜的情景。图卷中各色人物，山川形势，城池车船，各行各业，林林总总，蕴含着清乾隆年间丰富而生动的历史信息。尤其是关于水利工程的描绘，留下非常珍贵的历史信息。如关于大运河与黄河、淮河交汇处的工程布置等。

《乾隆南巡图》12卷主要展现的内容如下：

第一卷《启跸京师》：长约为19.8米，以"辛未孟春奉皇太后南巡启跸京师近体言志"为题，描绘乾隆十六年（1751年）正月十三日，乾隆帝奉太后从乾清门启銮，经大清门出正阳门，沿西河沿大街西行，转出广宁（安）门，过宛平县拱极城、卢沟桥、长新（辛）店，驻跸良乡黄新庄行宫的场景。在画面中，永定河似

《乾隆南巡图 · 启跸京师》中过卢沟桥的场景

乎已经结冰，横跨其上的卢沟桥宏伟精致，两岸屋舍林立，一派繁华景象。

第二卷《过德州》：长约为12.5米，以“过德州”为主题，重点描绘了乾隆帝乘轿从山东德州附近、南运河上一座浮桥横渡运河的情景，并展现了刚修整一新的德州古城。从画面中可以看到，当时虽值冬季，但南运河的水量仍然较大。为方便横渡，当地人将10余艘船只紧密地横排于河面，搭成一座浮桥，乾隆帝及其随行人员乘坐轿子或骑着马轻松有序地通过。

乾隆帝题诗《过德州》：“运水浮桥蝃蝀悬，重邱城郭富人烟。观民喜见千家聚，问岁知逢五熟连。调幕多惭休颂我，书禾有庆益祈天。十分心始三分慰，次第评量驿路前 。”

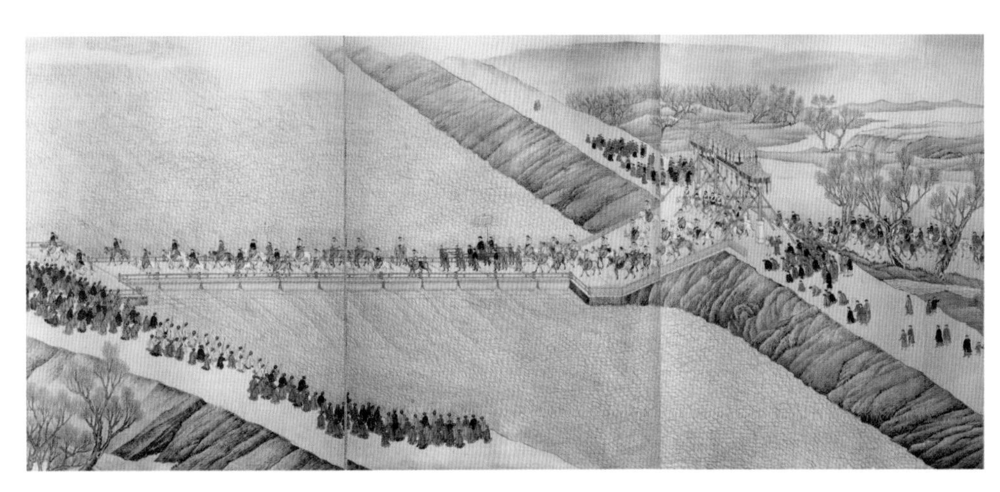

《乾隆南巡图·过德州》中的横渡浮桥场景

第三卷《渡黄河》：长约13.6米，以“渡黄河”为主题，主要描绘了乾隆帝从淮安清河县徐家渡大营起行，经杨家庄，在孙家码头坐船横渡黄河至对岸彭家码头的情景。根据乾隆诗歌的记载，当时该段黄河宽仅一里许。横渡之时，正值天气晴朗，因而河流平稳。

乾隆帝题诗《渡黄河》：“去岁渡孟津，两岸隔五里 。今来渡淮安，河惟里许耳。岸宽流则平，河窄流斯驶。南河防塞多，时闻叠浪起。而我时南巡，正逢晴日美。荡桨越溜过，安稳非昨比。天心明锡佑，河伯默相祉。平陵川气黄，纷拥云容紫。蓊匌象实雄，詄荡波偏弥。永念平成功，细度修防理。”

《乾隆南巡图·渡黄河》中横渡黄河的场景

第四卷《阅视黄淮河工》：长约为11.6米，以“恭依皇祖览黄淮诗韵”为主题，描绘了乾隆帝渡过黄河后，当日和次日视察黄河、淮河、运河三大水系汇合处——清口一带险要工程的场景。由于清口一带水系分布复杂，是明清时期治理最为棘手、花费人力物力财力最多的地区，也是大运河沿线水利工程最为密集、管理最为严格的河段。因此，在画卷中，徐扬以淮扬运河北端运口的水系分布及其关键工程为切入点，重点展现了乾隆帝阅视黄淮河工的场景。

在画卷中，上方水面浩瀚、帆影点点的水域应为洪泽湖，由于黄河屡次倒灌，湖口处已有淤滩。弯弯曲曲的大堤应为高家堰，即今天的洪泽湖大堤。大堤上，民夫正在繁忙而有序地忙碌着。他们中，有人正在挑土上堤，在取土地至大堤间建有两条临时坡路，一条专门通行挑土上堤的人，另一条则专门用于下堤之人，如此挑土之人虽多但有序；有的人正在夯实堤土，或用木夯，或用石夯，点点处处，力求密实；有的人在平整堤土，有的在清理堤土，有的则在舀水润土等。大堤底部，应为储存物料的场所，里面整齐码放着一堆木桩。

在画卷中，形如葫芦状的设施，应为淮扬运河北端口门处的三座钳口草坝，两岸备有大量梢草，河道内水流迅疾，奔涌入洪泽湖。右侧较大的口门设施，应为建于洪泽湖口的东西坝，用来拦蓄淮水，抬高水势，冲刷湖口外的黄河泥沙。该坝也是草坝，根据黄淮水势的变化情况，临时决定拆坝放水或建坝束水，即通过拆坝或建坝以人工调节洪泽湖口口门宽度，达到人工调节洪泽湖水位的目的。从画面中可以看到，乾隆帝视察清口时，淮河水位高于黄河水位，因此口门处水势非常湍急，可以想见船只通行该处时的危险程度。

乾隆帝题诗《恭依皇祖览淮黄诗韵》：“御碑亭畔汇清黄，仰溯涂山疏瀹方。端拱九重遑自逸，畴咨万姓切如伤。惟斯继述诚应勖，亦曰流连慎戒荒。高堰重蒙皇考建，千秋淮郡倚金汤。”

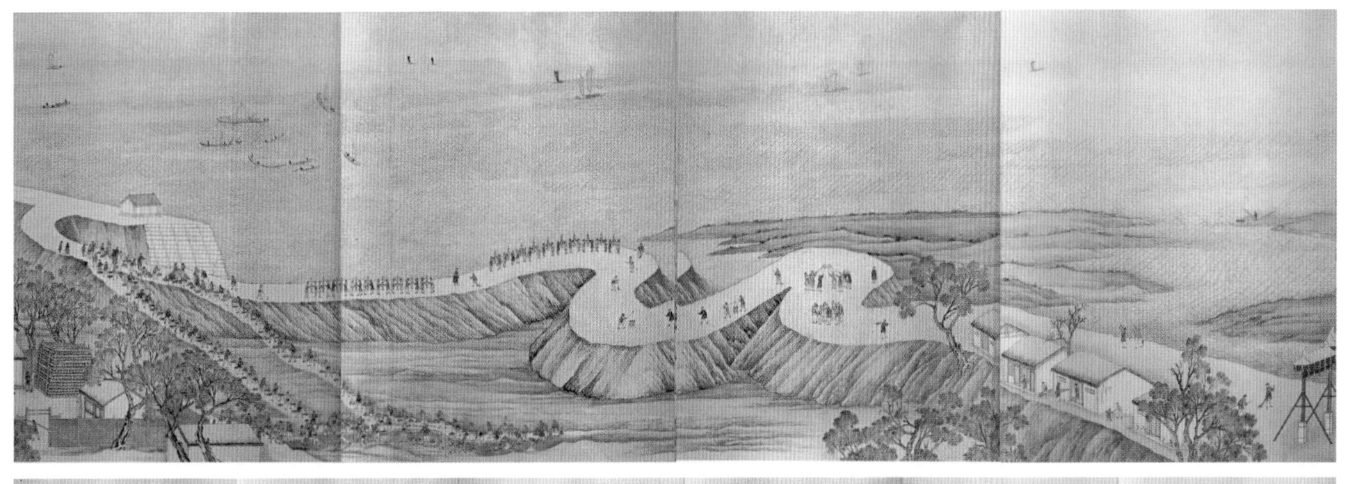

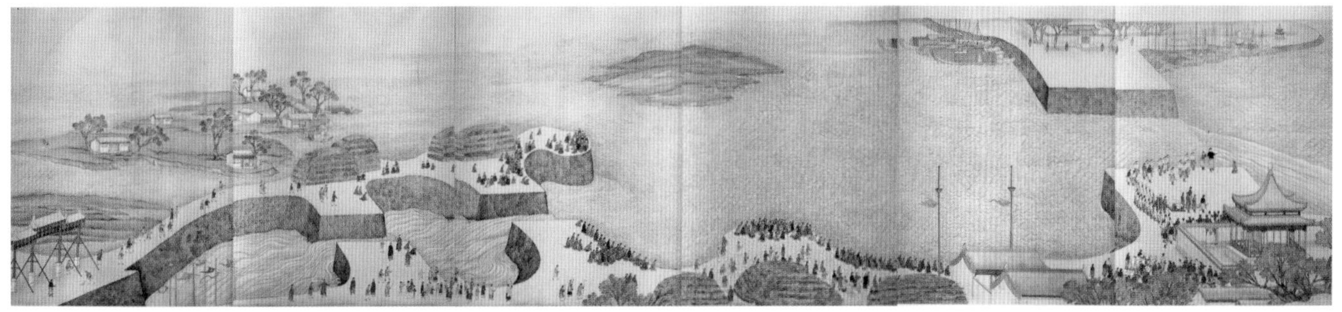

《乾隆南巡图·阅视黄淮河工》中淮扬运河与淮河、黄河交汇处得关键工程

《乾隆南巡图 · 阅视黄淮河工》中洪泽湖大堤的施工场景

第五卷《金山放船至焦山》：长约10.8米，描绘了乾隆帝一行张帆启程，从金山乘船到焦山、一路游览长江胜景的场景。

《乾隆南巡图 · 金山放船至焦山》中横渡长江的场景

第六卷《驻跸姑苏》：长约为21.7米，描绘了乾隆帝在苏州胥门外舍舟登岸，经胥门进入苏州城，并于当晚驻跸苏州织造署行宫的场景，重点展现了苏州阊门到胥门一带的繁华景象。

在画卷中，徐扬形象地描绘了乾隆帝一行进入姑苏（今江苏苏州）城时的场景。呈现于眼前的苏州地区，河网发达、圩田棋布。运河两岸乾隆帝所乘船只由河兵牵挽，缓缓前行。纤绳一端绑在桅杆顶端和底部横轴上，并与绑在船尾的绳子联结起来；另一端结出许多绳圈，套在纤夫胸部，绳圈上绑有一根木棍以减轻绳子对纤夫胸部的压迫，纤夫在两岸排成一行，各有18人，俯身牵拉，步伐整齐划一。

《乾隆南巡图 · 驻跸姑苏》中乾隆帝一行进入姑苏城时的场景

《乾隆南巡图 · 驻跸姑苏》中过阊门的场景

《乾隆南巡图 · 驻跸姑苏》中过胥门的场景

第七卷《入浙江境到嘉兴烟雨楼》：长约为9.5米，描绘了御舟自江苏吴江和浙江秀水二县交界处进入浙江境的场景，重点突出了嘉兴南湖烟雨楼。

《乾隆南巡图 · 入浙江境到嘉兴烟雨楼》中嘉兴南湖烟雨楼

第八卷《驻跸杭州》：长约为11.3米，据“三月朔日车架至杭州驻跸之作”诗绘制而成，重点展现了杭州城的繁华以及乾隆帝一行游览西湖苏堤的情景。

《乾隆南巡图·驻跸杭州》中游览西湖苏堤的场景

第九卷《绍兴谒大禹庙》：长约12.4米，据乾隆帝“谒大禹庙恭依皇祖元韵”诗而绘，画面起于绍兴府城，出东门，穿过街市和乡村，止于会稽山麓的大禹庙。

《乾隆南巡图·绍兴谒大禹庙》

第十卷《江宁阅兵》：长约9.2米，主要描绘了乾隆帝在江宁（南京）巡阅驻防八旗满汉军和绿营兵的情形。

第十一卷《顺河集离舟登陆》：长约为12.4米，主要描绘了乾隆帝一行自顺河集登陆、乘马北归的场景，重点展现了当地的乡村景色。

第十二卷《回銮紫禁城》：长约9.8米，描绘了乾隆帝一行从端门到午门的这一段路程。卷尾为《乾隆南巡图》作者徐扬写于乾隆四十一年（1776年）五月的跋。

10.9 关于水利机具的绘画

作为田园生活的重要组成部分，水利机具的运用很早便走进画家的视野。

10.9.1 提水机具图

1.《耕织图》中的提水机具

《耕织图》是中国古代为劝课农桑，采用绘图的形式详实记录耕作与蚕织的系列图谱。其中描绘有关于戽斗、桔槔和脚踏水车等提水机具的具体样式。

《耕织图诗》最初由南宋绍兴年间画家楼俦所作。天子三推，皇后亲蚕，男耕女织，这是中国古代很美的小农经济图景。楼俦任于潜令时，绘制《耕织图》，共45幅，包括耕图21幅、织图24幅。该图呈送朝廷后，深得宋高宗赞赏，并获吴皇后题词。后宋高宗将其宣示后宫，一时间，朝野传诵，地方州县也出现众多版本，这成为中国绘画史和科技史中的独特现象。

楼俦《耕织图诗》中的戽斗

该图制诗：“解衣日炙背，戴笠汗濡首。敢辞冒炎蒸，但欲去莨莠。壶浆与箪食，停午来饷妇。要儿知稼穑，岂曰事携幼。”

楼俦《耕织图诗》中的脚踏水车与桔槔

该图制诗：“揠苗鄙宋人，抱瓮惭蒙庄。何如衔尾鸦，倒流竭池塘。穲稏舞翠浪，蘧蒢生晨凉。斜阳耿疏柳，笑歌问女郎。”

清康熙帝一生重视农耕，南巡期间见到《耕织图诗》后，感慨织女之寒、农夫之苦，命内廷供奉焦秉贞在楼俦图的基础上重新绘制，计有耕图、织图各23幅。《耕织图》完成后，康熙帝非常满意，亲自作序，并为每一幅图题诗，又命著名木刻家朱圭、梅裕凤镌版印制，颁赐臣工。鉴于此，该图又称康熙《御制耕织图》。

焦秉贞《耕织图》中的戽斗

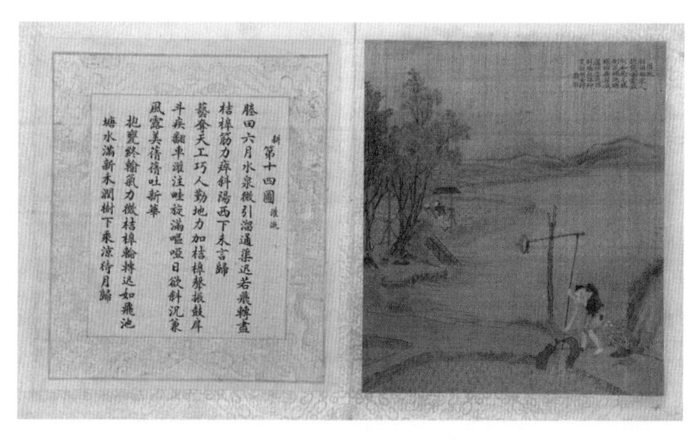

焦秉贞《耕织图》中的桔槔与脚踏水车

陈枚《耕织图》中的戽斗

陈枚《耕织图》中的桔槔和脚踏水车

雍正帝登基前，令宫廷画师陈枚重新绘制，计有耕图、织图各23幅。每幅图都有其亲笔题诗。雍正的书法笔势跌宕酣畅，气脉一贯，颇具大家风采。该图完成后，雍正将其呈现给康熙帝，深得康熙喜爱。

2. 敦煌壁画中的桔槔

敦煌壁画虽以佛教经典和故事为主题，但其创作素材或来源于画师在现实中的生产生活体验，或来源于当地的生产生活情景。因而，它们犹如一幅幅从魏晋到北宋长达700多年的历史风俗画卷，生动、真实、直观地展现了这一时期的社会生活。在这些历史风俗画卷中，就包括展现当时利用桔槔从井中提水的场景。

在莫高窟302号壁画中，有一幅桔槔汲水图。井旁竖立着一根木杆，木杆顶端分叉，叉中横置一长杆，长杆的一端系着水桶，可放入井中打水，另一端则系着一块坠石，由两人联合操作。两人中，一人在井旁，正双手紧拽井绳，从井中打水；另一人则站在坠石处，目不转睛地盯着井口，以便配合井旁打水之人，待水桶灌满后，及时下拉坠石，从而轻松地将水桶提起。水井井口处设有栏杆，说明当时已采取措施，避免杂物进入井中。井边有一匹马，正在痛饮水槽中的水。画面右下角有一人，正抱着水罐给前来索水的人倒水。整幅画面，气氛松快，直观展现了在干旱的西北古道上行人得遇井水时的愉悦心情。

莫419窟壁画中有关桔槔的描绘与此类似，不再赘述。

桔槔汲水（隋　莫302　窟顶西坡）

桔槔汲水（隋　莫419　窟顶东坡）

10.9.2 翻车图

1. 北宋郭忠恕《柳龙骨车图》

北宋郭忠恕所作《柳龙骨车图》，纵25.6厘米，横23厘米，现藏北京故宫博物院。

该图描绘的是牛转翻车提水灌溉的景象。画面中，老树新枝，郁郁葱葱，池边茅棚下，一农夫正在驱赶着健硕的牛牵拉翻车提水。牛牵拉着巨大的卧轮，卧轮旋转带动右侧一小立轮，立轮带动横轴和翻车刮水上提。该图中，突出描绘了翻车顶端的出水部位，翻车提上来的水量很大，源源不断地汇集成一条小渠，然后流进农田灌溉，似乎能够听到水流的哗哗声。

《柳龙骨车图》([北宋]郭忠恕)

2. 南宋李嵩《龙骨车图》

南宋画家李嵩所作《龙骨车图》，绢本墨画，淡彩，纵25.6厘米，横26.4厘米，现藏日本东京国立博物馆。

该图中，一牧童正骑在牛背上，驱赶着它带动卧式木轮旋转，从而使相连的翻车转动，通过刮板将水提至高处。旁边一头小牛正在悠闲地吃草。该图对翻车的描绘非常写实，尤其是刮板，状似蛇蜕之骨。从图中还可看出，卧轮上的木杆用绳子系在牛轭上，通过牛来驱动卧轮旋转。

《龙骨车图》([南宋]李嵩)

10.9.3 水磨图

目前已发现的有关水磨的绘画约有10余幅，其中以五代卫贤《闸口盘车图》、王希孟《千里江山图》和元代佚名《山溪水磨图》最具代表性。

1. 五代卫贤《闸口盘车图》

五代南唐画家卫贤所绘《闸口盘车图》，绢本设色，纵53.3厘米，横119.2厘米，现藏上海博物馆。

该图后有宋徽宗御府收藏印记，还有明王守仁题诗。

《闸口盘车图》（[五代]卫贤）

该图描绘的是五代时期汴京（今河南开封）城内的官营水磨作坊及其周围环境。

画面左中部位是安置水磨的堂屋，堂屋两端各置望亭一座。由于是官营作坊，堂屋高大宽敞，为木结构，共分两层。楼下一层安装有两个卧式水轮，各有木槽导引水流下泄以冲击水轮转动。左侧大水轮通过立轴驱动楼上的下磨盘，右侧小水轮则驱动楼上的面罗。二楼主要安装水磨、水打罗等加工设备，从图中粮斗的位置判断，该水磨上磨盘的磨眼应处在磨盘的中心。画中还清晰地描绘出支撑下磨盘的卡爪，应是木质，可能通过榫卯结构与立轴相连接。

《闸口盘车图》中的水磨坊局部

堂屋台基前为河流，河中有运粮的篷船。其中一艘满载粮食的篷船正在靠岸，岸上一人正手拉缆绳为其固定位置，还有几人正肩扛粮袋离开堂屋。

整幅画面中共描绘了40余位人物，分别在从事磨面、筛面、扛粮、扬簸、净淘、挑水、引渡或赶车等作业。左上角望亭中有两位头戴硬脚幞头、身穿圆领袍衫的官吏，身旁有侍从三人，还有两位侍从正在督查工作。

2. 北宋王希孟《千里江山图》中的水磨坊

北宋王希孟所作《千里江山图》，纵51.5厘米，横1191.5厘米，可谓巨制鸿幅，现藏北京故宫博物院。

该画卷中，山峦层叠起伏，江面开阔，水波荡漾。两岸树木无数，种类丰富，各呈姿态，或聚而成林，郁郁葱葱；或扎根山峦河畔，高低不一。江畔村落宫观、民居屋舍、水榭亭阁，因地制宜，风格各异。江中巨舸轻舟，川流不息；长短桥梁，飞架江面溪流。整幅作品，层次井然，界画精准，是难得的具有写实风格的画作。

该画卷中绘有一座水磨坊，建于峡谷溪流上。磨坊下方，水流冲击着巨大的立式水轮，与立式水轮同轴的右方有一小立轮，小立轮拨动其右方立轴中间安装的卧轮，进而带动磨坊内的磨盘转动。磨坊内巨大的粮斗由两条呈倒锥形的墨线表示，未看到悬绳，可据此判断立轴驱动的是上磨盘。这种立轮与小轮同轴的水磨在今甘肃临洮等地区仍在使用。

《千里江山图》中的水磨坊

《山溪水磨图》（[元] 佚名）

3. 元代佚名《山溪水磨图》

元代佚名所作《山溪水磨图》，又称《民物熙乐图轴》，绢本设色，纵153.5厘米，横94.3厘米，现藏辽宁省博物馆。

该图与《闸口盘车图》类似，主要描绘水磨坊的结构与工作场景。

该图中，水磨坊建于峡谷溪流上，包括堂屋及其两端的望亭各一座。堂屋下方，位于中心的水磨，辐板与辋板均较为清晰，立轴中部有一卧轮；上层磨坊内，磨盘与粮斗悬挂在两边分别由两根撑木支起的横梁上，一位操作者正站在右侧的台架上向粮斗内倾倒粮食。

《山溪水磨图》局部

會安橋

11
书 法

雨雪风涛、江河湖泊不仅可提供视觉盛宴，且是人类亲近自然、回归自然、追求与自然和谐相处的精神境界与宇宙观念的载体。因而，历代文人墨客以各种方式进行歌咏，包括书法。

11.1　王羲之行书《快雪时晴帖》

《快雪时晴帖》是东晋书法家王羲之所书信札，以行书写成，纸本墨迹，纵23厘米，横14.8厘米。该帖真迹已失传，现存为唐代双钩填廓法临本，距今已1300多年，现藏台北故宫博物院。

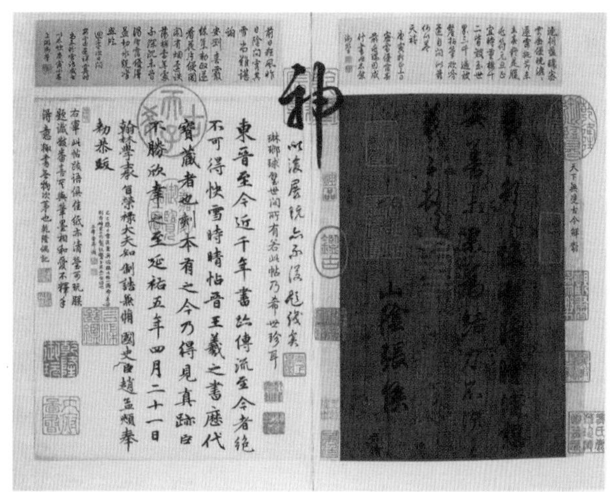

《快雪时晴帖》（[东晋]王羲之）

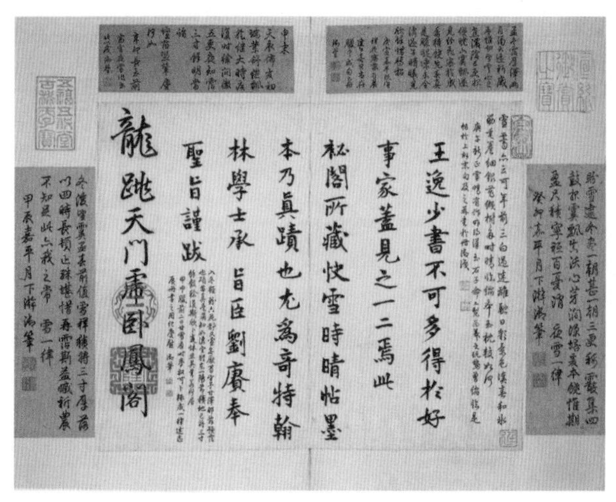

《快雪时晴帖》乾隆题字

《快雪时晴帖》是王羲之在大雪初晴之际写给友人“山阴张侯”的一封短札：“羲之顿首。快雪时晴，佳。想安善，未果为结，力不次。王羲之顿首。山阴张侯。”大意是：“羲之拜上：刚下阵雪，忽又转晴，真好啊。想必你也安好！那件事仍没结果，力有不逮，还是不详细说了吧。王羲之拜上。山阴张侯启。”王羲之这一向友人表达问候之意的短札，今天读来，其在大雪初晴时的愉悦心境仍可感怀。

《快雪时晴帖》乾隆题字

该帖以“羲之顿首”行草开头，以“山阴张侯”行楷结尾，神韵卓绝，潇洒俊秀，令人百看不厌。用笔以圆笔藏锋为主，起笔与收笔匀整安稳，或轻或重，或快或慢，提按得当，从容不迫，神态自如，骨力中藏，在优美姿态中流露出质朴内敛的意韵。对此，明代鉴藏家詹景凤深为感叹：“圆劲古雅，意致优闲逸裕，味之深不可测”。

该帖被历代收藏家视为稀世瑰宝，赵孟頫、刘赓、护都沓儿、刘承禧、王稚登、文震亨、吴廷、梁诗正等人在跋语中都表示出惊羡和赞叹之意。清乾隆帝更是倍加珍爱，在帖前写下“天下无双，古今鲜对”八个小字、“神乎技矣”四个大字，又以“龙跳天门，虎卧凤阁”喻其美。乾隆十一年（1746年），他将该帖与同为晋代书法家的王献之的《中秋帖》、王珣的《伯远帖》合称“三希”，珍藏在“三希堂”中。

11.2 颜真卿行书《湖州帖》

《湖州帖》又名《江外帖》，据传为唐代书法家颜真卿所书信札。行书墨迹，8行48字。现存宋临摹本和宋刻宋拓《忠义堂》本，均藏于北京故宫博物院。

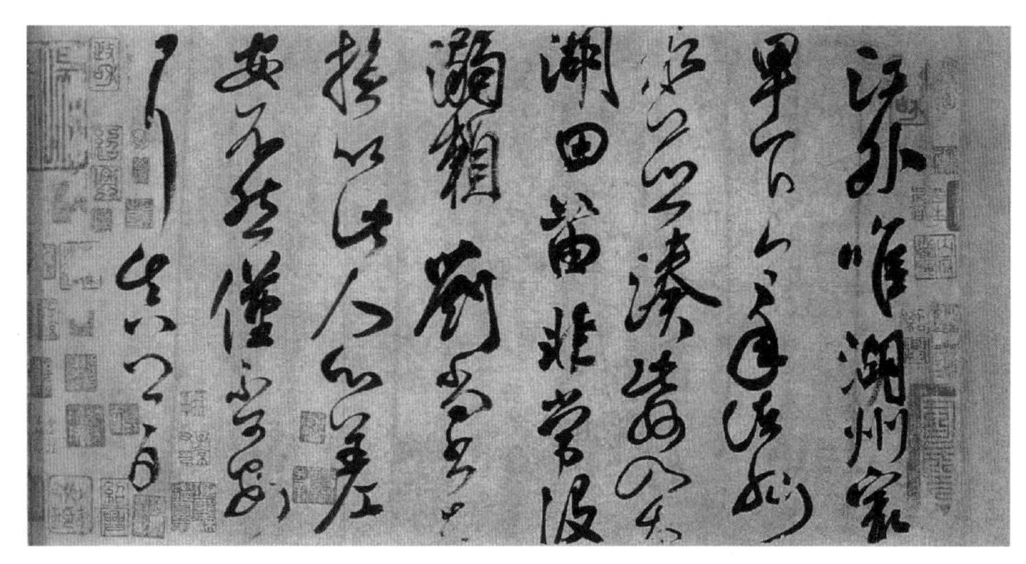

《湖州帖》（[唐]颜真卿）

《湖州帖》讲述的是湖州地区一次水灾的情形与赈灾事宜。原文："江外唯湖州最卑下，今年诸州水并凑此州入太湖，田苗非常没溺，赖刘尚书□损，以此人心差安。不然，仅不可安耳。真卿白。"帖上钤"政和""绍兴""秋壑图书""欧阳玄""项元汴印""梁清标印""仪周鉴赏""内府书印""端本"等印。

该帖中没有书写年月，但谈到湖州地区遭遇水灾后，经过刘尚书的安抚，人心稍安。据此推知，该帖写于唐大历七年至十二年（772—777年）颜真卿担任湖州刺史之时。帖中所称"刘尚书"当为大历四年（769年）迁为礼部尚书，后兼东都、河南、江淮、山南等道转运使的刘晏。该贴书法圆转连绵、丰丽超动，墨色华润，颜真卿当时的心境跃然纸上，不失为传世佳作。

11.3 文彦博行书《护葬帖》《定将帖》《汴河帖》

《护葬帖》《定将帖》《汴河帖》为唐代书法家文彦博所书，纸本，行草书，纵43.6厘米，横223厘米，现藏北京故宫博物院。

《定将帖》中仅有一句话："预差定将来监开浚漕河官"。专家据此考证认为，该帖写于宋熙宁八年（1075年）开浚旧沙河以引黄河水入御河（今南运河）后不久。时文彦博为司空、河东节度使、判河阳，移判大名府，多次上疏建言开浚运河。

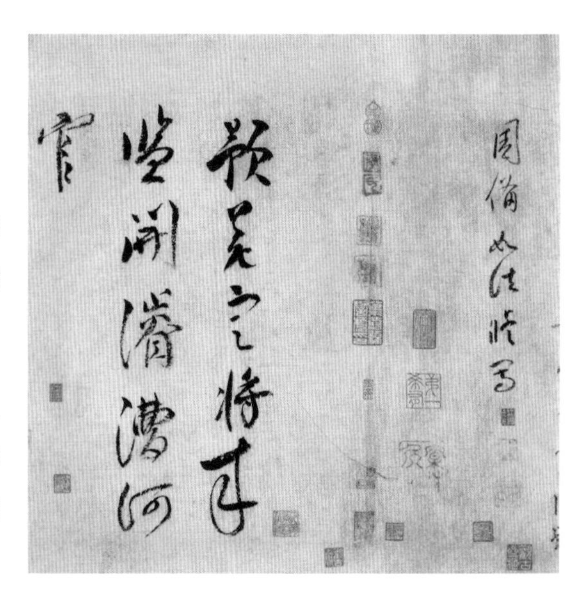

《定将帖》（[宋]文彦博）

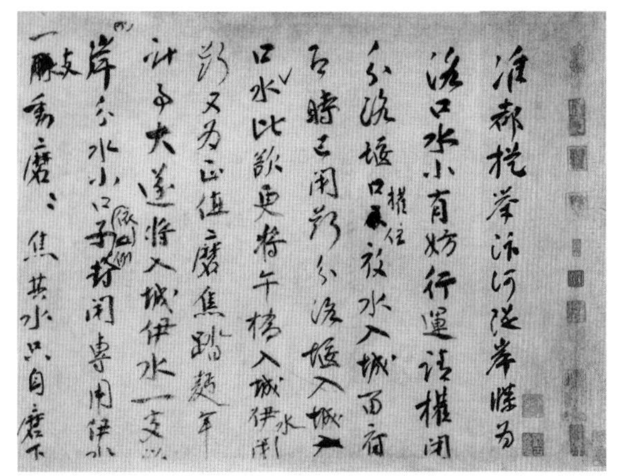

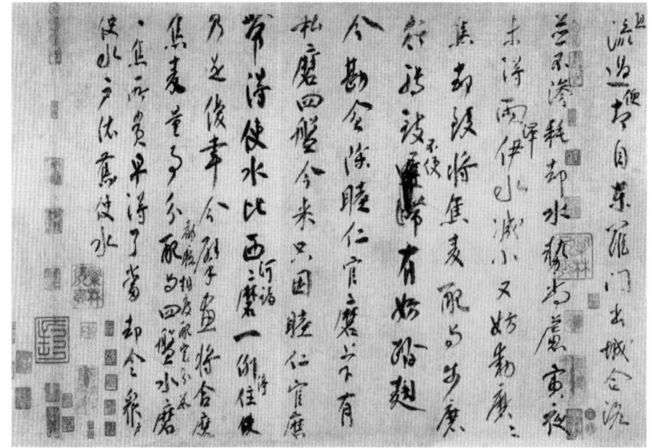

《汴河帖》（[宋]文彦博）

《汴河帖》中主要谈到汴河水浅，不利船行，拟在充分考虑官司水磨用水的情况下，堵闭其他分洛和分伊的口门。原文：“准都提举汴河堤岸牒。为洛口水小，有妨行运，请权闭分洛堰口，权住放水入城。留府即时已闭断分洛堰入城水口，比欲更将午桥入城伊水闭断，又为正值磨焦踏麴，年计事大，遂将入城伊水一支以沿岸分水小口子依例封闭，专用伊水一支动磨磨焦。其水只自磨下且流过，便却自东罗门出城合洛，并不渗耗却水势。尚虑寅夜未得雨泽，伊水减小，又妨动磨磨焦，却改将焦麦配与步磨行，转致不便，有妨踏麴。今勘会除睦仁官磨，上下有私磨四盘。今来只因睦仁官磨带得使水，比西河诸磨一例停住，乃是优幸。今擘画将合磨焦麦量事分配与四盘水磨，都厅相度配定分数。磨焦所贵，早得了当，却令众户使水户依旧使水。”

据专家考证，该帖写于宋元丰五年（1082年）六月。这一年，始于元丰二年（1079年）的导洛通汴工程终于竣工，但遇到一个严重问题，即洛水水量不足，难以满足汴河的通航需求，该帖所写内容即针对这一事件而言。宋代主要依靠汴河将江南漕粮运至首都汴梁（今河南开封），年均运输量为五六百万石，最高时达850万石。由于汴渠引黄河水为源，泥沙淤积十分严重，每年疏浚修护，不仅劳费不已，而且极大地影响了漕粮的运输。于是在元丰年间有人提出导洛方案，试图用洛水清流取代黄河浊流，史称“清汴工程”。

11.4　苏轼行书《颍州祈雨帖》

《颍州祈雨帖》又称《祷雨帖》《颍州祷雨纪事》《龙公神帖》，为北宋著名文学家苏轼所书诗文。纸本，行书，纵29厘米，横120厘米，29行239字，今不知藏所。

《颍州祈雨帖》（[宋]苏轼）

该帖主要记述了苏轼任颍州太守时，曾遭遇颍州大旱，遣其次子苏迨与友人陈履常一起，亲往迎迓张龙公神，并以诗文祈雨之事：“元祐六年十月，颍州久旱，闻颍上有张龙公神，极灵异，乃斋戒，遣男迨与州学教授陈履常往祷之。迨亦颇信敬，沐浴斋居而往。明日，当以龙骨至，天色少变，庶几得雨雪乎？二十六日，轼书。二十八日，与景贶、履常同访二欧阳，作诗云：‘后夜龙作雨，天明雪填渠。梦回闻剥啄，谁呼赵陈予？’景贶拊掌曰：‘句法甚新，前此未有此法。’季默曰：‘有之。长官请客吏请客，目曰主簿少府我。即此法也。’相与笑语，至三更归。时星斗灿然，就枕未几，雨已鸣檐矣。至朔旦日，雪作。五人者，复会于郡斋。既叹仰龙公之威德，复嘉诗语之不谬。季默欲书之，以为异日一笑。是日，景贶出迨诗云：‘吾侪归卧髀肉裂，会有携壶劳行役。’仆笑曰：‘是儿也，好勇过我。’

宋元祐六年（1091年），苏轼受到贾易等人的攻击，以龙图阁学士的身份任职颍州太守。闰八月二十二日到达颍州，自此开始为期八个月的颍州太守任期。在此期间，他兴建水利，疏浚颍州西湖，并广植花树菱荷，修建亭台水榭，使其成为可与杭州西湖媲美的景观；又恰逢颍州夏季水灾、秋季旱灾，于是祈雨赈灾，关心民众疾苦，颇有政绩。该帖所记内容就是他在颍州久旱时的祈雨之举。40余年后，苏轼在《聚星堂雪》中回忆道：“十一月一日，祷雨张龙公，得小雪。与客会饮聚星堂，忽忆欧阳文忠作守时，雪中约客赋诗，禁体物语，于艰难中特出奇丽，迩来四十余年，莫有继者。”

11.5　米芾《吴江舟中诗卷》

《吴江舟中诗卷》为宋代著名书法家米芾所书。全卷横559.8厘米，纵31.3厘米，现藏于美国梅多鲍利坦美术馆。

《吴江舟中诗卷》局部（[宋]米芾）

诗卷卷首有“石渠宝笈”“晋府书画之印”“清河”“宝笈三编”“顾洛阜”白文、“汉光阁”朱文，以及“嘉庆御览之宝”“晋府书画之印”等印鉴。卷后有“三希堂精鉴玺”“宜子孙”“宣统鉴赏”“无逸斋精鉴玺”章。

《吴江舟中诗》原为朱邦彦所写五言古诗。原文："昨风起西北，万艘皆乘便。今风转而东，我舟十五纤。力乏更雇夫，百金尚嫌贱。舡工怒鬭语，夫坐视而怨。添梓亦复车，黄胶生口咽。河泥若祐夫，粘底更不转。添金工不怒，意满怨亦散。一曳如风车，叫啖如临战。傍观鬻窦湖，渺渺无涯岸。一滴不可汲，况彼西江远。万事须乘时、汝来一何晚。"

吴江古称松江，宋称吴淞江。宋元丰（1078—1085年）以前，吴江江道深广，为苏州地区海上交通的重要航道。庆历年间（1041—1048年）建吴江石桥以为运河牵路，遂使江流受阻，下泄不畅，加以中游河段弯曲多弯，水流迂滞，常易漫溢成灾。该诗形象地描述了当时吴江江上逆风行舟的艰难，需雇募众多纤夫牵挽。因为太过吃力，付给纤夫百金仍嫌价低，直到增加工钱，他们方才"一曳如风车"，但其"叫嗷如临战"的景象仍给人留下深刻的印象。

该帖为米芾晚年力作，既有中年书风的痛快淋漓，又有晚年老道的清古从容，枯笔疏行，欹侧随意。

11.6　赵孟頫《趵突泉诗卷》

《趵突泉诗卷》为元代赵孟頫所书。纸本，行书，纵33.1厘米，横83.3厘米，现藏台北故宫博物院。

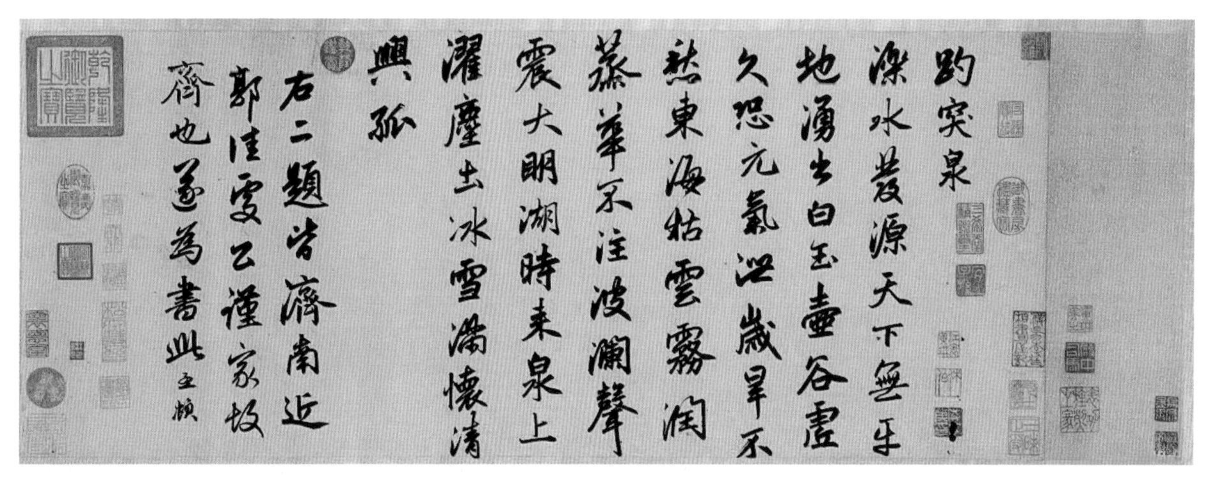

《趵突泉诗卷》（[元]赵孟頫）

该贴约书于元元贞元年（1295年）十二月，为周密作《鹊华秋色》之际，至迟不晚于大德八年（1304年）周密去世前。该帖润秀圆转，正是赵孟頫书风的特色，也是现存赵孟頫所书墨迹楷书中的罕见大字。案卷中有"右二题"，今仅存其一，可见卷前已有遗失。

《趵突泉诗卷》原文："趵突泉泺水发源天下无，平地涌出白玉壶。谷虚久恐元气泄，岁旱不愁东海枯。云雾润蒸华不注，波澜声震大明湖。时来泉上濯尘土，冰雪满怀清兴孤。右二题皆济南近郭佳处，公瑾家故齐也，遂为书此。孟頫。"

趵突泉位于山东省济南市旧城西门外，名列济南众泉之首。泉水分三股，昼夜喷涌，盛时高达数尺。所谓"趵突"，即跳跃奔突之意，反映了趵突泉三窟迸发、喷涌不息的特点。赵孟頫在济南任职时，常游憩于此，因留下该诗卷。

11.7 乾隆《潇湘卧游图》题首题跋

《潇湘卧游图》为南宋李公麟所绘禅画。纸本墨笔，纵30.3厘米，横400.4厘米，现藏日本东京国立博物院。

《潇湘卧游图》现存题跋主要包括南宋葛郯、张贵谟、章深、葛郛、彦章父、张泉甫、葛邲、筠斋和理窟等9人所题；明代董其昌、清代高士奇、近代日本人内藤虎次郎和吴汝纶各1条。其中最为著名的题跋者为清乾隆帝。该图中不仅包括乾隆帝的御题卷头大字“气吞云梦”，还包括题签、两次画心题跋、一次画后配图及题跋。

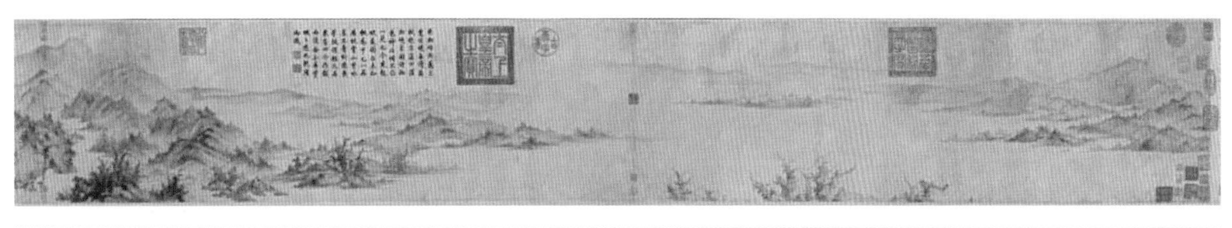

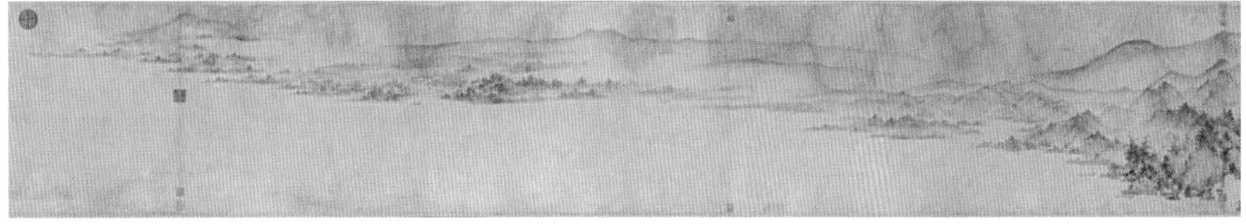

《潇湘卧游图》([南宋]李公麟 绘)

清乾隆帝在画心后方第一次题跋和第三次题跋并配《雨竹图》

清乾隆在卷首题“气吞云梦”大字

清乾隆在画心前半段上方第二次题跋

乾隆帝题签：“李公麟《潇湘卧游图》，内府鉴定珍藏，上上神品。”钤“御赏”朱文长方印、“神”“品”朱文连珠印、“乾隆宸翰”朱文印、“钦文之玺”朱文圆印画心后方题。

画心后方题：“设不观图画，空传潇与湘。两虹奔峡合，一练饮天长。董记原堪验，苏诗那可忘。轩皇张乐处，堪以眄苍茫。仿佛松岩畔，虬枝尚怒蟠。写真伊应独，和韵我良难。川暝渔村静，岚收亥市攒。禅和总饶舌，何似不言看。巴陵复树色，夕照与天齐。远派来三蜀，归帆下五溪。卧游方汗漫，神解谢筌蹄。聚散千秋事，浮云湘水西。乾隆丙寅夏五，御题，用苏东坡题宋复古画《潇湘晚景图》韵。”钤“机暇怡情”“得佳趣”白文印、“乾隆辰翰”朱文印。

画心前半段上方题：“潇湘烟雨为三楚佳境，每读苏轼《题宋复古潇湘晚景图诗》，辄为神往，惜不得一见也。今见龙眠是图，正未知孰为甲乙，一再展玩，云山埜水，真不啻卧游矣。董跋谓顾氏名卷有四，今乃散而复合，不异丰城之遇也。乾隆御识。”钤“乾隆辰翰”朱文玺、“机暇临池”白文玺。

配《雨竹图》于卷后并三题：“闲窗对雨，展伯时是卷，欣然有会。因写雨竹数枝于卷尾。时丙寅六月朔日也，清晖阁御识。”钤“会心不远”白文印、“德充符”朱文印、“笔端造化”白文印。

乾隆帝在题首的大字“气吞云梦”可能源自唐代诗人孟浩然《望洞庭赠张丞相》中的“气蒸云梦泽，波撼岳阳城”诗句。云梦泽在先秦时原为长江北岸荆江三角洲和江汉平原间的大型湖沼，南与长江、北与汉水相通，范围约900里，不包括今洞庭湖区。后由于新构造运动和荆江分流分沙南移等原因，云梦泽不断萎缩，至唐宋时期云梦泽主体淤成平陆，仅余马骨湖，周长15里。宋代，为开垦和管理新成陆区，在监利县东北设立玉沙县。与此同时，长江以南的洞庭湖逐渐形成。乾隆帝在卷首用一个“吞”字，淋漓尽致地描绘出洞庭湖浩渺无际、水汽蒸腾的壮丽景象和磅礴气势，以及云梦泽消失而洞庭湖生成的沧海桑田般的地貌变化。

随着洞庭湖的逐渐形成，自北宋始，其所在地的“潇湘八景”逐渐成为“三楚佳境”和禅画的重要主题。乾隆在三首题跋中形象地表达了自己对潇湘八景神往已久却不得一见，遂借助“一再展玩”画卷以纾解胸臆的心境。

11.8 李嵩《钱塘观潮图》题诗

《钱塘观潮图》为南宋著名画家李嵩所作。绢本设色，纵25.5厘米，横70.4厘米，现藏北京故宫博物院。

图中所绘为钱塘江涌潮及江边景象。钱塘江近岸屋舍鳞次栉比，对岸云山绵延不绝，江中一线大潮徐徐而来，几艘舟船在潮后安然而行。轻勾淡染，朦朦胧胧。线条纤细，用笔草草，不拘一格。该图画法与李嵩《夜月看潮图》风格不同，且无作者款印，故有学者疑非李嵩所作。

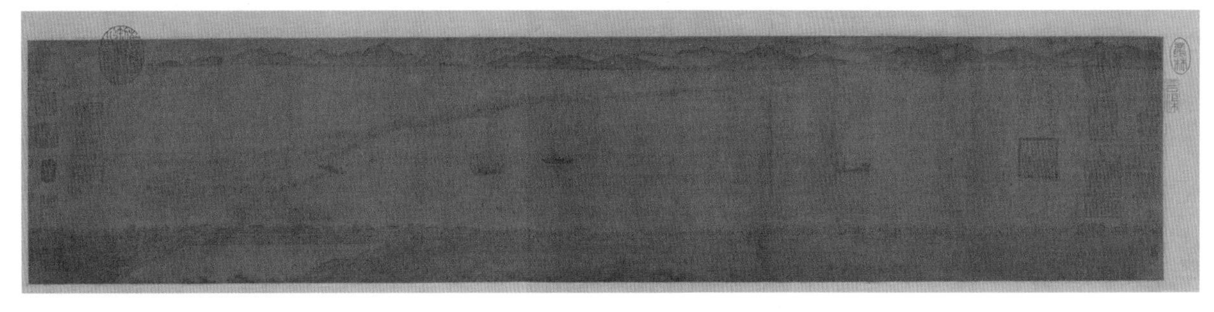

《钱塘观潮图》（[南宋]李嵩）

该图后幅有明人张近仁、杨基两家题诗，前引首、隔水、裱边上有清乾隆帝所题有关钱塘江潮的诗四首。前后分别钤有“项元汴印”“明安国玩”“梁清标印”及乾隆、嘉庆、宣统内府收藏印玺多方。

钱塘江口地形呈喇叭口状，河口段有底部隆起的沙坎，进入钱塘江的海潮至此过水断面急剧收缩，易产生巨大的潮位差，形成钱塘江涌潮。这种涌潮来势凶猛，尤其是当月朔望大潮，潮波可高达3米，潮速约每小时20公里，台风季节潮头则可高达8米以上，极为壮观。因此，至迟自汉魏时期开始，钱塘江观潮已成为当地习俗。在成为壮观景致的同时，钱塘江涌潮常使滨江地区遭受严重的潮灾，其中潮势最为强劲的是浙江海宁。这种背景下，清乾隆帝曾六次南巡，每次都到杭州观潮，自第三次南巡开始到海宁巡视，并指示海塘修筑情况，由此留下大量有关钱塘江潮和海塘的诗文。

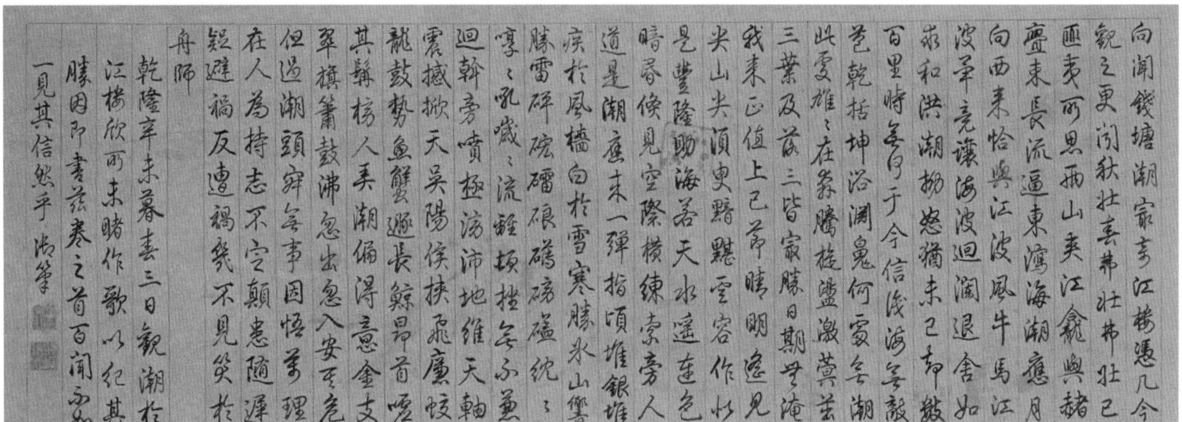

清乾隆题诗《钱塘江潮歌》

《钱塘江潮歌》作于清乾隆十六年（1751年）第一次南巡期间，乾隆帝于在杭州观看钱塘江涌潮后颇为震撼，因感叹道：“向闻钱塘潮最奇，江楼凭几今观之。更闻秋壮春弗壮，弗壮已匪夷所思。两山夹江龛与赭，亹束长流逼东泻。海潮应月向西来，恰与江波风牛马。江波毕竟让海波，回澜退舍如求和。洪涛拗怒犹未已，却数百里时无何。于今信识海无敌，苞乾括坤浴渊魄。何处无潮此处雄，雄在奔腾旋荡激。蓂茁三叶及落三，皆最胜日期无淹。我来正值上巳节，晴明遥见尖山尖。须臾黯黮云容作，似是丰隆助海若。天水遥连色暗昏，倏见空际横练索。旁人道是潮应来，一弹指顷堆银堆。疾于风樯白于雪，寒胜冰山响胜雷。砰磅礌硠礴镑磕，沆沆哼哼吼哕哕。流离顿挫无不兼，回斡旁喷极滂沛。地维天轴震撼掀，天吴阳侯挟飞廉。蛟龙鼓势鱼蟹遁，长鲸昂首嘘其髯。榜人弄潮偏得意，金支翠旗箫鼓沸。忽出忽入安其危，但过潮头寂无事。因悟万理在人为，持志不定颠患随。迟疑避祸反遭祸，多应见笑于舟师。乾隆辛未暮春三日观潮于江楼，欣所未睹，作歌以纪其胜，因即书兹卷之首。百闻不如一见，其信然乎？御笔。”

《观潮四绝句》作于清乾隆三十年（1765年）第四次南巡期间，为乾隆帝登临今海宁盐官镇镇海塔观潮后有感而发：“镇海塔傍白石台，观潮那可负斯来。塔山涛信须臾至，罗刹江流为倒回。橐钥堪舆呼吸随，混茫太古合如斯。伍胥文种诚司是，之二人前更属谁。候来底藉鸣鸡伺，朔望六时定不差。斫阵万军驰快马，飞空无辙转雷车。当前也觉有奇讶，闹后本来无事仍。我甫广陵辨方域，漫重七发述枚乘。乙酉暮春观潮四绝句，仍书卷中。御笔。”

《观潮四首叠乙酉韵》作于清乾隆四十五年（1780年）第五次南巡期间：“穹塔依然峙迥台，十馀年别此重来。海潮欲问似神者，几度东西兹往回。雷鼓云车声应随，自宜神物式凭斯。设非之二人司是，如是雄威更合谁。石塘上略肩舆驻，报道未时潮不差。枚客赋成拟阁笔，周郎宿寄唤推车。流光瞥眼诚云速，潮信兹来试揽仍。审至奇中至静在，一时得句兴堪乘。庚子春三月观潮四首叠乙酉韵。御笔。”

清乾隆题诗《观潮四首》与《观潮四绝句》

除乾隆帝题诗外，还有元代著名画家和书法家杨基和张仁近的题诗。

杨基《钱塘观潮图》原文：“君不见十五湖上月，十八江上潮，君王连日醉，伐鼓更吹箫。箫声忽如天上落，大内临江起飞阁，绣户朱楹十二阑，嫔娥岁岁观潮乐。潮水信可定，日夕来朝宗，人心独不如，而不思两宫。两宫未雪耻，屡下班师旨，白马素车神，何不令天吴，磔食大奸髓；奸髓不可食，国耻不可涤。嗟尔江上潮，虽雄亦可益；潮无益于人，看潮徒损神。横将铁骑来，三日飞埃尘，历数固有归，尔潮胡不仁，致令鸾凤雏，戚戚悲残春。春光浩无主，花落随暮雨，回首几秋风，旌旗又如许。又如行，君勿悲，古来在德不在险，一杯之潮安足奇。”

张仁近题诗原文：“神鳍怒决沧溟水，浪沸波腾亘天起。巨灵擘山山为开，玉龙卷雪从东来。腥风撼地坤舆剖，长江万鼓雷霆吼。雄威欲吞吴越军，强弩三千皆缩手。金堤既成事已非，钱塘江上开皇畿；雕阑玉槛照东海，贪看秋潮忘黍离。中原不复民易主，百万貔貅宿沙渚；倚楼望潮潮不来，六帝同归一邱土。人间废兴何代无，谁能耽乐思艰虞；良工不解写无逸，丹青却作观潮图。”

《钱塘观潮图》题诗（[元]杨基）

11.9 文徵明楷书《赤壁赋》

《赤壁赋》和《后赤壁赋》为明代书法家文徵明所书。纸本，小楷书。其中，《赤壁赋》纵24.9厘米，横18.8厘米；《后赤壁赋》纵24.9厘米，横18.7厘米，现藏北京故宫博物院。

《赤壁赋》款署：“连日暑毒，慵近笔砚，嘉靖庚寅六月六日甲子，徵明识。”印“徵”“明”连珠朱文。《后赤壁赋》款署：“前赋余庚寅岁书，拒今甲寅二十有五年矣……是岁二月十日徵明

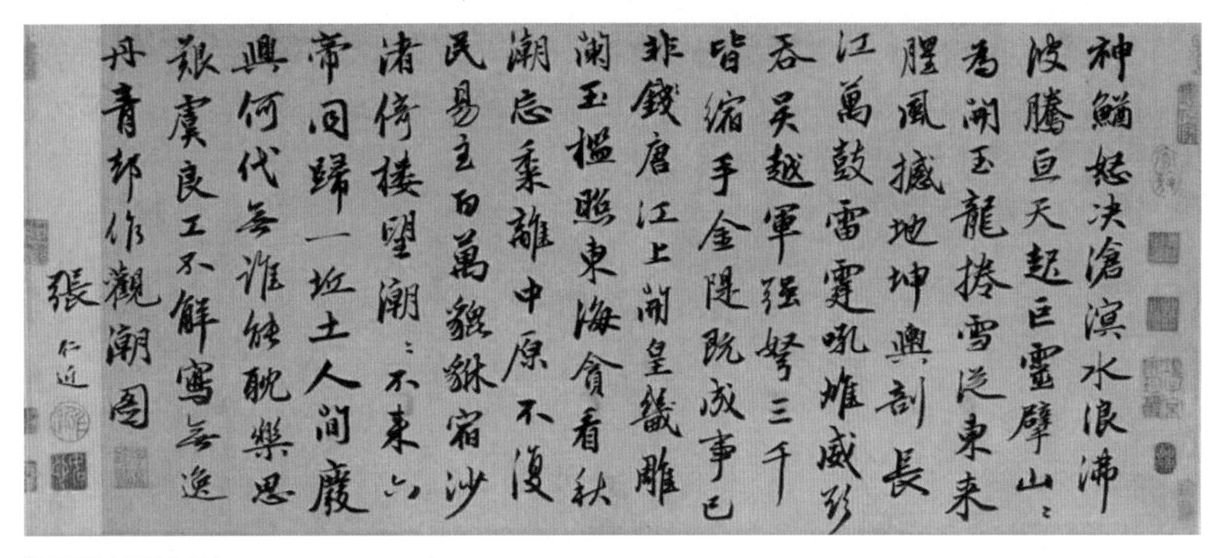

《观潮图》（[元]张仁近）

记，时年八十有六”。印“徵明”“停云”均白文。鉴藏印有“香生眼福”朱文、“张吉熊”白文、“定父”朱文、“曰”朱文、“藻”朱文等九方。

《赤壁赋》与《后赤壁赋》是中国古典文学名篇，也是古今书法家喜爱的题材。文徵明楷书二赋的时间前后相距25年，但其书法均清劲苍润，一笔不苟，既体现了其艺术功力，又可见其笔法之变化。前页小楷遒劲秀拔，后页瘦劲苍老，却无衰败之气。文氏书法以深厚功力见称，史载其90岁尚能书蝇头小楷。此书取法《黄庭经》《乐毅论》，方整中有温纯精绝之古意，是文氏小楷书的代表。

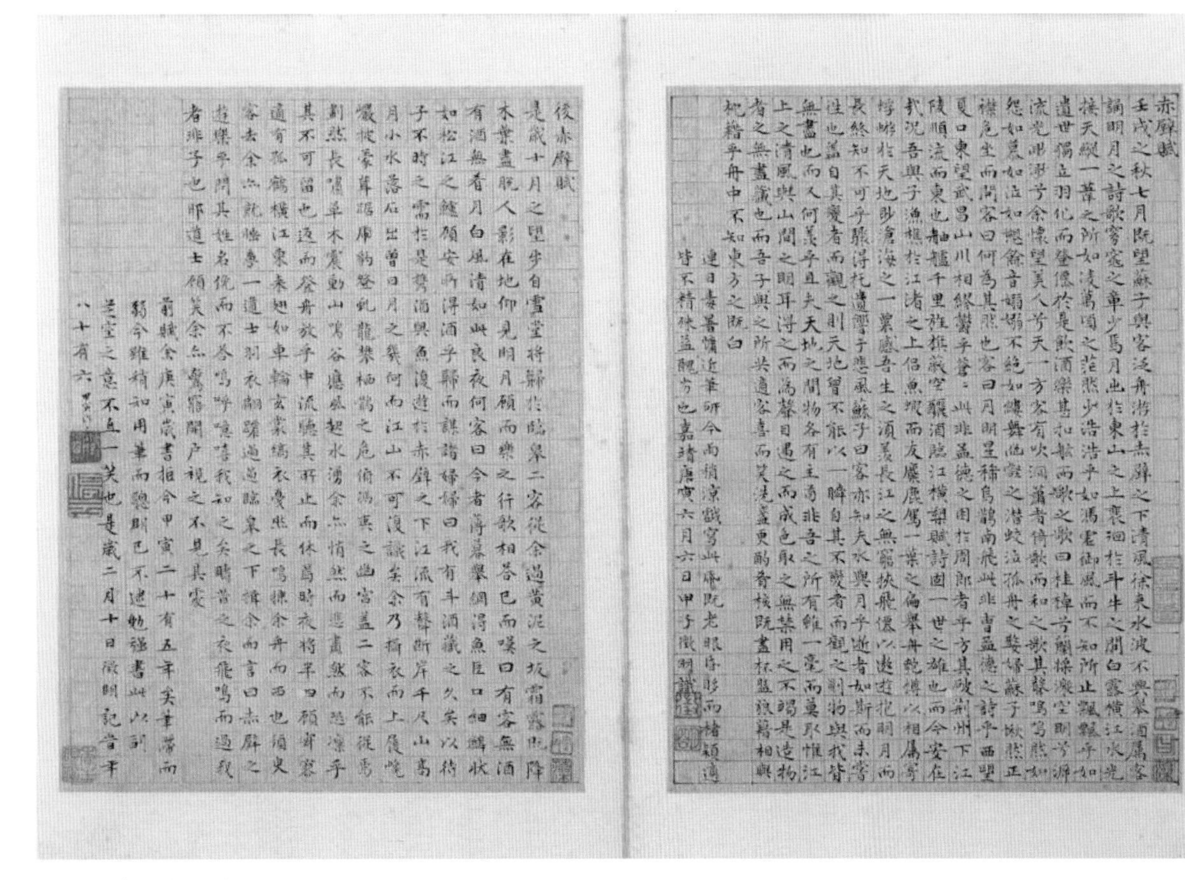

赤壁赋页（[明]文徵明）

會安橋

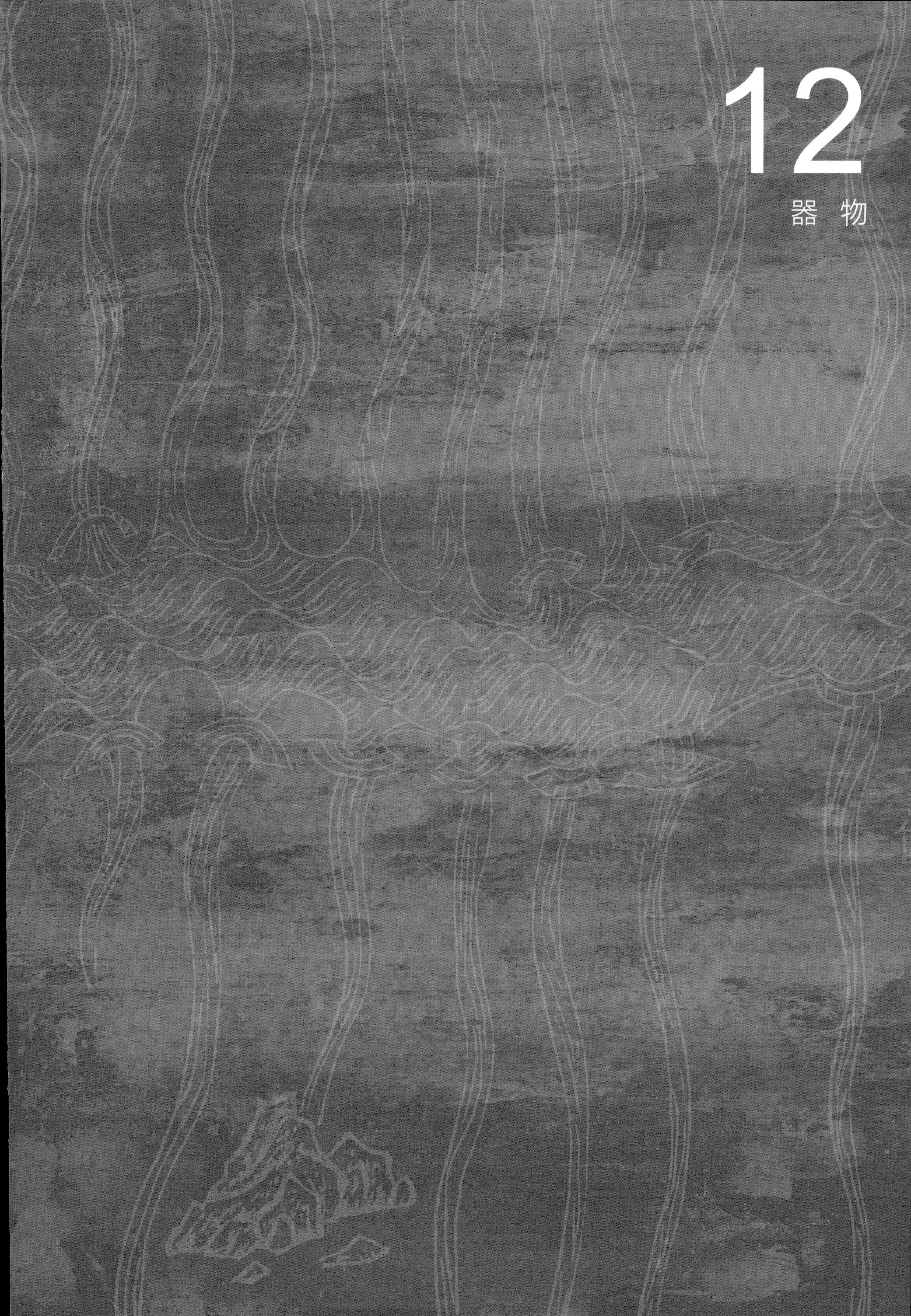

12
器物

古人很早便以图案的方式记录自然现象，表达其对自然的认知与审美。作为最常见的自然现象之一，水以及能够带来水的自然现象，如云、雷等，能够引云布雨的神祇，如龙等，以各种形态见诸历代各朝的生产、生活用具和各种工艺品上，尤其是在作为中国传统文化标志的陶瓷及富有中国特色的玉器、礼器、家具、服饰等器物和工艺品中。在这些器物的创作发展历程中，人类从自然现象中不断吸取美学的营养，并赋予器物以生命。

12.1 器物上的云水雷纹

水是最为常见的自然资源之一，在以农耕为主的中国古代社会，水是决定农业收成好坏的重要因素之一。在漫长的生活、生产实践中，古人对于水的这一重要性已有充分认识；同时，他们通过观察，逐渐认识到雨与形态各异的云之间存在一定联系，如总结出“天上钩钩云，地下雨淋淋”“山戴帽，大雨到”等经验，还逐渐认识到雨往往伴随雷电而来。因而，他们很早便从水和云、雷等自然现象中提取设计元素，作为纹样，装饰在陶器、瓷器、玉器、漆器等器物和工艺品上。数千年来，装饰于器物上的水、云、雷的纹样不断演进变化，形式日益绚丽多姿。其中，表现水流形态的，常称水波纹、波浪纹或波状纹等；表现旋涡形态的，常称旋纹、涡纹或旋涡纹等；表现海水波涛的，则常称海水纹或海涛纹等；表现云、雷形态的，常以连续的“回”字形线条构成，多称云纹、雷纹或云雷纹。这些纹样形式不仅承载着不同时期人们对自然现象的认知水平，还蕴含着不同时期人们的审美情趣和境界。

早在新石器时代，水、云和雷的纹样已经出现。在新石器早期的马家窑文化遗址出土的彩陶中，已装饰有水波纹、旋涡纹、云雷纹等纹样。如甘肃省出土的彩陶旋涡纹双耳罐，在其肩部和上腹部，以宽肥的黑彩条带和细窄的锯齿状条带构成旋涡纹，利用弧线的起伏旋转表现河水奔涌向前的韵律感。这些器物上的纹样用笔灵动流畅，描线娴熟奔放，具有强烈的节奏感与装饰性，有力地展现了古人对山川河流和风雨雷电的初步认识与审美情趣。至新石器时代中晚期，水纹已广泛应用。

至商代，青铜器上大量装饰有云雷纹、涡旋纹和水波纹等，多用于衬托主纹，因此又称底纹或“地纹”。

黑陶刻纹多角沿釜（现藏浙江省博物馆）

该釜出土于浙江余姚河姆渡遗址，年代约为公元前5000—前3300年。口外沿出尖18个，每尖均刻划树叶纹，肩部刻水波和水珠相间的纹饰。

彩陶旋涡纹四系罐（现藏中国国家博物馆）

该罐出土于甘肃永靖县，属于马家窑文化类型。肩部饰漩涡纹，腹上部饰水波纹。该罐上的漩涡纹是马家窑文化彩陶上的杰作，有多条圆弧线向圆心集中，呈多个同心圆，形似水中的漩涡。

彩陶漩涡纹双耳罐（现藏甘肃博物馆）

该罐出土于甘肃兰州，是马家窑文化半山类型彩陶的精品。腹部汇有连续的漩涡纹，主要用红黑两色相间的锯齿纹构成。

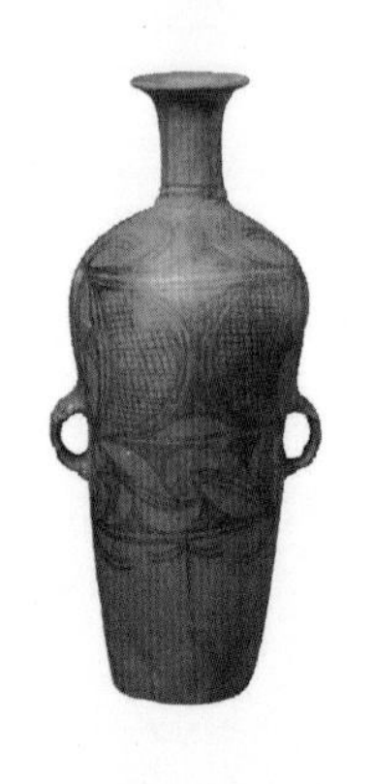

彩陶网纹双耳瓶（现藏甘肃礼县博物馆）

该瓶出土于甘肃礼县，属于马家窑文化石岭下文化类型。肩部为波浪纹，上腹部饰相对的半圆形网纹，其下汇有水涡纹。

彩陶漩纹尖底瓶（现藏甘肃省博物馆）
尖底瓶是新石器时代常见的一种汲水、盛水的容器。马家窑文化的尖底瓶一般为小口、尖底、深腹，腹侧有两耳，可系绳。汲水时，由于重心靠上，瓶口自然向下，待水将装满时，重心下移，瓶身自动倒转，口部向上。该瓶使用方便，体现了仰韶人的智慧。

彩陶涡纹高足壶（现藏河南省博物馆）
该壶出土于河南省淅川县，属于屈家岭文化。颈部和肩部绘有涡纹。

雷纹扁足鼎（现藏河南省文物考古研究所）
该鼎出土于河南省郑州市，属商代早期。上腹部饰云雷纹带，上下框为连珠纹，足部满饰夔纹。该鼎以云雷纹为主，在商代二里岗期的青铜器中较为流行，具有代表性意义。

商代晚期的小臣缶方鼎（现藏北京故宫博物院）
该鼎口沿下饰夔纹，以云雷纹为底纹，腹部饰大兽面纹和夔纹。器内壁铸铭文22字，记载商王赐给下属小臣缶禹地生产的禾稼，以五年为限期。受到赏赐的小臣缶便铸此太子乙家的宗庙祭器记载此事。这在商代晚期的金文中非常少见。

商代晚期的亚方尊（现藏北京故宫博物院）
该尊方形，侈口，肩上四角各饰一象首，象首间夹饰兽头，颈、腹、足均饰八条棱脊。兽面及和夔纹是其主体纹饰，以雷纹为地。

云雷纹是单线或双线往复由中心向外环绕的构图，用柔和的回旋线条组成的称云纹，有方折角的回旋线条称雷纹，可能从漩涡纹发展而来。商代早期已有用连续带状云雷纹作为主纹的青铜器；商代中期，兽面纹的主体有的以大量云雷纹构成。商代晚期和西周早期，在兽面纹、龙纹、鸟纹空隙处常填以云雷纹，且云雷纹低于主纹，起陪衬作用。亚方尊以兽面纹和夔纹作为主体纹饰，以雷纹作地纹；兽面纹兕觥则通体以雷纹为地纹，饰以兽面纹和夔纹。

商代晚期的兽面纹兕觥（现藏北京故宫博物院）
该觥通体以雷纹为底纹，饰兽面纹和夔纹。纹饰华丽，工艺精美，为难得之佳作。

春秋战国之际，在粗犷的兽面纹、龙纹躯体上，常饰有各种云雷纹变形图案。可见，商周时期，云雷纹常作为青铜器的底纹，用以烘托主题纹饰。自战国时期开始，云雷纹逐渐发展成为线条活泼的流云纹。青铜器上的主纹主要包括立体式或浮雕式的饕餮纹和夔纹等，再衬以线刻的云雷纹等底纹，可构成繁密复杂的图案，具有强烈的宗教意识，神秘诡异，气势逼人，从而有力地展现了古人试图借助想象来超越现实的思维方式和奴隶社会强烈的等级权力意识。秦汉时期，水纹、云纹等成为彩绘陶和原始青瓷、玉器上的主要纹饰。东汉三国及西晋时期，青瓷上仍流行水波纹。

自隋代起，水纹开始作为边饰出现于器物上。宋元时期，水波纹、海水纹广为流行。其中，有作为主体纹样的，如宋代吉州窑瓷器上的白地褐彩海水纹；更为普遍的是作为底纹与其他纹样结合而成新纹样，如宋代定窑、耀州窑的落花流水纹、海水鸭纹等，饶有情趣。

西周早期的折觥（现藏周原博物馆）

该器纹饰通体分为三层，以兽面纹、夔纹为主纹，云雷纹为底纹，其间配以象、蛇、鸮、蝉等动物，形态逼真，工艺精致。

战国时期的青釉提梁盉（现藏浙江省博物馆）

该器为酒器，器口沿至肩部均饰有五周漩纹相间的水波纹。

春秋时期的卷云纹玉瑗（现藏河南省文物考古研究所）

该器出土于河南省淅川县徐家岭10号墓，属春秋时期。为礼器，形制相同，大小有别，均有廓，上刻有形式各异的卷云纹，夹杂网纹等纹饰。

吉州窑海水纹炉（现藏江西省博物馆）

该炉出土于江西省新干县，属宋代。白地褐彩，纹饰层次繁密，共分六组，每组各以粗细弦纹相隔。口边饰卷枝纹，腹部绘满海涛波纹，腰箍饰以细莲瓣，腹下部饰“卍”字形锦纹，近足外饰连环回纹和连续的S纹。造型奇特，纹饰纤细，绘画流畅，为吉州窑中的精品。

宋代耀州窑青釉刻海水鸭纹碗（现藏北京故宫博物院）

该碗内壁刻划海水纹，碗心刻划一游鸭，外壁光素无纹。造型优美，纹饰清晰，鸭纹的刻划生动传神，海水纹婉转自然，由此可见耀州窑瓷工们娴熟的技艺，是耀州窑瓷器的代表作。

元明清时期，海水纹、云雷纹大量用于各种器物上，但仍然多为底纹，用来衬托作为主纹的龙纹等。这一时期，以龙纹与海水纹组成的海水龙纹、以龙纹与云纹组成的云龙纹是各类器物上常见的装饰纹之一。龙纹有单龙、多龙乃至九龙，大多遨游腾跃于海天之间。在波涛迭起的海水纹或汹涌翻滚的云纹托衬下，各种造型的龙纹气势夺人，撼人心魄，用以彰显国家的强盛和帝王的威严。另外，还有一种海水江崖纹，俗称“江牙海水”“海水江牙”。

青花海水龙纹八棱带盖梅瓶（现藏河北省文物保护中心）

该器出土于河北省保定市永华南路窖藏，属元代。器身绘青花海水及火焰纹，海水中用留白手法饰游龙四条，肩和颈部饰如意形云纹。该器器型高大，纹饰丰富，白底蓝花与蓝底白花相映成趣。

明宣德年间的景德镇青花海水龙纹扁瓶（现藏北京故宫博物院）
该瓶外口沿下饰卷枝纹，颈绘缠枝莲二朵，身部两面均绘青花海水白龙纹。

明成化年间的景德镇斗彩海水云龙纹盖罐（现藏北京故宫博物院）
该罐身部饰斗彩海水云龙纹，造型隽秀，绘工精细，色彩艳丽，纹饰生动形象，是成化年间斗彩瓷中的佳作。

清康熙年间的景德镇釉里红加彩海水龙纹钵缸（现藏北京故宫博物院）
该器外壁绘釉里红双龙戏珠纹，辅以青花、五彩绘海水山石纹。纹饰生动逼真，气势磅礴，具有极强的艺术感染力。

清雍正年间的景德镇斗彩海屋添筹盘（现藏天津博物馆）
该盘内绘海屋填筹，翻涌的海浪中耸立一殿阁，彩云缭绕，仙鹤飞环，有仙人腾云而来。纹饰祥瑞，造型新颖别致，色彩搭配协调，为雍正斗彩器的佳作。

12.2 器物上的龙纹

龙是中华民族的象征和图腾，中华民族也被称为是龙的传人。远古时期，龙是天神的象征，神通广大，至高无上，是先人顶礼膜拜的神灵。进入农耕文明后，龙逐渐演变为负责行云施雨的神，能带来风调雨顺、农业丰收，因此普遍受到崇拜信仰。至封建社会，龙成为帝王权位的象征，历代各朝的帝王都以“真龙天子”自居。因此，许多器物以龙的造型而制成或饰有龙纹，后来更是成为皇帝专用，以象征真龙天子唯我独尊、至高无上的政治权威。

由于龙在中华民族的特殊地位，它不仅与中华民族的历史和文化紧密相连，而且成为历代器物纹饰的主要创作题材之一，其造型和形象随着时代的发展而不断变化和演绎。这些造型与形象的演变生动地阐释了东汉许慎在《说文解字》中对龙的形象特点的描述，“龙，鳞虫之长，能幽能明，能细能巨，能短能长，春分而登天，秋分而潜渊”；阐释了《管子》中对龙的神性特点的描述：“龙生于水，被五色而游，故神，欲小则化如蚕烛，欲大则藏于天下，欲上则凌于云气，欲下则入于深泉，变化无日”。

1. 史前时期

最早的龙的形象，见于1987年在河南省濮阳市西水坡仰韶文化遗址中出土的蚌壳堆塑龙，距今约6500年。因为其体态大、形象美，被誉为“中华第一龙”。此后，历代各朝，龙以不同的造型、纹饰等出现在各种器物上。

河南濮阳西水坡仰韶文化遗址中出土的蚌壳堆塑龙

最早的玉龙出土于内蒙古翁牛特旗三星他拉村红山文化遗址，距今约5000余年。玉龙的身躯光素无纹，弯曲成“C”形，造型奇特，琢磨精致，为史前玉龙的精品。此后，在内蒙古巴林右旗羊场出土有兽形玉，首尾衔接如环形，因其头部似猪，学术界称之为“玉猪龙”。辽宁喀左县东山嘴红山文化遗址中出土有双龙首玉璜，身躯也呈弧形。总体而言，无论是“C”形的玉龙、环形的玉猪龙还是弧形的双龙首玉璜，其造型都似雨后的彩虹。这与传说中关于双龙起拱即形成雨以及之后形成彩虹的描述相符。因此，《古玉鉴定与辨伪》（常素霞）一文中曾指出：“这一造型的发现，表明了在史前时代，龙就具有了能够致雨的特殊而神奇的功能。”

玉龙（现藏辽宁省博物馆）

该玉出土于内蒙古翁牛特旗三星他拉村遗址，属红山文化。圆雕而为，形似英文字母“C”。龙首短小，龙吻前伸并略上噘，龙嘴紧闭，鼻嘴前端平切，有一对小圆形鼻孔。龙眼突起呈梭形，眼尾细长上翘。龙首及五官琢制精细，颈脊起一长鬣，向后背弯曲上卷。鬣长占龙体三分之一以上，鬣形扁薄，飘逸夸张，极似一匹奔驰的骏马。造型奇特别致，具有飘逸神奇的感觉，是新石器时代玉龙中最为精美者。

玉猪龙（现藏内蒙古巴林右旗博物馆）

该玉出土于内蒙古巴林右旗那斯台遗址，属红山文化。黄绿色，头部较大，身体卷曲如环，首尾相距较近，额头隆起，有两个圆弧形耳，耳下浮雕圆眼，吻部略凸，嘴巴紧闭，尾端较细。颈部对穿一圆孔。

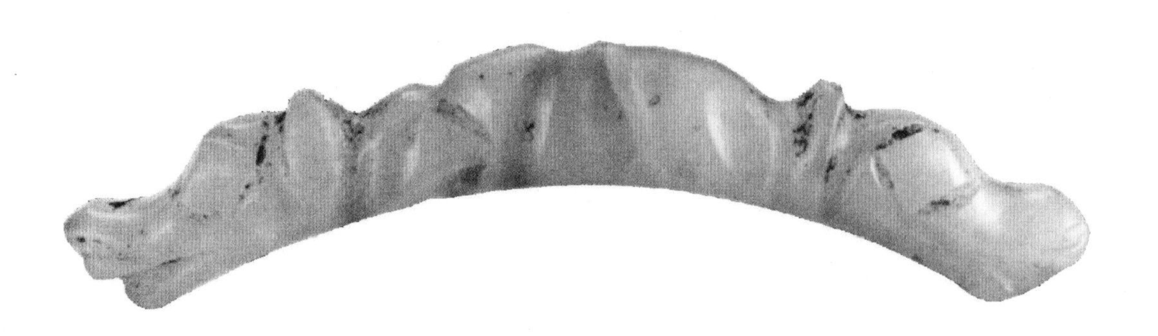

双龙首玉璜（现藏辽宁省文物考古研究所）

该玉璜出土于辽宁省喀左县东山嘴遗址，属红山文化。青白色，微透光。龙体弯弧，横截面呈扁圆状，两端雕琢形制相同的龙首造型。菱形目，长吻上扬，口微启，身体中部正面凹凸起伏，背面光素，中间一洞孔。

2. 商周时期

商周时期，玉器、青铜器和石雕等器物上的装饰均大量采用了类似龙形的纹样。其中玉龙纹较具代表性。

商代玉龙突破红山文化的局限，造型更加形象生动，纹饰更加多样化。其中，玉玦形龙或环形龙较为常见。西周玉龙基本承袭商代的造型而更为生动活泼，构图和线条更为舒展流畅。纹饰与商代则有明显不同，商代的纹饰多为短线条，且刚劲生硬，而西周纹饰则多为长线条或长短相济，转折圆润，线条流畅。另外，西周时期出现了一种独特的龙凤纹组合玉器，且凤在上、龙在下，这与文王兴周时“凤鸣岐山”典故及由此产生的以凤喻文王的传说有关。

3. 春秋战国时期

春秋战国时期，玉成为上层贵族不可或缺的必备之物。据《礼记 · 玉藻》记载，“古之君子必佩玉……君子无故玉不去身，君子于玉比德焉”。因此，这一时期，玉龙制作广为盛行，成组佩玉开始流行，造型、纹饰和琢玉技巧均突破此前的形制规范，并开启曲态动感的先河，中国的“龙”文化和玉文化开始形成有机完美的

龙形玉佩（现藏中国社会科学研究院考古研究所）

该玉佩出土于河南安阳妇好墓，属商代晚期。龙作蟠曲状，头尾相接，中有缺口，尾尖内卷。张口露齿，头上有两钝角，腹下有两短足，中脊突起。

龙形玉佩（现藏中国社会科学研究院考古研究所）

该玉佩出土于河南安阳妇好墓，属商代晚期。方形头，张口露齿，“臣”字眼，两钝角后伏。中脊呈扉棱状，身体蟠卷右侧，两短足前屈，各有四爪。

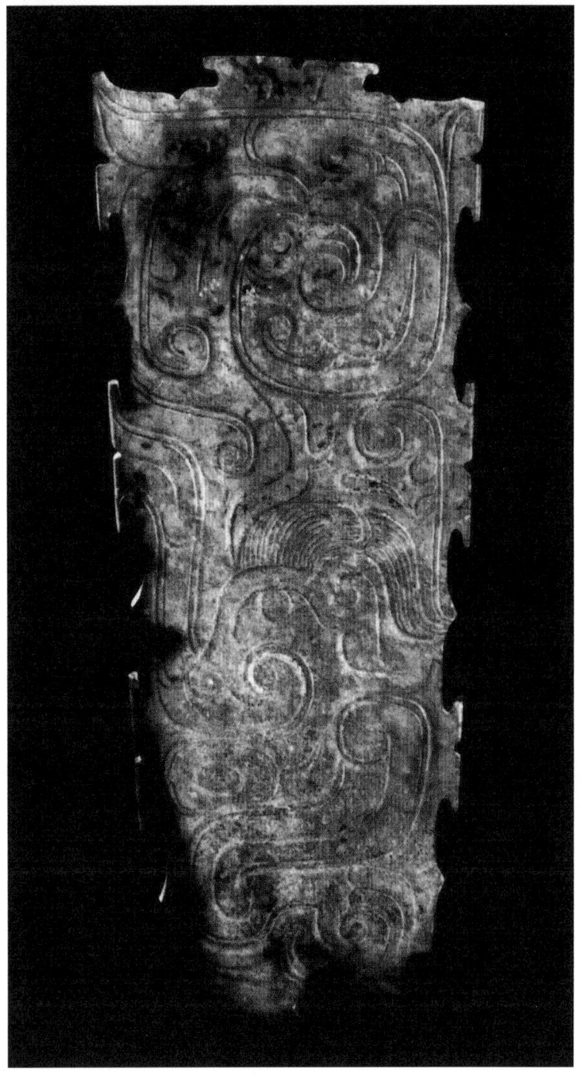

龙凤玉柄形器（现藏河南省博物院）

该器出土于河南三门峡虢国墓地，属西周时期。上部饰凤纹，高冠，圆眼，钩嘴；下部雕龙纹，“臣”字眼。

双首龙纹玉玦（现藏河南信阳市文物保护管理委员会）

该玉玦出土于河南光山宝相寺黄君孟墓，属春秋时期。一对，一面光素无纹，一面以双钩刻两相背的夔龙纹，两龙首均于缺口处相对，龙尾相交。

四节龙凤形玉饰（现藏湖北省博物馆）
该玉出土于湖北省随州市曾侯乙墓，属战国早期。全器由四个节和三个椭圆形的环组成，其中一个环是活动的。各节透雕成7龙、4凤和4蛇，并在两面以鳞纹、圆点纹等表现龙凤蛇的细部。全器为一块玉料剖解为四节，各节可活动折卷。

结合。春秋时期开始出现二龙合体，或与人物形象合为一体的玉龙造型。战国时期，玉龙完全摆脱了商周时期形制大多雷同的风格，构思巧妙大胆而富于变化，并出现复合式多节活环龙形佩饰。这一时期铁制工具的使用，使得玉器的琢磨更加得心应手，龙身表面多饰有细密的纹饰，繁缛而有序，线条刚柔并济，弯折自如。

4. 秦汉魏晋南北朝

秦汉时期尤其是汉代的龙纹，从造型风格看，早期的龙首与战国的极为近似；至中晚期，龙首逐渐拉长，龙嘴更为开阔，嘴角长度几乎相当于整个头部。眉、额及腭部棱角分明，龙角向上向后伸卷。龙体依然呈卷曲状，但较战国时期动态大、气势足，线条婉转流畅，常作前肢支撑、后肢弯曲或直立状，从视觉上给人一种张牙舞爪、蓄势待发、威力无穷的感觉。整体而言，这一时期的龙纹已开始有角、有尾且四肢齐全，均具有鲜明的特征。因此，汉代也是龙纹真正的定型时期。自此之后，中国古代龙纹的发展和演变都是在汉代龙纹的基础上不断演绎和完善。

自汉代开始，龙成为皇权的象征。据王充《论衡·验符篇》记载："龙，东方之兽也，皇帝圣仁，故仁瑞见。"

汉代是玉器发展的繁盛时期，龙纹与玉文化的组合使其更加光彩夺目。汉代玉龙常出现在佩、环、带钩、璜和玉璧上，圆雕龙已非常少见。龙纹的刻画注重龙的神态和气势，龙身上极少见到战国玉龙那种繁复的装饰。

5. 隋唐时期

隋唐时期，尤其是在唐朝，国力强盛，政局稳定，工艺美术呈现出一派乐观昂扬的风格。龙的造型趋于完善，并开始走向程式化。

这一时期，龙纹一改先秦两汉时期的抽象神秘而走向写实，显得精神抖擞、气度非凡。龙身似蛇，躯干粗壮，四肢较长，多呈奔跑状。颈长尾细，龙爪肥硕，爪尖锋利。龙嘴较大，嘴角长过眼梢，上唇外翻，牙齿显露等。其鹿角、蛇身、兽肢、鹰爪的形象和流动滑润的体态，为后来的龙纹造型奠定了基础，影响至今。

龙形玉环（现藏河北省博物馆）

该器出土于河北省定州市中山怀王刘修墓，属西汉时期。环体为一透雕盘绕夔龙，首尾相接，龙头上有角，张口露齿，身刻云纹，并有卷毛。造型奇特，神态生动，是西汉玉器中的珍品。

龙形玉佩（现藏徐州博物馆）

该器出土于江苏省徐州市狮子山楚王墓，属西汉时期。龙体虬曲，呈“S”状，龙首侧向，瞠目露齿，须发张扬。颈部刻饰羽翼，身下有劲健的利爪，通身饰涡纹，尾上卷平削。

镂雕龙凤出廓璧（现藏广州西汉南越王博物馆）

该器出土于广东省广州市象岗南越王墓，属西汉时期。由于龙在汉代已居于至高无上的地位，因此，该器龙居中而凤附外。龙昂首挺胸，尾部卷曲，作前行状。璧的外廓左右对称各透雕一凤，攀附于璧缘上，回首曳尾，作归附状。璧面雕以勾连涡纹。造型构思巧妙，雕琢技法娴熟，为西汉珍品。

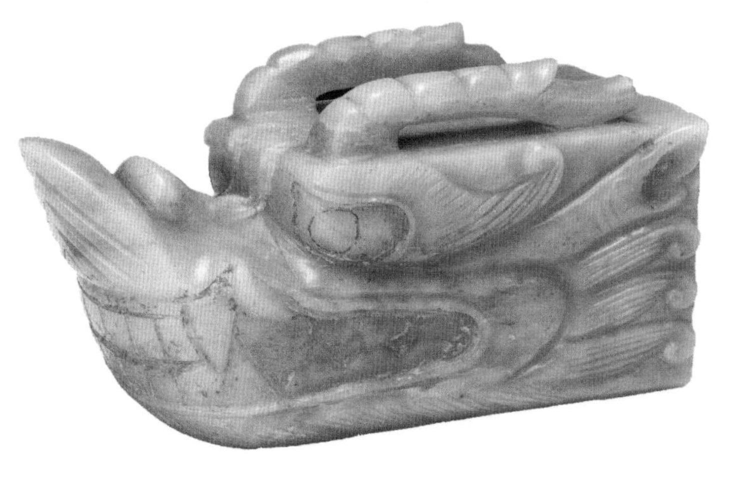

龙首形玉饰件（现藏西安市文物保护研究所）

该器出土于陕西省西安市东南郊唐曲江池遗址，属唐代。龙首巨目圆瞪，眉骨外凸，眉梢上卷。长吻高翘，长须后卷，阔嘴方齿，獠牙外露，嘴角长过眼角。头顶镂雕双角，似鹿角，角上骨节分明，树叶形龙耳后抿，龙鬓后卷。是迄今所见唐代玉雕中形体最大的一件，造型凶猛，神态生动，具有强烈的威慑感。

葵花形单龙祥云纹镜（唐代）

该器主体纹饰为一条巨龙，环绕镜钮，腾云驾雾，扭身转头，作吞珠（镜钮）状。龙神矫健，四肢有力，爪尖尖利，周身饰鳞，周围祥云环绕，气势威严。镜缘处有八朵祥云。

双龙纹镜（唐代）

该器主体纹饰为两条飞龙，正遨游空中，均伸出前爪，争抢着戏耍位于上空的火焰纹宝珠，数朵祥云紧随其后，生动传神。镜缘处有八朵祥云。

陶瓷龙纹约在五代之后才逐渐出现，在此之前，数量极少。隋唐时期出现了特殊的龙耳瓶，瓶耳修长，作龙形，以龙首衔住瓶口，无论单耳瓶还是双耳瓶，其龙耳均为类似造型。

自唐代开始，皇帝将龙纹装饰在龙袍和衮服上，同时饰以多条坐龙，更显雍容华贵。坐龙图案一般以团龙的形式出现，即整条龙盘踞为团形，它是所有龙纹中最端正的，嵌于装饰物的核心位置，起到统一全局的作用。龙头傲视前方，龙身与云雾盘踞成“S”形，龙尾位于龙的左方，与龙首平齐。

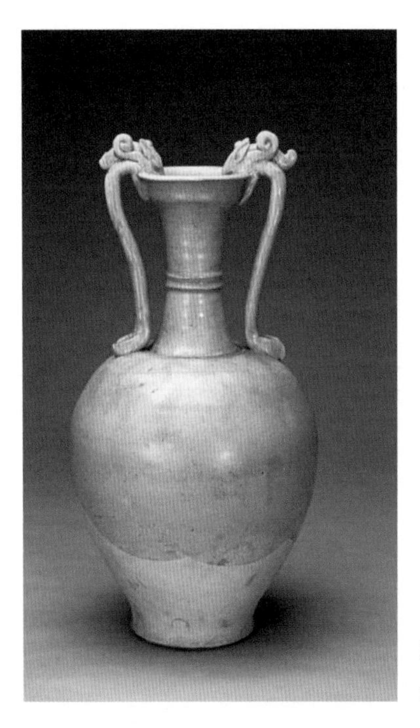

唐白釉双龙耳瓶（现藏北京故宫博物院）

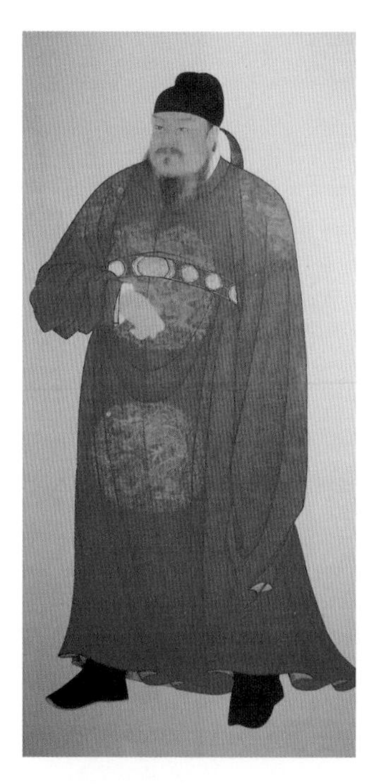

唐高祖立像

该图中，唐高祖身穿圆领六团龙纹袍，头带幞头，脚穿乌皮六缝靴，腰束红鞓玉铐带。

6. 宋元时期

宋元时期，龙纹玉器出土不多，但传世器物时有发现。玉龙多作腾云嬉水、穿花过草状，以此表明龙的变化莫测和神通广大，同时体现了宋元人对龙由敬畏到喜爱的情感转变。龙的造型多为小头、细颈、身躯修长、四肢刚劲有力。丹凤眼、粗眉、目光熠熠，呈凶猛状。嘴长且卷曲，犹如象鼻。毛发长而稀疏，随势向后飘拂。总体而言，这一时期的龙野而不驯，具有威猛无比的神力。

单龙戏珠纹镜

该器属宋代，主体纹饰为盘龙纹，一条龙游戏于惊涛骇浪中，身体部分掩映水中，鳞甲清晰，身前一圆珠，激起浪花。五官清晰可见，龙须飘扬，神态自若。水波纹不拘泥形式，随着镜面布局的需要而变换，或层层排列，或曲折回环，把水的高低起伏表现得淋漓尽致。

鱼化龙纹镜

该器属宋代，主体纹饰为两条鱼化龙，绕着镜钮环列，龙首，鱼身，鱼尾，肩生双翼。以线条勾勒出龙首与鱼身，以大面积的偃月纹表现鱼鳞，装饰效果简洁生动，营造出一种神秘的氛围。

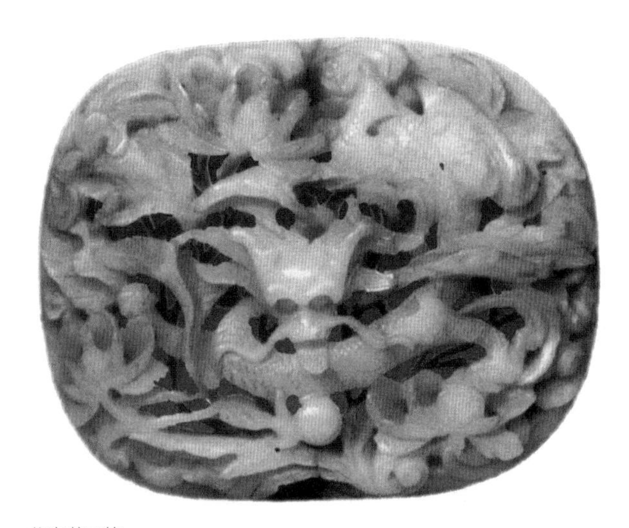

龙穿花玉饰

该器属宋代，龙首在正中，呈正面正视状，双目圆凸，浓发分束飘动，口前有一圆珠，三爪足，网状鳞，呈盘曲状穿行于牡丹花叶丛中。

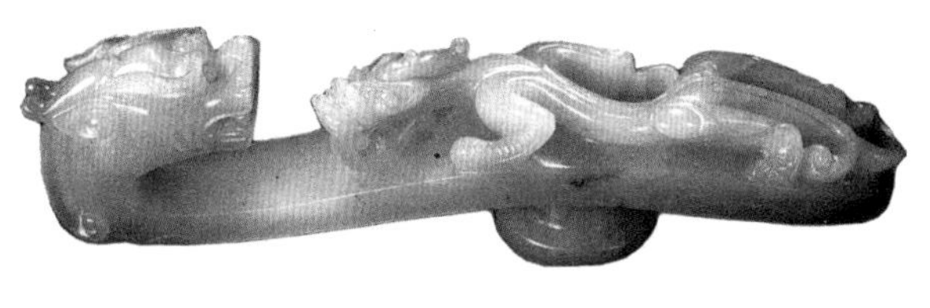

龙首玉带钩（现藏河北省博物馆）

该器属元代，钩头饰龙首，双角后弯，凸额鼓目，张口露齿。钩体呈长条弧形，饰浮雕蟠螭纹，做爬行状，头部有独角，躯体细长，左肋生单翼，尾分叉回卷；为元代玉带钩中的精品。

宋代，中国瓷业事业进入其发展史上的繁盛期，瓷器上的龙纹随之开始较多出现。元代青花瓷器烧造成功后，瓷器上的龙纹数量更是大增，其龙纹的特点与玉器上的相似。

景德镇青花龙纹盘（现藏河北省围场文物管理处）

该器出土于河北围场墓葬，属元代。盘内底绘龙纹，龙神瘦长，小头，细颈，双角，鹰爪，四肢饰火焰毛发，龙身有圆弧状鳞片，尾呈火焰状。神态生动，线条流畅，为元代瓷器中的珍品。

白地黑化龙凤纹罐（现藏河北省文物研究所）

该器出土于河北省盐山县中秦村，属元代；内分别绘有龙纹和凤纹。

7. 明清时期

明清时期是龙纹的最后定型阶段。龙的形象在威猛、华贵和狞厉方面的特性得到加强，并开始以“三停九似”作为标准。同时，龙的形象在装饰方面得到空前绝后的发展，各种各样的龙纹开始出现在宫廷建筑、器物和服饰等生活的方方面面，且为帝王专用，统治者试图通过龙来神话自己，加强统治。

从龙的形象看，明代的龙纹较宋元时期有很大变化。明代早期的龙纹属阳刚型，矫健有力，头部变大，身躯与四肢较为粗壮，毛发浓密齐整，整体比例较为匀称均衡；中期龙纹属阴柔型，温驯矫弱，龙身平整，缺乏变化；晚期龙纹以嘉靖、万历朝为代表，一改此前细琐的描绘而为豪迈粗狂、不受拘泥的笔调，将龙纹简化，别有一番率真自然的韵味，但缺乏立体感。总体而言，明代中期以后，龙纹已失去唐宋玉龙的神韵。龙首相对夸大，眼珠高凸，极似虾眼，俗称“虾米眼”；短发，发根向前上方直冲，常被称为“怒发冲冠”；有三至五

明永乐青花蟠龙天球瓶
（现藏台北故宫博物院）

明成化间彩龙纹盖罐
（现藏台北故宫博物院）

明嘉靖原红地黄彩双龙盖罐
（现藏台北故宫博物院）

爪之分，爪尖尖利，看似刚劲，实际缺乏力度。至清康熙朝，龙的形象又开始恢复其雄伟健硕之态，呈现出夭矫蜿蜒、龙游天地、自由翱翔的生动感。

明清时期，随着龙纹的广泛使用，开始以“三停九似”作为标准。其中，“三停”指自首至膊、自膊至腰、自腰至尾的三个“弯曲”，它的设立从总体上规定了龙身的基本布局；“九似”指角似鹿、头似驼、眼似鬼、项似蛇、腹似蜃、鳞似鲤、爪似鹰、掌似虎、耳似牛，它的设立则对龙身各主要部位的具体形态进行了规定。至此，龙的形态开始具备完整的结构。

这一时期，坐龙形象开始大量出现。如果说明代以前龙的形象以走龙、游龙、升龙、降龙等为主，到了明代，坐龙开始广泛装饰于彩画的箍头、藻头等位置，装饰于拱眼壁，以及高等级殿堂的藻井、平棊、井口天花等部位。明定陵曾出土过多件龙袍，其中一件缂丝龙袍，全身装饰12条坐龙，代表天子坐拥天下的天尊地位。清代沿袭明制，规定五爪龙为帝王专用，限制极为严格。

清雍正青花海水留白暗刻龙纹天球瓶（现藏台北故宫博物院）

清乾隆青花云龙五孔扁瓶（现藏台北故宫博物院）

清乾隆粉彩龙纹冠架（现藏台北故宫博物院）

清光绪绿地鱼龙花式瓶（现藏台北故宫博物院）

参考文献

[1] 蒋应镐绘图. 山海经.明崇祯刊本.

[2] 萧云从绘图.离骚图.清顺治刊本.

[3] 三教源流搜神大全. 清宣统刊本.

[4] 李荣和，刘钟麟，胡仰廷. 光绪永济县志. 清光绪十二年刻本.

[5] 黄河治本研究团. 黄河上中游考察报告[R]. 黄河治本研究团，1947.

[6] 麟庆. 鸿雪因缘图记[M]. 北京：北京古籍出版社，2004.

[7] 李国新，杨蕴菁，杨絮飞. 中国汉画造型艺术图典[M]. 郑州：大象出版社，2014.

[8] 中国画像石全集编辑委员会. 中国画像石全集[M]. 郑州：河南美术出版社，2000.

[9] 闫群. 中国京剧脸谱图典[M]. 哈尔滨：黑龙江美术出版社，2000.

[10] [英] 托马斯 · 阿罗姆. 大清帝国城市印象[M]. 上海：上海古籍出版社，2002.

[11] 殷鹤仙. 中国黄河[M]. 郑州：黄河水利出版社，2009.

[12] 侯全亮. 民国黄河史[M]. 郑州：黄河水利出版社，2009.

[13] 国务院三峡工程建设委员会办公室，国家文物局. 三峡湖北段沿江石刻[M]. 北京：科学出版社，2010.

[14] 水利部淮河水利委员会. 筑梦淮河——纪念新中国治淮六十周年[M]. 蚌埠：水利部淮河水利委员会，2010.

[15] 徐光冀，汤池，秦大树等. 中国出土壁画全集[M]. 北京：科学出版社，2011.

[16] 向阳松. 图说中华水崇拜[M]. 北京：中国水利水电出版社，2015.

[17] 敦煌研究院. 敦煌石窟艺术全集[M]. 上海：同济大学出版社，2015.

[18] [德] 格拉夫 · 楚 · 卡斯特. 西洋镜 ：一个德国飞行员镜头下的中国 1933—1936[M]. 台北：台海出版社，2017.

[19] [英] 唐纳德 · 曼尼. 西洋镜 ：一个英国风光摄影大师镜头下的中国[M]. 台北：台海出版社，2017.

[20] 山西省文物局. 山西珍贵文物档案[M]. 北京：科学出版社，2018.

[21] 中国敦煌壁画全集编辑委员会. 中国敦煌壁画全集[M]. 天津：天津人民美术出版社，2010.